U0207801

《冰冻圈变化及其影响研究》丛书得到下列项目资助：

- 全球变化国家重大科学研究计划项目
"冰冻圈变化及其影响研究"（2013CBA01800）

- 国家自然科学基金创新群体项目
"冰冻圈与全球变化"（41421061）

- 国家自然科学基金重大项目
"中国冰冻圈服务功能形成过程及其综合区划研究"（41690140）

本书由下列项目资助

- 全球变化国家重大科学研究计划"冰冻圈变化及其影响研究"项目课题
"山地冰川动力过程、机理与模拟"（2013CBA01801）

- 国家自然科学基金面上项目
"新疆天山关键地区冰川变化模拟预测"（41471058）

- 国家自然科学基金委重大研究计划项目
"黑河流域水—生态—经济系统的集成模拟与预测"（91425303）

- 中国科学院重点部署项目"冰冻圈快速变化的关键过程研究"课题
"山地冰川加速消融的机理和模拟研究"（KJZD-EW-G03-01）

"十三五"国家重点出版物出版规划项目

冰冻圈变化及其影响研究

丛书主编　丁永建　　丛书副主编　效存德

山地冰川物质平衡和动力过程模拟

李忠勤 等／著

科学出版社
北　京

内 容 简 介

本书以全球山地冰川为研究对象，围绕冰川物质平衡和动力过程，建立物质平衡模式和动力学模式，深入开展冰川变化模拟预测研究。内容包括冰川响应气候变化的关键过程，冰川物质平衡模式和冰川动力学模式原理和在参照冰川上的应用，冰川物质平衡影响因素和动力学模式参数方案，参照冰川变化的模拟预测和控制因素，国内外冰川变化及影响评估等。本书系利用长期野外考察、定位观测试验，通过理论与实际相结合，针对冰川物质平衡和动力学过程系统研究的最新成果和进展，有较强创新性，为冰冻圈科学研究尤其是全球山地冰川研究提供参考。

本书可供高校地理学专业学生、冰川学专业研究人员、冰冻圈科学研究人员以及寒区大气、水文与水资源、生态环境等相关方面的科研和技术人员使用和参考。

图书在版编目 (CIP) 数据

山地冰川物质平衡和动力过程模拟 / 李忠勤等著 . —北京：科学出版社，2019.1

（冰冻圈变化及其影响研究/丁永建主编）

"十三五"国家重点出版物出版规划项目

ISBN 978-7-03-058132-7

I. ①山… Ⅱ. ①李… Ⅲ. ①冰川–运动（力学）–过程模拟 Ⅳ. ①P343.6

中国版本图书馆 CIP 数据核字（2018）第 135066 号

责任编辑：周 杰／责任校对：彭 涛
责任印制：肖 兴／封面设计：黄华斌

科学出版社 出版

北京东黄城根北街 16 号
邮政编码：100717
http://www.sciencep.com

中国科学院印刷厂 印刷

科学出版社发行 各地新华书店经销

*

2019 年 1 月第 一 版 开本：787×1092 1/16
2019 年 1 月第一次印刷 印张：16 1/4
字数：380 000

定价：168.00 元
（如有印装质量问题，我社负责调换）

全球变化国家重大科学研究计划
"冰冻圈变化及其影响研究"（2013CBA01800）项目

项目首席科学家 丁永建
项目首席科学家助理 效存德

项目第一课题 "山地冰川动力过程、机理与模拟"，课题负责人：
任贾文、李忠勤

项目第二课题 "复杂地形积雪遥感及多尺度积雪变化研究"，课题
负责人：张廷军、车涛

项目第三课题 "冻土水热过程及其对气候的响应"，课题负责人：
赵林、盛煜

项目第四课题 "极地冰雪关键过程及其对气候的响应机理研究"，
课题负责人：效存德

项目第五课题 "气候系统模式中冰冻圈分量模式的集成耦合及气候
变化模拟试验"，课题负责人：林岩銮、王磊

项目第六课题 "寒区流域水文过程综合模拟与预估研究"，课题负
责人：陈仁升、张世强

项目第七课题 "冰冻圈变化的生态过程及其对碳循环的影响"，课
题负责人：王根绪、宜树华

项目第八课题 "冰冻圈变化影响综合分析与适应机理研究"，课题
负责人：丁永建、杨建平

《冰冻圈变化及其影响研究》丛书编委会

《山地冰川物质平衡和动力过程模拟》
著 者 名 单

主　笔　李忠勤

成　员　(按姓氏汉语拼音为序)

杜建括　杜文涛　何晓波　怀保娟　康世昌

李慧林　梁鹏斌　牟建新　秦　翔　任贾文

王飞腾　王璞玉　王圣杰　王世金　王玉哲

武　震　徐春海　岳晓英　张　慧　张明军

赵　军

序 一

　　1972 年世界气象组织（WMO）在联合国环境与发展大会上首次提出了"冰冻圈"（又称"冰雪圈"）的概念。20 世纪 80 年代全球变化研究的兴起使冰冻圈成为气候系统的五大圈层之一。直到 2000 年，世界气候研究计划建立了"气候与冰冻圈"核心计划（WCRP-CliC），冰冻圈由以往多关注自身形成演化规律研究，转变为冰冻圈与气候研究相结合，拓展了研究范畴，实现了冰冻圈研究的华丽转身。水圈、冰冻圈、生物圈和岩石圈表层与大气圈相互作用，称为气候系统，是当代气候科学研究的主体。进入 21 世纪，人类活动导致的气候变暖使冰冻圈成为各方瞩目的敏感圈层。冰冻圈研究不仅要关注其自身的形成演化规律和变化，还要研究冰冻圈及其变化与气候系统其他圈层的相互作用，以及对社会经济的影响、适应和服务社会的功能等，冰冻圈科学的概念逐步形成。

　　中国科学家在冰冻圈科学建立、完善和发展中发挥了引领作用。早在 2007 年 4 月，在科学技术部和中国科学院的支持下，中国科学院在兰州成立了国际上首次以冰冻圈科学命名的"冰冻圈科学国家重点实验室"。是年七月，在意大利佩鲁贾（Perugia）举行的国际大地测量和地球物理学联合会（IUGG）第 24 届全会上，国际冰冻圈科学协会（IACS）正式成立。至此，冰冻圈科学正式诞生，中国是最早用"冰冻圈科学"命名学术机构的国家。

　　中国科学家审时度势，根据冰冻圈科学的发展和社会需求，将冰冻圈科学定位于冰冻圈过程和机理、冰冻圈与其他圈层相互作用以及冰冻圈与可持续发展研究三个主要领域，摆脱了过去局限于传统的冰冻圈各要素独立研究的桎梏，向冰冻圈变化影响和适应方向拓展。尽管当时对后者的研究基础薄弱、科学认知也较欠缺，尤其是冰冻圈影响的适应研究领域，则完全空白。2007 年，我作为首席科学家承担了国家重点基础研究发展计划（973 计划）项目"我国冰冻圈动态过程及其对气候、水文和生态的影响机理与适应对策"任务，亲历其中，感受深切。在项目设计理念上，我们将冰冻圈自身的变化过程及其对气候、水文和生态的影响作为研究重点，尽管当时对冰冻圈科学的内涵和外延仍较模糊，但项目组骨干成员反复讨论后，提出了"冰冻圈—冰冻圈影响—冰冻圈影响的适应"这一主体研究思路，这已经体现了冰冻圈科学的核心理念。当时将冰冻圈变化影响的脆弱性和适应性研究作为主要内容之一，在国内外仍属空白。此种情况下，我们做前人未做之事，大胆实践，实属创新之举。现在回头来看，其又具有高度的前瞻性。通过这一项目研究，不仅积累了研究经验，更重要的是深化了对冰冻圈科学内涵和外延的认识水平。在此基础上，通过进一步凝练、提升，提出了冰冻圈"变化—影响—适应"的核心科学内涵，并成为开展重大研究项目的指导思想。2013 年，全球变化研究国家重大科学研究计划首次设立了重大科学目标导向项目，即所谓的"超级973"项目，在科学技术部支持下，丁永建研究员担任首席科学家的"冰冻圈变化及其影响研究"项目成功入选。项目经过4年实施，已经进入成果总结期。该丛书就是对上述一系列研究成果的系统总结，期待通过该丛书的出版，对丰富冰冻圈科学的研究内容、夯实冰冻圈科学的研究基础起到承前启后的作用。

该丛书共有9册，分8册分论及1册综合卷，分别为《山地冰川物质平衡和动力过程模拟》《北半球积雪及其变化》《青藏高原多年冻土及变化》《极地冰冻圈关键过程及其对气候的响应机理研究》《全球气候系统中冰冻圈的模拟研究》《冰冻圈变化对中国西部寒区径流的影响》《冰冻圈变化的生态过程与碳循环影响》《中国冰冻圈变化的脆弱性与适应研究》及综合卷《冰冻圈变化及其影响》。丛书针对冰冻圈自身的基础研究，主要围绕冰冻圈研究中关注点高、瓶颈性强、制约性大的一些关键问题，如山地冰川动力过程模拟，复杂地形积雪遥感反演，多年冻土水热过程以及极地冰冻圈物质平衡、不稳定性等关键过程，通过这些关键问题的研究，对深化冰冻圈变化过程和机理的科学认识将起到重要作用，也为未来冰冻圈变化的影响和适应研究夯实了冰冻圈科学的认识基础。针对冰冻圈变化的影响研究，从气候、水文、生态几个方面进行了成果梳理，冰冻圈与气候研究重点关注了全球气候系统中冰冻圈分量的模拟，这也是国际上高度关注的热点和难点之一。在冰冻圈变化的水文影响方面，对流域尺度冰冻圈全要素水文模拟给予了重点关注，这也是全面认识冰冻圈变化如何在流域尺度上以及在多大程度上影响径流过程和水资源利用的关键所在；针对冰冻圈与生态的研究，重点关注了冰冻圈与寒区生态系统的相互作用，尤其是冻土和积雪变化对生态系统的影响，在作用过程、影响机制等方面的深入研究，取得了显著的研究成果；在冰冻圈变化对社会经济领域的影响研究方面，重点对冰冻圈变化影响的脆弱性和适应进行系统总结。这是一个全新的研究领域，相信中国科学家的创新研究成果将为冰冻圈科学服务于可持续发展，开创良好开端。

系统的冰冻圈科学研究，不断丰富着冰冻圈科学的内涵，推动着学科的发展。冰冻圈脆弱性和风险是冰冻圈变化给社会经济带来的不利影响，但冰冻圈及其变化同时也给社会带来惠益，即它的社会服务功能和价值。在此基础上，冰冻圈科学研究团队于2016年又获得国家自然科学重大基金项目"中国冰冻圈服务功能形成机理与综合区划研究"的资助，从冰冻圈变化影响的正面效应开展冰冻圈在社会经济领域的研究，使冰冻圈科学从"变化—影响—适应"深化为"变化—影响—适应—服务"，这表明中国科学家在推动冰冻圈科学发展的道路上不懈的思考、探索和进取精神！

该丛书的出版是中国冰冻圈科学研究进入国际前沿的一个重要标志，标志着中国冰冻圈科学开始迈入系统化研究阶段，也是传统只关注冰冻圈自身研究阶段的结束。在这继往开来的时刻，希望《冰冻圈变化及其影响》丛书能为未来中国冰冻圈科学研究提供理论、方法和学科建设基础支持，同时也希望对那些对冰冻圈科学感兴趣的相关领域研究人员、高等院校师生、管理工作者学习有所裨益。

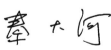

中国科学院院士

2017 年 12 月

序　二

　　冰冻圈是气候系统的重要组成部分，在全球变化研究中具有举足轻重的作用。在科学技术部全球变化研究国家重大科学研究计划支持下，以丁永建研究员为首席的研究团队围绕"冰冻圈变化及其影响研究"这一冰冻圈科学中十分重要的命题开展了系统研究，取得了一批重要研究成果，不仅丰富了冰冻圈科学研究积累，深化了对相关领域的科学认识水平，而且通过这些成果的取得，极大地推动了我国冰冻圈科学向更加广泛的领域发展。《冰冻圈变化及其影响》系列专著的出版，是冰冻圈科学向深入发展、向成熟迈进的实证。

　　当前气候与环境变化已经成为全球关注的热点，其发展的趋向就是通过科学认识的深化，为适应和减缓气候变化影响提供科学依据，为可持续发展提供强力支撑。冰冻圈科学是一门新兴学科，尚处在发展初期，其核心思想是将冰冻圈过程和机理研究与其变化的影响相关联，通过冰冻圈变化对水、生态、气候等的影响研究，将冰冻圈与区域可持续发展联系起来，从而达到为社会经济可持续发展提供科学支撑的目的。该项目正是沿着冰冻圈变化—影响—适应这一主线开展研究的，抓住了国际前沿和热点，体现了研究团队与时俱进的创新精神。经过 4 年的努力，项目在冰冻圈变化和影响方面取得了丰硕成果，这些成果主要体现在山地冰川物质平衡和动力过程模拟、复杂地形积雪遥感及多尺度积雪变化、青藏高原多年冻土及变化、极地冰冻圈关键过程及其对气候的影响与响应、全球气候系统中冰冻圈的模拟研究、冰冻圈变化对中国西部寒区径流的影响、冰冻圈生态过程与机理及中国冰冻圈变化的脆弱性与适应等方面，全面系统地展现了我国冰冻圈科学最近几年取得的研究成果，尤其是在冰冻圈变化的影响和适应研究具有创新性，走在了国际相关研究的前列。在该系列成果出版之际，我为他们取得的成果感到由衷的高兴。

　　最近几年，在我国科学家推动下，冰冻圈科学体系的建设取得了显著进展，这其中最重要的就是冰冻圈的研究已经从传统的只关注冰冻圈自身过程、机理和变化，转变为冰冻圈变化对气候、生态、水文、地表及社会等影响的研究，也就是关注冰冻圈与其他圈层相互作用中冰冻圈所起到的主要作用。2011 年 10 月，在乌鲁木齐举行的 International Symposium on Changing Cryosphere, Water Availability and Sustainable Development in Central Asia 国际会议上，我应邀做了 *Ecosystem services*, *Landscape services and Cryosphere services* 的报告，提出冰冻圈作为一种特殊的生态系统，也具有服务功能和价值。当时的想法尽管还十分模糊，但反映的是冰冻圈研究进入社会可持续发展领域的一个方向。令人欣慰的是，经过最近几年冰冻圈科学的快速发展及其认识的不断深化，该系列丛书在冰冻圈科学体系建设的研究中，已经将冰冻圈变化的风险和服务作为冰冻圈科学进入社会经济领域的两大支柱，相关的研究工作也相继展开并取得了初步成果。从这种意义上来说，我作为冰冻圈科学发展的见证人，为他们取得的成果感到欣慰，更为我国冰冻圈科学家们开拓进取、兼容并蓄的创新精神而感动。

在《冰冻圈变化及其影响》系列丛书出版之际，谨此向长期在高寒艰苦环境中孜孜以求的冰冻圈科学工作者致以崇高敬意，愿中国冰冻圈科学研究在砥砺奋进中不断取得辉煌成果！

傅伯杰

中国科学院院士

2017 年 12 月

前　　言

过去 5~10 年冰川学最重要的进展之一，就是确立了冰川响应气候变化的两个基本过程，即冰川的物质平衡过程和冰川的动力过程，以及围绕这两个过程开展的机理和模拟研究。物质平衡研究的核心在于建立冰川与气候、冰川与水文之间的能量和物质联系。冰川动力过程的研究则旨在揭示冰川几何形态变化的机理，模拟其变化过程。与以往依靠经验、半经验公式定性推算冰川物质平衡的方法不同，本书以全分量能量平衡公式为基础，系统阐述了物质平衡的理论和演算方法，抽丝剥茧，深入浅出。冰川动力过程方面的研究，是国际上的难点和前缘，在我国的快速发展还是近几年的事。本书从冰川流变的力学和热学原理出发，详细介绍了以物质、动量和能量守恒为基础的冰川动力学模式，相应先进的数值模拟方法，以及以物质平衡模式的结果为驱动，模拟和预测冰川几何形态变化的整个过程。因此，本书在物质平衡和动力过程的定量研究方面，无疑具有重要的提升和突破。本书的另一特点是以大量冰川实地观测试验为基础，研究的参照冰川分布于中国的青藏高原、天山、阿尔泰山，以及国外各主要冰川区，观测时间至少在 5 年以上，许多观测资料为第一次公布。

本书的研究结果刷新了我们对冰川未来变化及其过程的诸多认识。例如，通过冰川动力学模式的模拟发现，冰川体积及其变化过程的主控因子是物质平衡；冰川在区域尺度上的发育规模取决于该区域的气候状况，而区域内单条冰川的规模主要由地形决定；冰川补给高度对物质平衡的作用十分显著；冰川变化以"退缩"和"减薄"两种形式交替主导为特征，每一次变化形式的改变，都会在冰川面积和长度的变化过程中形成"拐点"。

另外，通过对冰川未来变化的模拟预测可知，山地冰川要适应目前的气候，其现存规模还需缩小很多，会在未来几十年内不可避免地大量萎缩和消亡；到 21 世纪末，全球绝大多数面积小于 $2km^2$ 的冰川将会消融殆尽。情势严峻，亟待在已有成果的基础上开展更为系统与全面的研究，以了解这些冰川消失可能产生的各种影响，进而提出应对措施。此外，大冰川的水文、水资源效应不言而喻，它们对于径流的维系十分重要，但现有对大冰川的观测研究严重不足，这制约了对其变化过程进行更深入的研究，这是本书研究的缺憾，也是我们未来研究的目标。

本书系诸多冰川学学者（见本书著者名单）长期工作研究成果的结晶，是对近年来冰川物质平衡和动力学过程系统性研究成果的凝练和提高。多数研究成果属首次公布，具有显著的创新与突破，填补了我国山地冰川研究的诸多空白。值得说明的是，天山乌鲁木齐河源 1 号冰川、托木尔峰青冰滩 72 号冰川、哈密庙尔沟冰帽和祁连山十一冰川的模拟预测工作由李慧林博士完成，该项成果为首次公布。金爽、孙维君、刘宇硕、王文彬等通过对北极黄河站的长期观测，获取到北极地区冰川的一手宝贵资料。周平、张昕、宋梦媛、邢武成、何海迪、周茜、马珊等承担了本书图表绘制、文献整理、前期文字校对和资料收集等工作，后期文字校对及图表绘制整理工作由徐春海负责完成，在此一并表示衷心的感谢！由于本书成果新，撰写时间仓促，不足之处在所难免，敬请读者谅解和批评指正。

李忠勤

2017 年 8 月

序一

序二

前言

第1章 绪论 ··· 1

1.1 冰川对气候变化响应的关键过程 ····························· 1

1.2 冰川动力过程研究路线 ··································· 2

1.2.1 参照冰川和同区域冰川 ····························· 3

1.2.2 冰川物质平衡模式 ······························· 4

1.2.3 冰川动力学模式 ······························· 5

1.2.4 参照冰川与区域冰川尺度转换及区域冰川变化评估 ············· 5

1.3 动力学模式所需参数和获取方法 ··························· 7

1.3.1 观测参数 ··································· 7

1.3.2 参数方案 ··································· 9

1.4 本书重点关注的科学问题 ······························· 9

1.4.1 前期研究形成的认知 ····························· 9

1.4.2 本书重点关注的科学问题 ·························· 10

第2章 参照冰川物质平衡观测与模拟 ···························· 11

2.1 物质平衡观测方法 ································· 11

2.1.1 花杆/雪坑方法 ······························· 11

2.1.2 大地测量法 ································· 12

2.2 物质平衡模型 ··································· 13

2.2.1 全分量能量平衡模型 ·························· 13

2.2.2 简化型能量平衡模型 ·························· 17

2.2.3 度日模型 ································· 18

2.3 天山乌源1号冰川物质平衡模拟案例解析 ····················· 20

2.3.1 数据来源 ································· 20

2.3.2 度日模型模拟与验证 ·························· 21

2.3.3 简化型能量平衡模型模拟与验证 ···················· 27

2.4 天山奎屯河51号冰川物质平衡观测与简化模拟 ················· 29

2.4.1 物质平衡观测研究 ·· 29
2.4.2 物质平衡模拟 ··· 31
2.5 祁连山老虎沟 12 号冰川物质平衡模拟与重建 ·············· 32
2.5.1 数据来源 ·· 32
2.5.2 物质平衡梯度变化与模拟 ···································· 33
2.5.3 冰面物质/能量平衡与模拟 ··································· 35
2.5.4 物质平衡重建 ·· 39
2.6 青藏高原冬克玛底冰川物质平衡的观测与重建 ·············· 40
2.6.1 数据来源 ·· 40
2.6.2 物质平衡梯度特征 ·· 41
2.6.3 冰川物质平衡年际变化 ······································· 43
2.6.4 冰面物质/能量平衡 ··· 43
2.6.5 冬克玛底冰川物质平衡重建 ································· 44
2.7 云南玉龙雪山白水 1 号冰川物质平衡特征 ··················· 49
2.7.1 冰川和观测资料 ··· 49
2.7.2 物质平衡过程 ·· 50
2.7.3 物质平衡梯度 ·· 52
2.7.4 年物质平衡特征 ··· 53
2.8 北极 Austre Lovénbreen 冰川物质平衡观测与计算 ·········· 54
2.8.1 冰川和观测数据 ··· 54
2.8.2 物质平衡插值计算及修正 ···································· 55
2.8.3 物质平衡野外观测改进 ······································· 58
2.8.4 物质平衡计算结果 ·· 58
2.8.5 等值线与等高线法结果比较 ································· 59
第 3 章 冰川物质平衡的大地测量和关键影响因子 ················· 60
3.1 地面三维激光扫描仪在物质平衡观测中的应用 ·············· 60
3.1.1 仪器介绍 ·· 60
3.1.2 月尺度物质平衡观测 ··· 61
3.1.3 累积物质平衡数据验证 ······································· 65
3.2 大地测量法对冰川学法物质平衡的验证 ······················ 69
3.2.1 资料来源 ·· 69
3.2.2 冰川厚度变化 ·· 70
3.2.3 两种方法的物质平衡比较 ···································· 71
3.2.4 误差分析 ·· 72
3.3 冰川反照率时空变化及其与物质平衡的关系 ················· 72
3.3.1 冰川反照率时空特征研究 ···································· 73
3.3.2 影响冰川反照率变化的主要因素 ···························· 75

3.3.3 冰川反照率与物质平衡 ⋯⋯⋯⋯⋯⋯⋯⋯⋯⋯⋯⋯⋯⋯⋯⋯⋯ 76

3.4 吸光性物质及其对冰川消融的影响 ⋯⋯⋯⋯⋯⋯⋯⋯⋯⋯⋯⋯⋯⋯ 77

3.4.1 全球冰川雪冰中黑碳含量的时空变化 ⋯⋯⋯⋯⋯⋯⋯⋯⋯⋯⋯ 77

3.4.2 中国西部冰川吸光性物质的时空分布 ⋯⋯⋯⋯⋯⋯⋯⋯⋯⋯⋯ 78

3.4.3 吸光性物质的雪冰反照率效应及其辐射强迫 ⋯⋯⋯⋯⋯⋯⋯⋯ 80

3.4.4 吸光性物质对冰川消融的定量评估 ⋯⋯⋯⋯⋯⋯⋯⋯⋯⋯⋯⋯ 81

3.5 大气0℃层高度对物质平衡的影响 ⋯⋯⋯⋯⋯⋯⋯⋯⋯⋯⋯⋯⋯⋯ 81

3.5.1 大气0℃层高度 ⋯⋯⋯⋯⋯⋯⋯⋯⋯⋯⋯⋯⋯⋯⋯⋯⋯⋯⋯⋯ 81

3.5.2 大气0℃层高度与地面气温的关系 ⋯⋯⋯⋯⋯⋯⋯⋯⋯⋯⋯⋯ 82

3.5.3 大气0℃层高度与冰川物质平衡的关系 ⋯⋯⋯⋯⋯⋯⋯⋯⋯⋯ 84

第4章 冰川变化动力学模拟预测和控制因素 ⋯⋯⋯⋯⋯⋯⋯⋯⋯⋯⋯⋯ 86

4.1 引言 ⋯⋯⋯⋯⋯⋯⋯⋯⋯⋯⋯⋯⋯⋯⋯⋯⋯⋯⋯⋯⋯⋯⋯⋯⋯⋯ 86

4.1.1 研究冰川概况 ⋯⋯⋯⋯⋯⋯⋯⋯⋯⋯⋯⋯⋯⋯⋯⋯⋯⋯⋯⋯ 86

4.1.2 动力学模式种类 ⋯⋯⋯⋯⋯⋯⋯⋯⋯⋯⋯⋯⋯⋯⋯⋯⋯⋯⋯ 88

4.2 模型构建 ⋯⋯⋯⋯⋯⋯⋯⋯⋯⋯⋯⋯⋯⋯⋯⋯⋯⋯⋯⋯⋯⋯⋯⋯ 88

4.2.1 全分量冰流模型 ⋯⋯⋯⋯⋯⋯⋯⋯⋯⋯⋯⋯⋯⋯⋯⋯⋯⋯⋯ 89

4.2.2 高阶冰流模型 ⋯⋯⋯⋯⋯⋯⋯⋯⋯⋯⋯⋯⋯⋯⋯⋯⋯⋯⋯⋯ 90

4.2.3 浅冰近似冰流模型 ⋯⋯⋯⋯⋯⋯⋯⋯⋯⋯⋯⋯⋯⋯⋯⋯⋯⋯ 91

4.3 模型数据 ⋯⋯⋯⋯⋯⋯⋯⋯⋯⋯⋯⋯⋯⋯⋯⋯⋯⋯⋯⋯⋯⋯⋯⋯ 92

4.3.1 乌源1号冰川数据 ⋯⋯⋯⋯⋯⋯⋯⋯⋯⋯⋯⋯⋯⋯⋯⋯⋯⋯ 93

4.3.2 托木尔青冰滩72号冰川数据 ⋯⋯⋯⋯⋯⋯⋯⋯⋯⋯⋯⋯⋯⋯ 93

4.3.3 哈密庙尔沟冰帽数据 ⋯⋯⋯⋯⋯⋯⋯⋯⋯⋯⋯⋯⋯⋯⋯⋯⋯ 95

4.3.4 祁连山十一冰川数据 ⋯⋯⋯⋯⋯⋯⋯⋯⋯⋯⋯⋯⋯⋯⋯⋯⋯ 96

4.4 预测结果与讨论 ⋯⋯⋯⋯⋯⋯⋯⋯⋯⋯⋯⋯⋯⋯⋯⋯⋯⋯⋯⋯⋯ 98

4.4.1 气候变化情景 ⋯⋯⋯⋯⋯⋯⋯⋯⋯⋯⋯⋯⋯⋯⋯⋯⋯⋯⋯⋯ 98

4.4.2 乌源1号冰川 ⋯⋯⋯⋯⋯⋯⋯⋯⋯⋯⋯⋯⋯⋯⋯⋯⋯⋯⋯⋯ 98

4.4.3 托木尔青冰滩72号冰川 ⋯⋯⋯⋯⋯⋯⋯⋯⋯⋯⋯⋯⋯⋯⋯⋯ 100

4.4.4 哈密庙尔沟冰帽 ⋯⋯⋯⋯⋯⋯⋯⋯⋯⋯⋯⋯⋯⋯⋯⋯⋯⋯⋯ 102

4.4.5 祁连山十一冰川 ⋯⋯⋯⋯⋯⋯⋯⋯⋯⋯⋯⋯⋯⋯⋯⋯⋯⋯⋯ 104

4.5 冰川未来变化及其控制因素 ⋯⋯⋯⋯⋯⋯⋯⋯⋯⋯⋯⋯⋯⋯⋯⋯⋯ 108

4.5.1 冰川消亡时间及其控制因素 ⋯⋯⋯⋯⋯⋯⋯⋯⋯⋯⋯⋯⋯⋯ 108

4.5.2 变化过程与控制要素 ⋯⋯⋯⋯⋯⋯⋯⋯⋯⋯⋯⋯⋯⋯⋯⋯⋯ 109

4.5.3 不同气候情景和降水变化对冰川的影响 ⋯⋯⋯⋯⋯⋯⋯⋯⋯⋯ 112

4.5.4 冰川面积、体积和长度的关系 ⋯⋯⋯⋯⋯⋯⋯⋯⋯⋯⋯⋯⋯⋯ 114

4.5.5 与国外冰川对比 ⋯⋯⋯⋯⋯⋯⋯⋯⋯⋯⋯⋯⋯⋯⋯⋯⋯⋯⋯ 115

第5章 冰川厚度、温度和速度热-动力学过程模拟 ⋯⋯⋯⋯⋯⋯⋯⋯⋯⋯ 119

5.1 山地冰川厚度模拟 ⋯⋯⋯⋯⋯⋯⋯⋯⋯⋯⋯⋯⋯⋯⋯⋯⋯⋯⋯⋯ 119

5.1.1 模型构建 ･･･････････････････････････････ 119

5.1.2 模型应用 ･･･････････････････････････････ 122

5.1.3 结果讨论和敏感性分析 ･･････････････････ 126

5.2 老虎沟 12 号冰川温度和运动速度模拟 ･･･････ 130

5.2.1 数据来源 ･･･････････････････････････････ 132

5.2.2 模型介绍 ･･･････････････････････････････ 135

5.2.3 模型的敏感性实验 ･･････････････････････ 136

5.2.4 模拟实验结果和讨论 ････････････････････ 138

5.3 冬克玛底冰川温度和运动速度模拟 ･･･････････ 143

5.3.1 数据来源 ･･･････････････････････････････ 143

5.3.2 结果与讨论 ････････････････････････････ 145

第 6 章 中国西北地区冰川变化及其影响评估 ･･･････････ 148

6.1 阿尔泰山地区冰川变化及对水资源的影响 ･････ 148

6.1.1 冰川概况 ･･･････････････････････････････ 148

6.1.2 冰川近期变化 ･･････････････････････････ 150

6.1.3 冰川未来变化及其对水资源的影响 ･･･････ 152

6.2 天山地区冰川变化及对水资源的影响 ･････････ 153

6.2.1 冰川概况 ･･･････････････････････････････ 153

6.2.2 冰川未来变化预估 ･･････････････････････ 154

6.2.3 塔里木河流域 ･･････････････････････････ 155

6.2.4 伊犁河流域 ････････････････････････････ 157

6.2.5 天山北麓诸河 ･･････････････････････････ 158

6.2.6 东疆盆地水系 ･･････････････････････････ 160

6.3 祁连山地区冰川变化及其对水资源的影响 ･････ 162

6.3.1 冰川概况 ･･･････････････････････････････ 162

6.3.2 典型流域冰川变化及其对水资源影响 ･････ 165

第 7 章 全球冰川时空变化 ･･･････････････････････････ 168

7.1 引言 ･････････････････････････････････････ 168

7.2 全球参照冰川物质平衡变化 ･････････････････ 169

7.2.1 资料来源 ･･･････････････････････････････ 169

7.2.2 年际和累积物质平衡变化 ･･････････････ 172

7.2.3 物质平衡 10 年代际变化 ･･･････････････ 173

7.2.4 物质平衡空间变化 ･･････････････････････ 173

7.3 中国境内冰川物质平衡变化及其与全球冰川对比 ･･ 175

7.3.1 资料来源 ･･･････････････････････････････ 175

7.3.2 年际和累积物质平衡变化 ･･････････････ 175

7.3.3 物质平衡 10 年代际变化 ･･･････････････ 176

　　　　7.3.4　与全球参照冰川物质平衡对比 ･････････････････････････････････････ 176

　　　　7.3.5　冰川加速消融机理 ･･･ 179

　　7.4　全球不同区域参照冰川物质平衡变化及其影响因素 ･･････････････････････ 180

　　　　7.4.1　高加索与中东地区 ･･･ 180

　　　　7.4.2　南安第斯地区 ･･･ 181

　　　　7.4.3　斯堪的纳维亚地区 ･･･ 182

　　　　7.4.4　欧洲中部地区 ･･･ 183

　　　　7.4.5　阿拉斯加地区 ･･･ 183

　　　　7.4.6　亚洲北部地区 ･･･ 184

　　　　7.4.7　加拿大北极北部地区 ･･･ 185

　　　　7.4.8　北美西部 ･･･ 185

　　　　7.4.9　亚洲中部地区 ･･･ 186

　　　　7.4.10　斯瓦尔巴群岛和扬马延岛地区 ･･･････････････････････････････････ 187

　　　　7.4.11　中国西部地区 ･･･ 187

　　7.5　全球冰川末端变化 ･･･ 189

　　　　7.5.1　资料来源 ･･･ 189

　　　　7.5.2　山地冰川 1535 年以来末端变化 ･････････････････････････････････ 190

　　　　7.5.3　中国冰川末端变化 ･･･ 192

　　7.6　全球冰川面积变化 ･･･ 193

　　　　7.6.1　总体变化 ･･･ 193

　　　　7.6.2　全球不同区域冰川分布及变化 ･･･････････････････････････････････ 194

第 8 章　结论与展望 ･･･ 206

　　8.1　山地冰川变化关键过程和模拟研究架构 ･･･････････････････････････････ 206

　　　　8.1.1　冰川物质平衡和动力过程 ･･･ 206

　　　　8.1.2　冰川动力过程研究路线 ･･･ 206

　　　　8.1.3　动力学模式所需参数和获取方法 ･････････････････････････････････ 206

　　　　8.1.4　动力学模型重点解决的科学问题 ･････････････････････････････････ 207

　　8.2　冰川物质平衡的观测与模拟 ･･ 207

　　　　8.2.1　简化物质/能量平衡模式 ･･ 207

　　　　8.2.2　中国境内参照冰川物质平衡观测、模拟与重建 ･･･････････････････ 207

　　　　8.2.3　北极地区参照冰川物质平衡观测和计算方案 ･･･････････････････････ 207

　　8.3　冰川物质平衡观测新方法和关键影响因子 ･･･････････････････････････････ 208

　　　　8.3.1　地面三维激光扫描仪在物质平衡观测中的应用 ･･･････････････････ 208

　　　　8.3.2　物质平衡的关键影响因子 ･･･ 208

　　8.4　冰川变化的动力学模拟预测和控制因素 ･････････････････････････････････ 209

　　　　8.4.1　模型构建 ･･･ 209

　　　　8.4.2　预测结果 ･･･ 210

8.4.3　控制要素 ……………………………………………………………… 210

8.4.4　其他结论 ……………………………………………………………… 210

8.5　冰川厚度和热-动力学过程模拟 …………………………………………… 211

8.5.1　冰川厚度模拟方法 ……………………………………………………… 211

8.5.2　冰川运动速度和温度场模拟 …………………………………………… 211

8.6　中国西北地区冰川变化及其影响评估 …………………………………… 212

8.6.1　过去的冰川变化 ………………………………………………………… 212

8.6.2　冰川未来变化预估 ……………………………………………………… 212

8.6.3　冰川变化对水资源的影响及对策 ……………………………………… 212

8.7　全球冰川时空变化 ………………………………………………………… 213

8.7.1　全球参照冰川物质变化 ………………………………………………… 213

8.7.2　全球冰川末端和面积变化 ……………………………………………… 213

8.8　研究展望 …………………………………………………………………… 214

参考文献 ………………………………………………………………………… 215

第1章 绪 论

1.1 冰川对气候变化响应的关键过程

冰川系寒冷地区由降雪转化而成且流动的巨大冰体。世界上的山地冰川大约有21万条，总面积达75万 km^2。中国是中低纬度冰川最为发育的国家，共有冰川48 571条，面积约为5.18万 km^2，这些冰川分布于昆仑山、天山、念青唐古拉山、喜马拉雅山、喀喇昆仑山和祁连山等西部山地。山地冰川消融对海平面上升的贡献量目前仅次于海洋热膨胀，处在第二位，高于南北极冰盖。冰川是中国及周边国家和地区大江大河的源头，冰川在中国西北内陆干旱区是重要的水资源。

过去30余年，由气候变化引发的冰川加速消融退缩造成的海平面上升，以及水资源、水循环和生态环境等方面的问题日益加剧，成为国际关注的焦点。深入开展冰川变化过程和机理研究，建立冰川模型，模拟预测冰川未来变化，是目前冰川学研究的热点和前沿领域，同时也是解决冰川变化引发水资源、生态等问题的基础。

冰川是气候的产物，在气候变化背景下，冰川对气候响应十分敏感。冰川对气候变化的响应包括两个过程：第一个过程是由冰川表面能量变化引发的冰川物质平衡（由积累和消融引起的物质收支）变化，即物质/能量平衡过程。冰川物质平衡变化是冰川对气候变化即时的响应（实际上是气候对冰川的直接影响，表现为物质收支的盈亏过程）。第二个过程是由冰川物质平衡和冰川流变参数（如冰川温度和冰川底部状态参数等）变化共同引发的冰川几何形态（面积、长度、厚度、体积等）变化，由于这一过程与冰川运动密切相关（这一过程是对物质盈亏的响应，是动力响应过程），因此被称为冰川动力学过程。冰川几何形态的变化是冰川对气候变化滞后和叠加的响应（图1-1）。

事实上，当冰川由一种形态变化为另一种形态时，其物质收支和几何形态均发生了改变，只有通过对物质/能量平衡和冰川动力学两个过程的模拟研究，才可以完整表述冰川的变化，缺一不可。过去的研究，大都聚焦于冰川的物质平衡过程，因为物质平衡模式具有模拟计算冰川积累和消融量的功能，并能被耦合至水文模型中，以解决冰川径流问题。然而，多数物质平衡过程模拟将冰川的几何形态假定为常数，并未考虑其动态变化，即便有考虑，也是将其以经验参数的形式引入，因而理论上不能用来模拟预测冰川的长期变化。

用以描述冰川动力学过程的动力学模式是基于物质、能量和动量守恒而建立的物理学模式，由冰川变化的物理机制入手，以物质平衡模式的结果为驱动，依靠先进的数值模拟方法，从力学和热学范畴来描述和模拟预测冰川的变化。通过冰川动力学模式和冰川物质

1

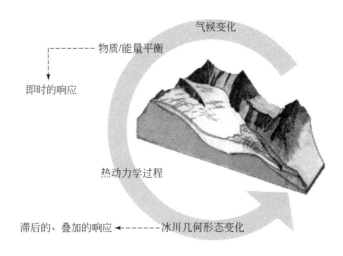

图 1-1　冰川对气候变化响应示意图

平衡模式的耦合研究，以实现由气候变化—冰川物质平衡变化—冰川动力学响应—冰川形态变化—冰川融水资源变化（体积变化）的完整推算。冰川动力学模式是本书研究的重点。

1.2　冰川动力过程研究路线

为了模拟预测山地冰川变化过程，揭示其控制机理，本书设计出以下路线（图 1-2）。与以往的研究相比，该研究路线具有以下 4 个方面的特点：一是以冰川动力学模式为核心。通过建立普适化冰川动力学模式，对冰川几何形态变化进行模拟预测，并揭示冰川

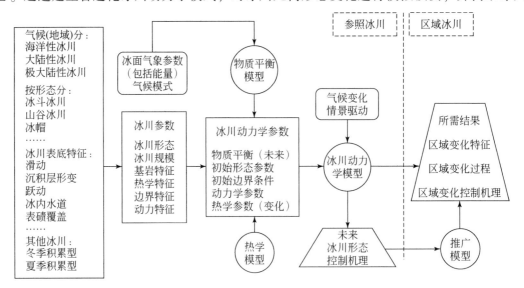

图 1-2　山地冰川变化过程和控制机理研究路线

变化的过程、机理和控制要素。二是将不同类型和不同特征的冰川进行参数化表述，用以模式输入，以避免以往研究对其的地理分类研究，这使工作量大为减少。三是通过物质平衡模式和动力学模式的耦合，实现将物质平衡作为动力学模式的驱动参量，这有利于两种模式的平行研究和实现动力学模式与气象要素的分离。四是通过参照冰川和同区域多条冰川的尺度转化，实现区域尺度冰川变化的模拟研究，为大区域冰川变化及影响奠定评估基础。

1.2.1　参照冰川和同区域冰川

由于冰川观测异常艰难，且冰川数量巨大，因此不可能对所有冰川进行实地观测研究。根据冰川学原理，在一个气候环境差异不大的区域，冰川的发育特征和对气候变化响应的过程和机理相似，因而可借助于对其中某条有代表性冰川的观测模拟研究，来揭示这一区域众多冰川的特征及其变化规律。这条冰川即为参照冰川（reference glacier），而参照冰川能够代表的，且处在同一区域的冰川被称为同区域冰川（李忠勤，2011b）。

在实际应用和模型研究中，只有那些边界参数可以通过参照冰川参数化的冰川才可视为同区域冰川，否则即便两条冰川相距很近也不可称为同区域冰川。通常参照冰川与同区域冰川在气象参数的梯度变化、冰川的冰体特征、冰内热力学参数、冰下地热参数和基岩特征等方面相同或相似，因此它们可以共用相关模式参数。

参照冰川不仅具有良好的代表性，而且具备长期和完整的观测资料，包括冰川几何形态及其变化、冰川区气象水文等。由于冰川物质平衡受冰面能量过程控制，年际变化幅度大，至少5年以上观测资料才具代表性。世界冰川监测服务处（World Glacier Monitoring Service，WGMS）提出的参照冰川的标准更为严格，包括：①冰川物质平衡的波动仅受气候因素影响，不受雪崩、冰崩、跃动、厚表碛覆盖以及人为因素的干扰；②物质平衡观测序列长度超过了30年，且具有持续（近2年）的基于冰川学方法的物质平衡观测；③观测缺失年份不超过10%，重新建立的观测必须超过数据缺失序列长度的50%；④物质平衡及相关详细信息包括物质平衡观测阶段的质量评估、冰川全景图、位置与所处气候区、观测采用的时间系统、调查日期与插值方法、冰川物质平衡线高度与积累区面积比率、冰川面积及各海拔带冬季、夏季与年物质平衡、单点积累与消融观测、主要的观测人员、资助机构与相应参考、验证与校正（大体上以10年为间隔，采用大地测量学方法对冰川学方法获取的物质平衡数据进行修正）等。根据这一标准，WGMS在全球范围确定了40条左右的参照冰川，分布在19个地区，用以代表全球山地冰川。

本书有关全球冰川物质平衡方面的研究主要采用的是WGMS在全球范围确定的40条参照冰川的资料（详见表7-2），以及位于北极斯瓦尔巴群岛（Svalbard）地区新奥尔松的Austre Lovénbreen冰川。涉及中国境内的冰川有12条（表1-1），分别为天山山脉的托木尔青冰滩72号冰川、奎屯河哈希勒根51号冰川（简称奎屯河51号冰川）、乌鲁木齐河源1号冰川（简称乌源1号冰川）、哈密庙尔沟冰帽；阿尔泰山区的木斯岛冰川；祁连山山脉的老虎沟12号冰川和十一冰川；青藏高原的小冬克玛底冰川、绒布冰川、帕隆94号冰川、海螺沟冰川和白水 1 号冰川。我们在对这些冰川开展物质平衡观测研究的同时，更是对其中 6 条冰川实施了冰川动力学模拟研究（详见第 4 章和第 5 章），这些冰川基本上都有专门的冰川野外站作为观测后勤保障，拥有长序列的观测数据和研究积累，具备开展冰川动力学所需的基本参数。为了进行动力学模拟结果的对比研究，本书还在全球范围选取了 12 条冰川，所选冰川面积范围为 $0.48 \sim 1042 km^2$，冰川补给最高海拔为 6000m，末端最低海拔为 0m。包括各种类型和特征的冰川，按气候（地域）类型可分为温冰川（海洋性冰川）、冷冰川（大陆性、极大陆性冰川）；按形态可分为悬冰川、冰斗–山谷冰川、山谷冰川、复式山谷冰川、冰帽等；按冰川特征可分为冬季积累型冰川、夏季积累型冰川、表碛覆盖型冰川、滑动型冰川、沉积层形变型冰川、冰内水道型冰川等。这些冰川覆盖了全球主要山地冰川区，且具有良好山地冰川的代表性（详见表4-3）。上述冰川中，乌源 1 号冰川为 WGMS 确定的全球参照冰川，但为方便起见，必要时本书将上述中国境内的其他冰川也称为"参照冰川"。

表 1-1　本书研究涉及的中国境内的冰川

冰川名称	纬度	经度	动力学研究冰川	物质平衡研究冰川
青冰滩 72 号冰川	41.77°N	79.89°E	是	是
奎屯河 51 号冰川	43.71°N	84.41°E	否	是
乌源 1 号冰川	43.11°N	86.81°E	是	是
哈密庙尔沟冰帽	43.05°N	94.32°E	是	是
木斯岛冰川	47.06°N	85.56°E	否	是
老虎沟 12 号冰川	39.44°N	96.54°E	是	是
十一冰川	38.21°N	99.88°E	是	是
小冬克玛底冰川	33.50°N	92.40°E	是	是
绒布冰川	28.05°N	86.83°E	否	是
帕隆 94 号冰川	29.38°N	96.98°E	否	是
海螺沟冰川	29.58°N	101.92°E	否	是
白水 1 号冰川	27.12°N	100.20°E	否	是

1.2.2　冰川物质平衡模式

如前所述，冰川对气候变化响应的第一个过程是冰川表面能量变化引发的冰川物质平衡变化，即物质/能量平衡过程。冰川物质平衡是反映冰川积累和消融量值的冰川学重要参数之一，对气候变化有着即时的响应。冰川物质平衡量值可以通过观测方法，如花杆/雪坑法和大地测量法得到。同时，由于冰川物质平衡取决于冰川区能量状况，因而可以通过构建基于能量平衡方程的模式来模拟计算物质平衡，这种模式被称为冰川物质平衡模式，其核心是建立物质平衡（冰川积累和消融的代数和）与气象要素（如气温、降水、辐射等）

变化之间的关系。模式的输入端是各种气象要素，输出结果为物质平衡。

　　作为冰川学的重要参数之一，物质平衡及其动态变化是引起冰川规模和径流变化的物质基础，是联结冰川与气候、冰川与水资源的重要纽带。冰川物质平衡模式除了在本书中用于提供动力学模式输入参量外，在冰川与气候、冰川与水文水资源等研究领域均有广泛应用。本书将在第 2 章和第 3 章系统论述物质平衡相关的观测研究。

1.2.3　冰川动力学模式

　　冰川是具有黏弹性及塑性形变特征（与冰温有关）的流变巨大冰体。运动是冰川区别于其他冰体最为重要的特征之一。冰川的流动改变了物质分布和冰川各部所处的水热及边界条件，也极大地增加了冰川研究的复杂性。冰川形态变化以物质平衡变化和流变为驱动，形成了冰川系统的能量–动力过程。物理学中的物质/能量平衡原理、热学和动力学原理是完整描述冰川运动、变化的理论基础。基于物理学理论的冰川动力学模式最早由英国冰川物理学家 Nye 在 20 世纪 60 年代提出（Nye，1960，1965）。他通过建立冰川物质守恒、动量守恒方程，同时引入冰的 Glen 流变定律（Glen，1954）方程，以及能量、热学等参变量，创建了一系列模拟冰川响应气候变化、冰川运动变化等过程的冰川动力学模式。其后，Oerlemans（1982）系统地将其运用到冰盖变化的模拟预测上。

　　冰川动力学模式运用的最大难点在于缺乏普适的模型模块。不同地区冰川热学–动力学特征以及边界条件的差异很大，研究者需要针对不同的问题，从冰川基本状况分析入手，利用冰川动力学的理论建立模型。而且模式的数学解析十分复杂，所需观测参数繁多，精度要求高。由于山地冰川的边界条件远远复杂于极地冰盖，因此构建适合山地冰川的动力学模式一直是研究的难点。本书将山地冰川侧脊拖拽作用力以分量的形式引入到动力学模式中，在山地冰川厚度模拟方面取得了突破（Li Z Q et al.，2011；Li H L et al.，2012）。同时，基于这一理论建立了一套适合于山地冰川变化模拟预测的动力学模式，该模式在本书研究中发挥了重要作用。

　　由于冰川动力学模式是完全的物理模式，由冰川变化的机理入手，从力学和热学范畴来描述和模拟冰川变化，能够有效揭示冰川变化的动态过程、机理和控制因素。该模式以物质平衡模式的结果为输入端，不仅能够预测冰川在气候发生变化时详细的几何形状响应过程，而且可以预测冰川在给定气候情景下的最终退缩状况。冰川动力学模式的另一特点是可以根据形态变化推算出冰川的物质平衡。鉴于此，动力学模式是对冰川物质平衡及形态两者变化进行模拟和预测的最好工具（Nye，1960，1965；Oerlemans et al.，1998a；李慧林等，2007；Li et al.，2011）。本书将在第 4 章和第 5 章系统论述冰川动力学模式及其研究结果。

1.2.4　参照冰川与区域冰川尺度转换及区域冰川变化评估

　　（1）区域冰川参数化方案

　　冰川动力学模式对参数要求颇高，只能运用于长期观测的参照冰川。要解决区域众多冰川的模拟，只能借助于由参照冰川到区域冰川的尺度转换。根据长期的研究实践，本书制订了适合山地冰川尺度转换的参数化方案，图1-3为参照冰川与区域冰川尺度转换的参数化方案。

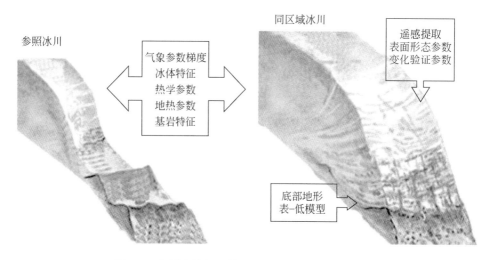

参照冰川

同区域冰川

气象参数梯度
冰体特征
热学参数
地热参数
基岩特征

遥感提取
表面形态参数
变化验证参数

底部地形
表–低模型

图1-3 参照冰川与区域冰川尺度转换的参数化方案

冰川物质平衡模式和动力学模式所需输入数据包括冰川区气象数据、表面形态、厚度分布（表–底地形）、冰下地热参量和冰体特征参数（冰组成、形变参量等）等，验证数据包括冰川物质平衡、冰体温度、运动速度、末端变化、面积变化、体积变化、表面高程等。尺度转换方案的核心是将参照冰川观测到的参数以及模拟研究结果推广到区域其他冰川上，使之满足区域冰川动力学模式所需的数据要求，以开展区域冰川变化的动力学模拟预测。

上述方案的核心是解决区域冰川动力学模式所需的三类参数的获取：第一，由于参照冰川与区域冰川在气象参数的梯度变化、冰川的冰体特征、冰内热–力学参数、冰下地热参数和基岩特征等方面相同或相似，因而区域动力学模式所需的部分输入参数以及冰川运动变化基本特征可由对参照冰川的观测研究得到；第二，区域冰川动力学模式所需的冰川表面形态参数的获取由遥感观测的方法解决；第三，冰川底部地形参数获取在整个参数化方案中难度最大，本书通过专门研究，解决了通过遥感技术进行冰川参数提取，进而模拟冰川主流线厚度这一关键问题（Li et al.，2011，2012），对该方案的最终实施起到关键作用。

（2）参照冰川模拟结果的敏感性分析

利用区域冰川参数化方案，通过动力学模式对区域众多冰川进行模拟预测，尽管在理论上是可行的，但工作量仍然巨大。在实际中我们常利用模式结果的敏感性分析进行研究，通过定量与定性相结合的方法，对区域冰川未来变化进行阐述。其原理是通过改变模式的各种输入参数量值和比较各种模拟结果，遴选出对变化的敏感参数，通过对这些冰川参数的比较分析，以确定冰川未来变化整体趋势。

冰川参数很多，而某些参数对冰川的存在和演化过程至关重要。通过大量研究，本书发现冰川物质平衡、冰川规模、冰川顶部和底部海拔以及现存冰川的冰量分布等参数对冰川变化过程有较大影响，这些参数被确定为敏感参数，通过比较区域冰川和参照冰川的敏感参数，便可得到区域冰川未来变化的某些特征。研究发现，处在同一气候条件区域的冰川（物质平衡差异不大），冰川存在的时间主要由冰川面积和补给高度决定，而冰川的体积变化过程由冰川的冰量分布所决定，这一结果对评估区域冰川的变化十分有用。以乌源 1 号冰川为例，处在该参照冰川区域的冰川，只要同时满足面积小于乌源 1 号冰川且最高海拔低于乌源 1 号冰川，这些冰川未来必然会比乌源 1 号冰川消失得快。因此，尽管我们不知道该区域冰川的冰量分布，无法确定这些冰川变化过程，但却能够推断哪些冰川比乌源 1 号冰川消融和消失得迅速，这对于区域冰川未来变化的评估至关重要。

（3）区域冰川变化模拟评估

实现大范围区域冰川变化的模拟预测是我们最终要解决的问题。过去有关冰川变化预估主要基于气候条件与冰川规模经验关系的"时间外延法"，这种方法缺乏理论基础，显然也不适合于非稳定态（快速消融状态）的冰川。最近 30 年来，山地冰川呈现的加速退缩趋势是以往经验关系模型未曾预测到和难以诠释的，只能借助冰川动力学模式。然而，目前的动力学模式主要针对参照冰川，通过参照冰川与区域冰川的尺度转换，可以实现对区域冰川变化的模拟和预测。但由于区域冰川动力学模式参数化方案实施工作量大，本书选择天山乌鲁木齐河流域进行了试验性研究，大量的研究以参照冰川模式敏感性试验分析结果为基础，详见第 6 章。

1.3　动力学模式所需参数和获取方法

1.3.1　观测参数

建立冰川动力学模式，一方面需要对冰川各种动力学理论进行研究和探讨，另一方面使模型在真实反映冰川各种过程的基础上，得到最大限度的简化，这些工作建立在各种类型的参数之上。冰川动力学模式属于物理模型，对参数要求较高，包括输入参数、系数参数与验证参数三大类，各类参数之间互有交叉，而对不同类参数观测的时间与空间精度以及时序要求各有不同。部分参数在模型运行过程中虽充当重要角色，却并不直接出现在模型框架之中，易被忽略。由于对参数要求高，且多数参数只能通过野外观测获取，加之山地冰川分布广泛，不同区域内的冰川在表面形态、基岩几何形状、温度结构与运动状况等方面都存在较大差异，因此动力学模型目前仅适用于参照冰川。以下对动力学模式的基本参数进行简单介绍。

（1）冰川区气象、水文数据

冰川区的气象要素数据是物质平衡模型的输入。气象观测在于获取：①准确的冰川表面气象资料；②气象要素的空间分布特征；③不同下垫面（冰面与陆面）及过渡带上气象要素的变化规律。观测项目除了常规的气象要素之外，还需有辐射等数据。冰川区水文观测数据可以计算或验证冰川物质平衡，提供冰川模型验证数据。

（2）物质平衡

在冰川动力学模式中，物质平衡是冰川变化的直接驱动，是动力学模式的输入参数，充当极为重要的角色。物质平衡观测是冰川学传统观测项目，观测方法主要有冰川学方法（花杆/雪坑法）、大地测量方法（三维激光扫描法、重复地面立体摄影测量法等）和水文学方法（如水量平衡法）等。花杆/雪坑观测方法有长期的数据经验积累，相比其他方法更为成熟，并且能够直接获取单点物质平衡信息，可较好地满足模型需求。

（3）冰川表面形态参数

冰川表面形态参数包括冰川面积、长度、宽度和表面坡度等，是动力学模式的基本输入参数。野外观测手段包括经纬仪、全站仪、GPS-RTK 和三维激光扫描仪等，精度最高可达厘米级。

（4）冰川厚度和剖面形态

在动力学模式中，冰川厚度与坡度共同反映了冰川的基本受力状况，厚度和剖面形态数据是动力学模型最基本的输入参数之一。冰川的厚度与冰川长度、面积及体积有直接联系，厚度变化可以作为冰川规模演化的替代指标。厚度的分布不仅受冰川规模与冰下地形控制，同时也随冰川对气候响应阶段不同而变化。对山岳冰川而言，尤其是大陆性与极大陆性冰川，冰川温度低，内部含水量较少，底部基岩对冰川的流动有较强的阻滞作用。两侧的基岩相当于底部基岩的延伸，将冰川向上托举，减缓了冰川的运动。研究这种作用，需要测量冰川底部形态和横断面形状等物理参数，这些测定通常使用冰雷达等技术手段完成。

（5）冰川运动速度

冰川运动速度是表征冰川运动的基本参数，由冰的蠕变、底部滑动或冰下底层形变而产生，与冰川厚度、表底坡度、冰体温度、底部状况等密切相关。重力是冰川运动的驱动力。除极地冰盖外，冰川通常发育于中高纬度的山区。根据所处地形不同，分为冰帽、山谷冰川、冰斗冰川及悬冰川等几个基本类型或这些类型的复合。这些冰川都依山体而生，在自身重力的作用下沿坡向流动。坡度大，重力的分量就大，运动速度就快。冰川的厚度不同，受到的重力作用也不同，进而运动速度也有差异。冰川运动速度的测定主要依靠各种重复测绘。

（6）冰川温度

冰川内部温度分布不仅反映了冰川对外界环境气候的响应状况，而且也是影响冰川消融、冰川内部动力学性质及冰川运动的重要指标。获得系统的冰川温度资料对标定冰川运动参数有重要意义。冰川的运动与其自身的物理性质有关。冰川是具有复杂性质的流体，冰的温度与含水量影响冰川的流变参数。早在 20 世纪 40 年代，各国科学家就认识到掌握冰川的流体性质是研究冰川运动的先决条件，并在试验中尝试了各种假设。经过半个世纪的试验与修正，冰川被普遍认为是一种黏弹性流体，形变与应力成复杂的指数关系。在确定冰川的流变特性时，温度是决定性参数。冰川温度的测定需要钻取测温冰孔，深度在 20m 以下，最好贯穿整个冰川剖面，采用我国自主研制的石英晶体数字温度仪测定。

（7）其他参数

许多参数对冰川动力模式十分重要，但很难观测获取，如冰川底部运动速度，深冰层冰晶大小、冰川底部温度、含水量及基岩物理组成等。这些参数的缺失会造成运动速度模拟的误差增大。在冰川末端开挖冰洞是获取这些参数的主要途径。例如，20 世纪 80 年代在乌源 1 号冰川开挖的冰洞，揭示了冰川运动的四大机理，量化了冰川底部沉积层形变对冰川运动的贡献，对本书研究具有重要参考作用。

1.3.2 参数方案

本书针对研发构建的山地冰川动力学模式参数需求，以野外实测和遥感观测技术手段为基础，制定了如下参数方案（表1-2）。

表 1-2 山地冰川动力学模式参数方案

参数名称	参数类型	参数要求	获取途径	优化方案
气象数据	物质平衡模式输入参数	5 年以上参照冰川区梯度气温、降水、辐射等观测资料	自动、人工气象站定位观测，野外考察期间观测	长期观测资料
冰川物质平衡	物质平衡模式和动力学模式输入参数	5 个消融期（5～9月）高密度观测资料	花杆/雪坑方法测量、物质平衡模式计算（参数化）	长期观测资料
冰川表面形态	动力学模式输入参数	主流线和代表性横断面高程，冰川宽度、长度等	野外测量、地形图和遥感图像解译、冰川编目资料等	高分辨率影像等资料
冰川厚度	动力学模式输入参数	主流线和代表性横断面厚度	冰雷达测量、表−底形态公式计算（参数化）	—
冰川内部温度	动力学模式流变参数检验	冰川平衡线附近 12m 及以下冰温	钻孔测量、基于气象资料的模拟计算	—
冰川表面运动速度	模拟验证参数	1～2 年冰川主流线表面运动速度分布	两次以上重复测量、遥感方法	—
冰川末端变化	模拟检验参数	主流线和最大长度变化	野外测量、地形图和遥感图像解译、冰川编目资料等	长期观测资料
冰川面积、体积变化	模拟检验参数	冰川下部变化	野外测量、地形图和遥感图像解译、冰川编目资料等	长期观测资料
冰川表面高程变化	模拟检验参数	冰川消融区	野外 GPS-RTK 测量、地形图和遥感影像解译等	长期观测资料

1.4 本书重点关注的科学问题

1.4.1 前期研究形成的认知

山地冰川加速消融变化在最近 30 年来日趋突显，得到国际关注，成为研究的热点和前沿。中国科学家也不断努力，积极开展冰川的观测研究，尽管尚未达到十分深入的程度，但也取得一些亮点成果，形成如下共识：①冰川变化是冰川对气候的响应，过程十分复杂。定量解决该科学问题，需要在了解机理基础上，建立物理模型。②冰川物质平衡模型（消融与气象要素关系）可以模拟冰川消融量，但在预测方面，该模型存在理论缺陷。动力学模型能够模拟预测冰川形态和消融量动态变化，但难度大。③目前许多流域冰川融水增加，这是气温升高、冰川消融增强和冰川退缩、产流面积减小共同作用的结果，且前者占优势。未来随着面积和储量不断减少，必将经历先增后降过程。今后冰川径流是否增加，很大程度上取决于气温的上升幅度。④不同冰川区流域由于冰川径流量不同，影响也不同，同时冰川对气候变化响应特征和控制因素也不同，故需要分区进行监测研究。

1.4.2　本书重点关注的科学问题

在前期研究基础上，本书以冰川动力学模式为手段，以全球山地冰川为研究对象，开展冰川动力过程、冰川变化模拟预测研究，重点关注和解决的科学问题包括：①山地冰川变化动态过程和消亡时间；②山地冰川变化和控制因素及其在不同类型、形态和特征冰川上的异同；③降水对冰川变化的影响；④冬季积累型、夏季积累型、表碛覆盖型等不同冰川变化的差异和控制机理；⑤不同地区冰川径流变化，是否存在径流变化拐点及出现的时间；⑥区域尺度冰川变化对水文、水资源的影响。

第 2 章 参照冰川物质平衡观测与模拟

冰川物质平衡系由冰川表面能量变化引发的冰川物质收支的变化,是冰川变化的关键过程之一。物质平衡变化是冰川几何形态变化(冰川动力学过程)的主要驱动之一,在动力学过程模拟研究中必不可少。另外,冰川物质平衡是冰川联结气候和水资源的纽带,对其观测和模拟始终是冰川与气候变化研究领域的重点和前沿之一。本章在系统阐述物质平衡观测计算方法和冰川物质平衡模式基础上,介绍了几条参照冰川物质平衡的观测模拟研究。

2.1 物质平衡观测方法

2.1.1 花杆/雪坑方法

花杆/雪坑方法又被称为冰川学方法,是基于野外观测的传统物质平衡观测计算方法。先是计算单点物质平衡,然后推算至整条冰川。

冰川物质平衡定义为冰川上物质的积累(c)与消融(a)之间的差值,用 b 表示,即

$$b = c - a \tag{2-1}$$

式(2-1)表明:若冰川的积累大于消融,即 b 大于 0,则物质平衡为正,表现为冰川厚度增加或者冰川前进;反之,若冰川消融大于积累,即 b 小于 0,则物质平衡为负,表现为冰川厚度减薄或者冰川退缩。

(1)单点物质平衡

根据物质平衡花杆点和雪坑在特定时期内的观测,可计算出观测时期内观测点的物质平衡(李慧林等,2009)。因此,某时段、某点的物质平衡应为雪(粒雪)平衡(b_f)、附加冰平衡(b_sp)及冰川冰平衡(b_i)的代数和,即

$$b_{(1-2)} = b_{\text{f}(1-2)} + b_{\text{sp}(1-2)} + b_{\text{i}(1-2)} \tag{2-2}$$

$$b_{\text{f}(1-2)} = \rho_{\text{f}(2)} h_{\text{f}(2)} - \rho_{\text{f}(1)} h_{(1)} \tag{2-3}$$

$$b_{\text{sp}(1-2)} = \rho_{\text{sp}} \left(h_{\text{sp}(2)} - h_{\text{sp}(1)} \right) \tag{2-4}$$

$$b_{\text{i}(1-2)} = \rho_{\text{i}} \left(m_{(1)} + h_{\text{f}(1)} + h_{\text{sp}(1)} - \left(m_2 + h_{\text{f}(2)} + h_{\text{sp}(2)} \right) \right) \tag{2-5}$$

式中,下标 i、sp、f 分别为冰川冰、附加冰和雪(粒雪);1、2 为观测的顺序;ρ 为密度(g/cm³);m 为花杆的读数;h 为厚度(cm)。一般来说,附加冰的平均密度(ρ_{sp})取值为 0.85g/cm³;冰川冰的平均密度(ρ_{i})取值为 0.9g/cm³。

（2）整条冰川物质平衡

通过观测和计算，可得冰川上观测点的单点物质平衡，将其绘制在大比例尺地形图上，综合计算便可得到观测时段内冰川的物质平衡值。基于冰川学研究，观测点到整条冰川的物质平衡计算方法主要有等值线方法和等高线方法，杨大庆等（1992）在乌源 1 号冰川的实验表明，等值线方法与等高线方法得到的结果相近。

等高线方法是将计算后的单点物质平衡绘制在大比例尺地形图上，用以确定冰面相应高程带内的物质平衡，进而得到监测冰川的物质平衡，主要通过式（2-6）计算获得冰川净物质平衡：

$$b_n = \sum_{i=1}^{n} s_i b_i / S \tag{2-6}$$

式中，s_i、b_i 分别为两相邻等高线之间的投影面积和平均净物质平衡；n 为等高线间面积的总数；S 为冰川的投影面积。当 s_i 中的观测点数量不够多时，可将等值线和等高线法结合，即用等值线中的 b_i 内插值到等高线区间的 b_i。

等值线方法是将单点观测得到的年净物质平衡值（b_i'）点绘到大比例尺冰川地形图上，绘制监测冰川的净物质平衡等值线图。基于该等值线图计算冰川净物质平衡，计算式（2-7）如下：

$$b_n = \sum_{i=1}^{n} s_i' b_i' / S \tag{2-7}$$

式中，s_i' 为两相邻等值线之间的投影面积；b_i' 为 s_i' 的平均净平衡；n 为 s_i' 的总个数；S 为冰川的投影面积。

2.1.2　大地测量法

大地测量冰川物质平衡 MB_{geo} 可以通过将冰川储量变化 ΔV 与平均密度 ρ 相乘，然后除以面积 A（取两个时期中的较大冰川面积）求得：

$$MB_{geo} = \Delta V \cdot \rho / A \tag{2-8}$$

冰川储量变化可以通过不同时期的数字高程模型（digital elevation model，DEM）相减得出的表面高程变化来获得。误差可以通过非冰川区高程差异进行评估。非冰川稳定基岩区两期 DEM 的差值可看作相应时间段内冰川储量变化 σ_{DEM} 的不确定性，公式如下：

$$\sigma_{DEM} = \frac{\sum_{1}^{n} (Z_{DEM1} - Z_{DEM2})}{n} \tag{2-9}$$

式中，n 为非冰川稳定基岩区 DEM 像元的个数。DEM 可以使用地形图、航拍、卫星影像和激光扫描等获得。在将雪、粒雪或冰储量转化成物质变化时，密度的取值很重要。依照 Sorge 定律，在气候不变的情况下，密度结构是保持不变的。一些研究对整条冰川都用一个平均密度值，而没有将积雪、粒雪和冰的密度分开考虑（Haakensen，1986；Krimmel，1999）。Hagg 等（2004）考虑以平衡线划分，分别考虑粒雪和冰的密度。

2.2 物质平衡模型

冰川物质平衡取决于冰川区能量状况，因而可以通过构建基于能量平衡方程，来模拟计算物质平衡，这种模式被称为冰川物质平衡模式。物质平衡模式的类型有许多种，包括全分量能量平衡模型、简化能量平衡模型和度日模型等。

2.2.1 全分量能量平衡模型

（1）模型原理

能量平衡模型是完全基于物理原理的冰川消融（或物质平衡）模型。该模型通过计算冰川表面能量收支，依据相变原理及热传导原理，获得表面消融量及内部能量变化（冰温变化）数据。冰川表面接收的所有能量都首先被用来加热冰（雪）温至熔点，剩余的部分用于消融。能量平衡方程是该模型的基础，表达为如下形式：

$$Q_N + Q_H + Q_E + Q_G + Q_R + Q_M = 0 \tag{2-10}$$

式中，Q_N 为净辐射；Q_H 与 Q_E 为感热与潜热（二者统称湍流热）；Q_G 为导入冰川内部的能量（冷储）；Q_R 为降水携带热量（常被忽略不计）；Q_M 为用于消融的能量。在其余分量已知的情况下，可依据式（2-10）求出 Q_M，进而计算消融量 $\overline{M}$。

$$\overline{M} = \frac{Q_M}{\rho_w L_f} \tag{2-11}$$

式中，ρ_w 为水的密度；L_f 为融化潜热。冰川的物质平衡 $\overline{B}$ 通过式（2-12）计算。

$$\overline{B} = \overline{C} - \overline{M} \tag{2-12}$$

式中，$\overline{C}$ 为物质积累量。通常情况下，冰川能量收入多半来自太阳短波辐射，感热次之，只有很少量来自于潜热。由于温度与水汽压的垂直递减规律，海拔越高的区域短波辐射在能量平衡中的贡献越为重要。

（2）净辐射

式（2-10）中多数项都无法直接观测，能够观测的项（如净辐射、湍流热）也需要通过较为复杂的仪器来完成。这种情况下，通常采用基于基本气象与地形观测数据的参数化方法获取各种能量分量。

其中，冰川表面吸收与放出辐射能量的差值称为净辐射（Kondratyev et al.，1965），包括短波辐射与长波辐射。前者直接来自太阳，后者则源于周遭地形与大气。对山岳冰川来说，表面朝向、坡度、海拔、大气状况及周遭地形都对辐射收支状况（尤其短波辐射）有重要影响。因此，净辐射量 Q_N 可表达如下：

$$Q_N = (I + D_s + D_t)(1 - \alpha) + L_s^{\downarrow} + L_t^{\downarrow} + L\uparrow \tag{2-13}$$

式中，I 为太阳直接辐射；D_s 为大气散射辐射；D_t 为周围坡面反射辐射。三者总和称为总日辐射或全球辐射（global radiation）。α 为反照率；$L_s^{\downarrow}$ 为大气长波辐射；$L_t^{\downarrow}$ 为周遭地形长波辐射；$L\uparrow$ 为冰（雪）面释放的长波辐射。

（3）总日辐射

因为太阳辐射的一部分直接到达冰川表面，另一部分在到达冰面的过程中受大气及周围地形的散射，因此总日辐射相应分为直射与散射两部分。晴朗（无云）天气中，冰川表面所接收的直射太阳辐射量 I_c 可通过下式计算：

$$I_c = I_0 \left(\frac{R_m}{R}\right)^2 \psi_a^{\frac{P}{P_0 \cos Z}} \cos\theta \qquad (2\text{-}14)$$

式中，I_0 为太阳常数（1368W/m²）；R 为日地距离（R_m 为平均值）；ψ_a 为无云条件下大气透射率；P 为大气压强；P_0 为海平面平均大气压；Z 为太阳天顶角；θ 为坡面法向量与太阳光之间倾角，计算公式如下（Garnier and Ohmura，1968）：

$$\cos\theta = \cos\beta\cos Z + \sin\beta\sin Z\cos(\varphi_{sun} - \varphi_{slope}) \qquad (2\text{-}15)$$

式中，β 为冰川表面坡度；φ_{sun}、φ_{slope} 分别为太阳方位角与冰川表面朝向。天顶角 Z 可以通过纬度、太阳赤纬及时角的函数计算（Iqbal，1983）。

大气透射率是量化大气对短波辐射削弱作用的参数，可以表达为以大气路径长度和初始辐射通量为自变量的函数（Bouguer 公式，也称 Lambert 公式或 Beer 公式）。晴朗天气条件下，大气透射率介于 0.6~0.9（Oke，1987），由于受大气中水汽与粉尘含量的影响，其值在冬季最高而夏季最低，且随海拔升高而递增。周遭地形的散射指一部分辐射波首先到达冰川附近的山脊，而后被反射至冰川表面的过程。计算散射辐射通量时需考虑大气与地形两方面的因素（Kondratyev et al.，1965；Garnier and Ohmura，1968）：

$$D_s = \int_0^{2\pi} \int_{h(\varphi)}^{\pi/2} D(h, \varphi)\cos\theta\cos h\,dh\,d\varphi \qquad (2\text{-}16)$$

式中，$D(h, \varphi)$ 为以角度 h 入射的辐射量；h 为 φ 的函数，表示沿太阳方位角 φ 方向，天空中不被地形遮挡的最低点和研究点所连直线与水平面间夹角；θ 为坡面法向量与任何一个方向的夹角。利用式（2-16）同时对 φ 与 θ 做积分计算略显复杂，另有一种引入"视野参数"V_f 的方法更为简单。以研究点所在水平面为中心面的半球（天空）中，不被地形遮挡的球面面积与整个半球面面积的比率即为 V_f，可用下式计算（Kondratyev et al.，1965）：

$$V_f = \cos^2(\beta/2) \qquad (2\text{-}17)$$

式中，β 为坡面倾角。引入式（2-17），入射于倾角 β 的坡面上的总散射辐射量 D 可表达为

$$D = D_0 V_f + \alpha_m G(1 - V_f) \qquad (2\text{-}18)$$

式中，D_0 为天空无遮挡情况下大气散射辐射；G 为总日辐射；α_m 为周围地形的平均反照率。

（4）反照率

冰川表面反照率通常指介于 0.35~2.8μm 波长电磁波的平均反照率。反照率的影响因素很多，包括冰川表层雪（冰）晶体尺寸、晶向、结构、含水量、杂质含量、粗糙度、辐射波长与入射角度等，量值波动范围介于 0.1~0.9。反照率空间变幅大，导致相近区域消融量有可能相差悬殊。由于冰与雪在表面形态上明显不同，多数研究在模拟冰川消融时

将二者的反照率分开考虑。雪反照率随时间演变的计算方法很多（Brock et al.，2000；Willis et al.，2002），其中"老化曲线法"（aging curve approach）应用最为广泛。

$$\alpha = \alpha_0 + b\,e^{-n_d k} \tag{2-19}$$

式中，α_0 为雪反照率最高值；n_d 为降雪后日数；b 与 k 为经验常数。针对冰反照率开展的研究较少（Brock et al.，2000）。模拟计算中常设定为 $0.3 \sim 0.5$ 的常数（Konzelmann and Braithwaite，1995）或假定在此范围内沿海拔线性升高（Oerlemans and Fortuin，1992）。

（5）长波辐射

大多数长波辐射来自于大气中的水汽、二氧化碳及臭氧。云量、水汽含量及其温度是影响长波辐射的主要因素。受温度直减率影响，长波辐射随海拔升高降低。长波辐射强度可以通过辐射传递公式来计算，输入参数包括垂直大气柱中气温、水汽含量及二氧化碳与臭氧浓度分布数据等。消融模型中，通常利用以下公式计算（Kondratyev et al.，1965）：

$$L\downarrow = \varepsilon_c \sigma\, T_a^4 F(n) \tag{2-20}$$

式中，ε_c 为晴朗天气时的全波段辐射率；σ 为玻尔兹曼常数 $[5.67\times10^{-8}\,\mathrm{W/(m^2 \cdot K^4)}]$；$T_a$ 为大气温度（K）；$F(n)$ 为反映辐射强度与云量关系的参数。有效辐射率 ε_e 为 ε_c 与 $F(n)$ 的乘积，波动范围介于 $0.7 \sim 1.0$。ε_c 的计算公式如下（Brunt，1932）：

$$\varepsilon_c = A - B \cdot 10^{-Cp} \tag{2-21}$$

或（Brunt，1932）：

$$\varepsilon_c = a + b\sqrt{e_a} \tag{2-22}$$

式中，A、B、C、a、b 为经验常数；ρ 为绝对湿度；e_a 为水汽压（hPa）。另外有一些计算方法是基于物理原理建立的，不需要根据局地情况率定参数，如（Brutsaert，1975）：

$$\varepsilon_c = 1.24\left(\frac{e_a}{T_a}\right)^{1/7} \tag{2-23}$$

或者直接计算有效辐射率 ε_e（Ohmura，1982）：

$$\varepsilon_e = 8.733\times10^{-3} T_a^{0.788}\,(1+kn) \tag{2-24}$$

式中，n 为云量；k 为指示云类型的参数。

在山区，由于局部地形对长波辐射的影响较大（Olyphant，1986），应引入地形要素修正式（2-20）：

$$L\downarrow = (\varepsilon_a \sigma T_a^4)V_f + (\varepsilon_s \sigma T_s^4)(1-V_f) \tag{2-25}$$

式中，ε_a、ε_s 分别为大气与周围地形表面的辐射率；T_a、T_s 分别为气温与陆地表面温度；V_f 为视野参数。式中第一项 $(\varepsilon_a \sigma T_a^4)V_f$ 与第二项 $(\varepsilon_s \sigma T_s^4)(1-V_f)$ 分别反映天空与周围地形的辐照度。

冰川表面反射及出射的长波辐射可以通过以下公式计算：

$$L\uparrow = (\varepsilon_s \sigma T_s^4) + (1-\varepsilon_s)L\downarrow \tag{2-26}$$

（6）湍流热通量

因存在温度与湿度梯度，或因低层大气存在湍流，空气与冰川表层之间发生的热量交换称为湍流热。在周尺度或更长时间尺度上，辐射热分量远比湍流热重要（Willis et al.，2002），但在小时尺度或天尺度上情况则恰好相反。在中纬度海洋性环境中，湍流热强度始终高于辐射热（Hogg et al.，1982）。湍流热的两个分量感热 Q_H 与潜热 Q_E 可通过以下公式计算：

$$Q_H = \rho_a c_P K_H \frac{\partial \bar{\theta}}{\partial z} \tag{2-27}$$

$$Q_E = \rho_a L_V K_E \frac{\partial \bar{q}}{\partial z} \tag{2-28}$$

式中，ρ_a 为空气密度；c_P 为空气比热容；L_V 为蒸发潜热；z 为以冰川表面为零点计量的高度；K_H、K_E 分别为热交换与水汽交换的涡流扩散系数；$\bar{\theta}$ 为位温；$\bar{q}$ 为比湿。在冰川上架设温度、湿度及风速的梯度观测设备才能满足上述两式的数据要求（Marcus et al.，1985）。若假定冰川表面水热状况恒定（$T = 0℃$，$e = 6.11\text{hPa}$），作如下简化：

$$Q_H = \rho_a c_P C_H \bar{u}(\bar{\theta}_z - \bar{\theta}_s) \tag{2-29}$$
$$Q_E = \rho_a L_V C_E \bar{u}(\bar{q}_z - \bar{q}_s) \tag{2-30}$$

式中，$\bar{u}$ 为平均风速；$\bar{\theta}_z$ 与 $\bar{\theta}_s$ 为在高度 z 及冰川表面的位温；$\bar{q}_z$ 与 $\bar{q}_s$ 为相应比湿。只需在某一恒定高度（通常冰面以上 2m）观测上述参数。热量及水汽压交换系数 C_H 与 C_E 计算公式如下：

$$C_H = \frac{k^2}{\left[\ln\left(\frac{z}{z_0}\right) - \psi_M\left(\frac{z}{L}\right)\right]\left[\ln\left(\frac{z}{z_{0T}}\right) - \psi_H\left(\frac{z}{L}\right)\right]} \tag{2-31}$$

$$C_E = \frac{k^2}{\left[\ln\left(\frac{z}{z_0}\right) - \psi_M\left(\frac{z}{L}\right)\right]\left[\ln\left(\frac{z}{z_{0E}}\right) - \psi_E\left(\frac{z}{L}\right)\right]} \tag{2-32}$$

式中，k 为 von Kármán 常数，值为 0.4；ψ 为 Monin-Obukhov 稳定性函数 ϕ 的积分形式；M、H 与 E 分别对应动量、热量与水汽。中性状态下，假定 ψ 为 0。z_0 为风的粗糙长度，即平均风速为 0 的高度（以冰川表面为零点）。z_{0T} 与 z_{0E} 分别为温度与水汽压的粗糙长度（目前尚无明确物理意义）。z/L 为稳定性参数，L 为 Monin-Obukhov 长度。在稳定边界层中，L 的物理意义为湍流产生能量与浮力消耗能量平衡的高度。

（7）导入冰川内部能量（冰川冷储）

在消融发生以前，冰川表面接收的所有能量都被用来加热冰（雪）温至熔点，这部分能量称为冰川冷储，用下式表示：

$$C = -\int_0^z \rho(z) \, c_P T(z) \, \mathrm{d}z \tag{2-33}$$

式中，ρ 与 c_P 为冰（雪）密度与比热容；T 为表面以下深度 z 处的温度；Z 为温度低于熔点的最大深度。冰川冷储是大气温度上升与冰川消融过程及冰川消融与产流过程不同步的原因，与附加冰的形成及内补给过程有紧密联系，是冰川表面能量平衡必须考虑的分量。

冰川表层冰升温主要依靠热传导与吸收短波辐射，后者在模拟计算中常被忽略不计。穿过冰川表面的热通量计算公式如下：

$$Q_G = \int_0^z \rho \, c_P \frac{\partial T}{\partial t} \mathrm{d}z \tag{2-34}$$

式中，$\partial T/\partial t$ 为冰温改变速率，可以通过冰川活动层（通常从冰川表面到 $10\sim15m$ 深度）内温度垂直梯度计算（Cuffey and Paterson，2010）。

消融季中，积雪层中能量的传输往往伴随水分迁移，因此能量通量迁移过程不能用简单的公式完全描述，但可通过一些大型的数值消融模型来计算，如 CROCUS（Brun et al.，1989）、SNTHERM（Jordan，1991）和 DAISY（Bader and Weilenmann，1992）。

2.2.2 简化型能量平衡模型

结构复杂的全分量能量平衡模型有较为苛刻的数据要求，于是衍生了一个实用性简化方案，即简化型能量平衡模型（Oerlemans，2010）。

简化型能量平衡模型将式（2-10）中的各项以是否与气温相关为准分列。其中，长波辐射与感热都与气（冰）温或其梯度有关，而短波辐射的变化主要受太阳与研究点的距离和角度、局部地形、大气杂质及水汽含量等因素影响，因此可以将式（2-10）改写为如下形式：

$$Q_M + Q_G = G(1-a) + Q_T \tag{2-35}$$

$$Q_T = f(T_a) \tag{2-36}$$

式中，Q_M 为用于消融（这里指生成径流）的能量部分；Q_G 为导入冰川内部能量；G 为总日辐射；α 为反照率；T_a 为大气温度（℃）。式（2-35）等号左端为冰川接收能量总和，右端第一项为短波辐射能量，第二项 Q_T 为所有与温度相关的能量收支，可以表达为函数 $f(T_a)$。短波辐射能的算法与全分量能量平衡模型相同，本书主要介绍式（2-35）中其他项的处理方法。

（1）温度相关能量计算

Q_T 是几种能量形式的总和，包含交错的物理过程，因此很难利用理论分析找到 Q_T 与 T_a 之间合适的函数形式 $f(T_a)$。借助气象仪器，可以观测冰川表面净能量与短波净辐射，二者之差即为 Q_T。在实测数据分析过程中，Oerlemans（2010）发现如下现象（图2-1）：T_a 小于 0℃时，Q_T 与 T_a 无明显关系；T_a 大于等于 0℃时，Q_T 随 T_a 升高而增大。Q_T 随 T_a 增大的斜率随时间与空间有显著变化，譬如风速高的环境中湍流热在整个能量平衡当中所占比重较高，斜率相应增大。更进一步的分析说明，在固定区域，当 T_a 一定时 Q_T 量值的波动完全取决于云量变化。$f(T_a)$ 可以表达为如下形式：

$$Q_T = f(T_a) = c_0 + c_1 T_a + c_2 T_a^2 \tag{2-37}$$

其中 c_0 与海拔有关，可以表达为如下形式：

$$c_0 = c_{01} + c_{02} z \tag{2-38}$$

式中，c_{01}、c_{02}、c_1 与 c_2 为待定系数；$T_a = 0$ 时，$c_1 = c_2 = 0$；z 为海拔。

（2）内补给计算

内补给指的是融水在雪层中重新冻结的过程，该过程使冰川消融与产流的发生不同步。在海洋性冰川上，表层温度较高，只有很少一部分能量被用于加热雪（冰）层（主要通过内补给），该过程可以忽略。在冷性（大陆性）冰川上，内补给过程相对重要得多。

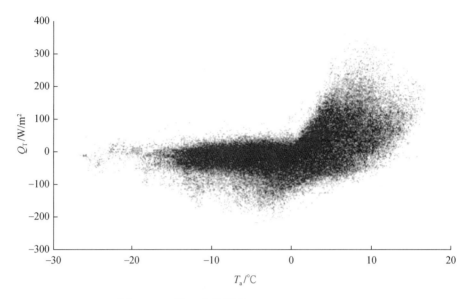

图 2-1　Q_T 随 T_a 变化情况（Oerlemans，2010）

冰川水热性质及季节性决定了内补给的形式（Braithwaite et al.，1994）。消融强烈季节（盛夏）开始之前，几乎所有冰川上都有融水在冷雪层中重新冻结的现象发生；夏末秋初，保存在雪层中的毛细管水在大气温度降低的情况下发生冻结；另有一种仅在冷性冰川上发生，渗浸入雪层底部（冰雪交界面）的融水在冰面以上冻结，形成附加冰。模拟这些过程需要计算雪层剖面的温度与密度随时间的变化情况，但若关注点仅在内补给融水量及其对应能量的转化量值，那么可以采用一种更为简单的方法（Oerlemans，2010）。

$$Q_M = Q_{tot}\exp(c_r T_{sn}) \tag{2-39}$$
$$Q_G = Q_{tot}(1-\exp(c_r T_{sn})) \tag{2-40}$$

式中，Q_{tot} 为收入总能量 $[Q_{tot}=G(1-\alpha)+Q_T]$；$T_{sn}$ 为冰川表层平均温度；c_r 为描述产流速度的参数。式（2-39）的含义是冰川温度越高，用于消融（产流）的能量则越多。

（3）流域尺度冰川变化模拟适用性评价

简化型能量平衡模型不需过多野外观测，只要求参照冰川的物质平衡与气象要素观测序列需长于一个完整物质平衡年，这非常适合于单条冰川和山区流域尺度分布式物质平衡模拟研究。同时，模型结构较为简单，因其中所有待定参数都与气温无紧密联系，这从理论上避免了未来气温升高对模拟效果产生的不良影响，是开展物质平衡预测较好的工具。

2.2.3　度日模型

（1）模型原理

从物理意义上讲，度日模型将冰川表面能量平衡方程式（2-10）中所有收支项整合为一个温度的函数（正积温的线性函数），因而它是能量平衡模型的最简化形式。

在冰川学中，度日模型是温度指标模型（temperature index models，TIM）的一种，属于半物理半经验模型。度日模型的主体结构由两个极为简单的模块组成，分别计算冰雪消融与积累量，对应的输入参数也仅有温度与降水两种。

度日因子（degree-day factor，DDF）是指一定时期内冰川消融量与同一时期正积温的比值，反映的是单位正积温产生的冰雪消融量。这一概念于 1887 年由 Finsterwalder 和 Schunk 在阿尔卑斯山的冰川变化研究中提出。之后一个多世纪中，度日模型被广泛应用于冰川积雪消融模拟研究中，并成为水文模型中主要的冰雪径流模块。

度日模型中，冰雪消融量的计算公式如下（Braithwaite，1995）：

$$m = \text{DDF} \cdot \text{PDD} \tag{2-41}$$

式中，DDF 为冰川冰或雪的度日因子 [mm w. e. /（d · ℃）]；PDD 是正积温，可通过式（2-42）计算（Jóhannesson et al.，1995）：

$$\text{PDD} = \frac{365/12}{\sigma\sqrt{2\pi}} \int_0^{\infty} T_a e^{\frac{-(T_a - T_m)^2}{2\sigma^2}} \mathrm{d}T \tag{2-42}$$

式中，T_m 为月均温；σ 为标准偏差。假设月内日均气温 T_a（℃）呈正态分布。

在冷性冰川上普遍存在"内补给"过程，也就是当雪层较厚而消融较少时，融水不会立即产流，而是下渗到雪层中重新冻结。此时虽有消融但无物质亏损（Aðalgeirsdóttir et al.，2006）。模型中这部分消融以参数 f 表示，应从消融量 m 中剔除：

$$\bar{M} = m - f \tag{2-43}$$

式中，$\bar{M}$ 为实际物质亏损。因为只有固态降水对积累有贡献，计算冰川积累量 $\bar{C}$ 时以 0℃ 为临界温度将固液态降水分开（Braithwaite and Zhang，2000）：

$$\bar{C} = f(x) = \begin{cases} 0, & T_a < 0℃ \\ \rho_{\text{snow}} P, & T_a \geq 0℃ \end{cases} \tag{2-44}$$

式中，ρ_{snow} 为雪的密度；P 为降水量。

根据式（2-43）和式（2-44），冰川物质平衡 $\bar{B}$ 的计算公式如下（Aðalgeirsdóttir et al.，2006）：

$$\bar{B} = \bar{C} - \bar{M} = \bar{C} - (m - f) \tag{2-45}$$

整条冰川的平均物质平衡 $\bar{B}_t$ 可通过下式计算（Braithwaite and Zhang，2000）：

$$\bar{B}_t = \frac{1}{S_t} \sum_{i=1}^{n} s_i \bar{B}_i \tag{2-46}$$

式中，S_t 为冰川的总面积；s_i 为第 i 个海拔带的面积；$\bar{B}_i$ 为第 i 个海拔带的物质平衡值。各海拔带面积可通过数字高程模型（DEM）获取。

（2）模型适用性

近十余年来，随着计算机、气象观测及遥感技术的发展，能量平衡模型的研究对象逐渐由点向面过渡，度日模型在冰雪消融模拟研究中的适用性随之遭到质疑，争论主要集中于两个问题：①将能量平衡方程中所有分量简化为气温的函数不够合理，如在较长时间尺度上（数十年至数百年）假设净辐射与气温相关毫无理论依据；②模型中度日因子都取常数（无完备的参数化方案），但该因子已被证明受气温、湿度及局部地形影响显著。各种气候模型结果都显示，未来数十年中气候要素必然发生不同程度的改变，这种情况下度日模型能否运用于未来冰雪消融的预测有待商榷。

2.3 天山乌源 1 号冰川物质平衡模拟案例解析

2.3.1 数据来源

乌源 1 号冰川位于中国天山中段乌鲁木齐河源，亚洲中部中心地带；东北朝向，由东、西两支组成（1993 年分离），属典型大陆性冰斗–山谷冰川，目前面积为 1.67km²，长度约为 2km。本节使用的主要数据包括乌源 1 号冰川 1987～2008 年的物质平衡资料和距冰川末端 3km 的大西沟气象站 1987～2008 年观测的气温、降水资料。乌源 1 号冰川的物质平衡自 1959 年起就由中国科学院天山冰川观测试验站负责观测，其观测结果自 1981 年起收录于世界冰川监测服务处（WGMS）出版的各类刊物中。在本研究时段内，用于物质平衡观测的花杆均匀布设于乌源 1 号冰川表面，其中 2008 年的花杆布设情况如图 2-2 所示。乌源 1 号冰川物质平衡的观测一般是在每年的 5～9 月进行，每月观测一次。

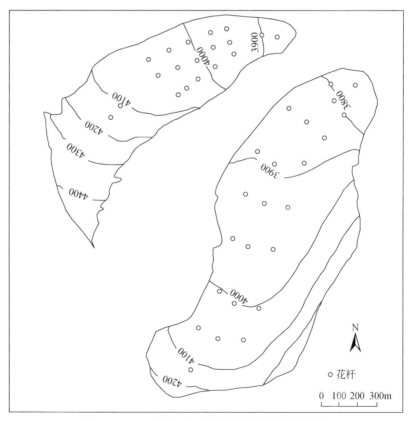

图 2-2 2008 年乌源 1 号冰川表面花杆布设情况

图中数字为等高线值，单位 m

2.3.2 度日模型模拟与验证

（1）模型参数优化

本节使用的模型为经典度日模型，模型原理和架构详见 2.2.3 小节。模型中冰川区各海拔的气温通过大西沟气象站的气温观测数据按自由大气直减率 0.006℃/m（李慧林等，2010）推算得到；对于乌源 1 号冰川区降水量的分布，杨大庆等（1992）的研究结果均表明，冰川区降水量随海拔的上升而增加，直到海拔 4030m 左右（冰川粒雪盆位置）达到峰值；Li 等（2006）的研究结果表明，海拔 4130m 处冰川积累区的平均年降水量为 700mm。基于以上研究结果和大西沟气象站的降水观测数据，冰川区的降水量垂直梯度参数通过最小二乘法率定，其中冰川区降水量 $P_{glacier}$ 的拟合公式如下（李慧林，2010）：

$$P_{glacier} = K \cdot P_{daxigou}/100 \tag{2-47}$$

式中，$P_{daxigou}$ 为大西沟气象站的月降水量的观测值；K 为降水梯度拟合参数，代表了降水量沿海拔变化的空间差异。

在模拟计算过程中，模型参数通过最小二乘法来率定（Braithwaite，2002），其中需要率定的参数主要有冰和雪的度日因子及降水量垂直梯度参数 K。表 2-1 给出了模型中的固定参数，表 2-2 是模型最终所采用的冰和雪的度日因子，分别为 8.9mm w.e./(d·℃) 和 2.7mm w.e./(d·℃)，降水梯度参数 K 随海拔演化的最优化分布如图 2-3 所示。对于研究时段内的每个物质平衡年，模型性能的优劣通过消融花杆年物质平衡的模拟值与测量值的相关系数来评价。

表 2-1 模型中的固定参数

模型参数	参数取值	单位
气温垂直递减率	0.006	℃/m
气温标准偏差	4.0	℃
雪的密度	375	kg/m³
冰的密度	870	kg/m³
雨雪分割临界温度	0	℃
融水存储和重冻结的比例	0.58	—
大西沟气象站海拔	3539	m

表 2-2 模型优化的参数（雪消融的度日因子 $DDF_{雪}$ 和冰消融的度日因子 $DDF_{冰}$）

模型参数	参数取值	单位
雪的度日因子	2.7	mm w.e./(d·℃)
冰的度日因子	8.9	mm w.e./(d·℃)

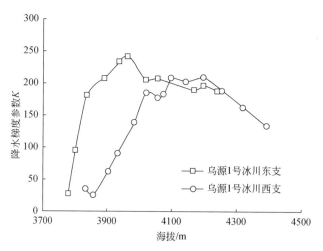

图 2-3　乌源 1 号冰川降水梯度参数 K 随海拔分布

（2）物质平衡模拟与验证结果

基于大西沟气象站的气温和降水观测数据，本书模拟了乌源 1 号冰川 1987～2008 年物质平衡的变化状况（Wu et al.，2011）。图 2-4 反映了乌源 1 号冰川在 1987/1988～2007/2008 年单点年物质平衡模拟值与测量值的对比情况。从图 2-4 看出，物质平衡的模拟值与测量值吻合良好，二者相关系数达到 0.96，表明模拟结果可以解释实测数据 92% 的变化。此外，对于每个物质平衡年，单点年物质平衡模拟值与测量值之间的相关系数均在 0.95 以上（表 2-3），这进一步表明物质平衡的模拟值与测量值具有很好的一致性。

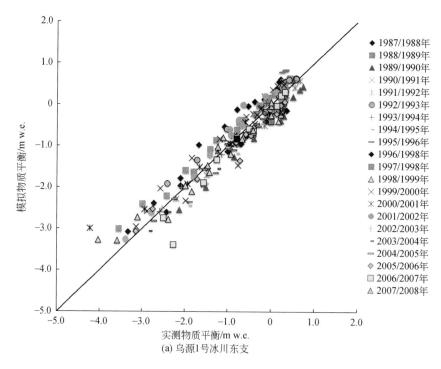

(a) 乌源1号冰川东支

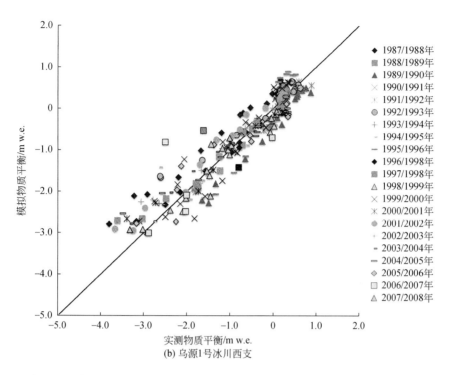

图 2-4 乌源 1 号冰川 1987/1988 ~ 2007/2008 年消融花杆的年物质平衡的模拟值与测量值对比

表 2-3 乌源 1 号冰川消融花杆的年物质平衡模拟值与测量值之间的相关系数

乌源 1 号冰川东支		乌源 1 号冰川西支	
年份	R	年份	R
1987/1988 年	0.99	1987/1988 年	0.99
1988/1989 年	0.99	1988/1989 年	1.00
1989/1990 年	0.99	1989/1990 年	0.99
1990/1991 年	0.99	1990/1991 年	0.98
1991/1992 年	0.99	1991/1992 年	0.99
1992/1993 年	0.99	1992/1993 年	0.99
1993/1994 年	1.00	1993/1994 年	0.99
1994/1995 年	0.99	1994/1995 年	0.98
1995/1996 年	0.99	1995/1996 年	0.97
1996/1997 年	0.99	1996/1997 年	0.99
1997/1998 年	1.00	1997/1998 年	0.99
1998/1999 年	0.99	1998/1999 年	0.99
1999/2000 年	0.97	1999/2000 年	0.98
2000/2001 年	0.98	2000/2001 年	0.98
2001/2002 年	0.99	2001/2002 年	0.99

续表

乌源 1 号冰川东支		乌源 1 号冰川西支	
年份	R	年份	R
2002/2003 年	0.99	2002/2003 年	0.99
2003/2004 年	0.98	2003/2004 年	0.99
2004/2005 年	1.00	2004/2005 年	0.98
2005/2006 年	0.99	2005/2006 年	0.95
2006/2007 年	0.98	2006/2007 年	0.99
2007/2008 年	0.99	2007/2008 年	0.97

为了解更多细节，本书分别挑选研究时段内模拟效果较好的年份与较差的年份进行分析。图 2-5（a）和图 2-5（b）分别给出了乌源 1 号冰川东支和西支 1993/1994 年单点物质平衡模拟值与测量值的对比情况；图 2-5（c）和图 2-5（d）分别给出 2005/2006 年的单点物质平衡模拟值与测量值的对比情况。可以看出，1993/1994 年的模拟效果较好，而 2005/2006 年的模拟效果较差。图 2-5 中模拟值与测量值的差异主要出现在冰川高海拔地区和冰川末端。对于冰川高海拔地区，误差出现的原因很可能是实测数据较少导致参数率定后代表性较弱，而对于冰川末端的小范围区域，误差产生的原因主要是冰川表面被以"冰尘"为表现形式的吸光性物质覆盖（许慧等，2013；Takeuchi and Li，2008；Li et al.，2011），是由反照率与冰川其他部分有差异引起的。

图 2-6 给出了研究时段内乌源 1 号冰川年物质平衡的模拟值和测量值的逐年演化。其中图 2-6（a）和图 2-6（b）分别是乌源 1 号冰川东支、西支的演化结果。可以看到模拟数据能够很好地反映冰川物质平衡的年际变化。图 2-6 中乌源 1 号冰川东支、西支的年物质平衡随着年份的增加均有趋向负平衡的趋势，在 1987/1988 ~ 1995/1996 年，两支冰川的年物质平衡值在正、负平衡之间变化，在 1996/1997 ~ 2007/2008 年，两支冰川的年物质平衡一直保持负平衡。

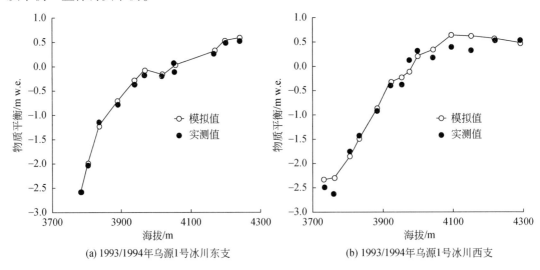

(a) 1993/1994年乌源1号冰川东支　　　　　　　　(b) 1993/1994年乌源1号冰川西支

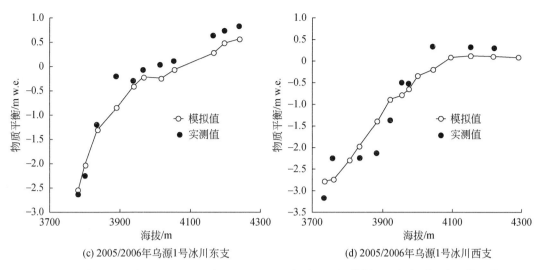

(c) 2005/2006年乌源1号冰川东支   (d) 2005/2006年乌源1号冰川西支

图 2-5 乌源 1 号冰川 1993/1994 年和 2005/2006 年消融花杆横剖面的年物质平衡的模拟值
与测量值随海拔演化

1993/1994 年与 2005/2006 年的西支消融花杆横剖面的数量有差异主要是由于这两年的消融花杆分布不同

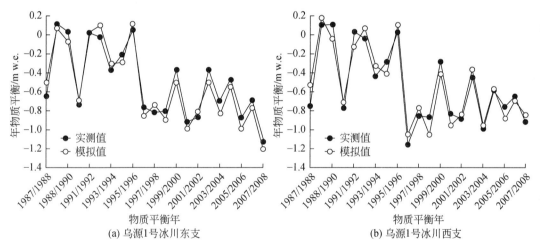

(a) 乌源1号冰川东支   (b) 乌源1号冰川西支

图 2-6 乌源 1 号冰川 1987/1988 ~ 2007/2008 年年物质平衡的模拟值与测量值随时间演化

（3）物质平衡静态敏感性

研究冰川物质平衡静态敏感性，对于评估全球气候变暖所引起的未来海平面上升具有十分重要的意义，并且是度量由气候变化所引起的冰川物质平衡变化的水文效应的常用方法（Aðalgeirsdóttir et al.，2006）。在模拟预测未来冰川的物质平衡或者形态变化之前，首先要确定根据当前气候条件率定的模型参数，是否可以用来预估未来不同气候条件下的冰川变化。一般冰川表面的温度和降水量都随高程有规律的变化，加之冰川首末端高差较大，因此气象参数也将在比较大的范围内变化。未来一段时期，气候条件虽发生改变，但很可能不会超出目前在冰川表面上已观察到的量值，除非气候变化剧烈到使局地气候条件发生根本性改变。对乌源 1 号冰川东支来说，首末端高差为 500m，相当于表面温度变化幅度为3℃左右，西支的情况类似。因此，有理由相信在未来气温上升幅度不明显大于3℃的情况下，目前确定的参数值对预估未来气候条件下冰川的变化仍有意义。物质平衡静态敏感性的定义是冰川物质平衡改变量和温度变化量的比值：

$$S = \frac{\Delta B}{\Delta T} \tag{2-48}$$

式中，S 为物质平衡的静态敏感性；ΔT 为气温的变化；ΔB 为由 ΔT 引起的冰川年物质平衡的变化量。通常情况下，物质平衡的静态敏感性 S 通过假定气温升高1℃辅以降水量增加5%或降水量不增加来计算（Oerlemans，1998a；Aðalgeirsdóttir et al.，2006）。上述两种假设都被本书采用，并假定气温升高幅度无季节性差异。结果表明，乌源1号冰川东支在气温升高1℃、降水量增加5%或者不变的气候情景下，其物质平衡的静态敏感性值分别为 −0.80m w. e. /（a·℃）和−0.87m w. e. /（a·℃）；对于乌源1号冰川西支，在这两种气候情景下，其物质平衡的静态敏感性值分别为−0.68m w. e. /（a·℃）和−0.74m w. e. /（a·℃）（表2-4）。其中，在气温升高1℃、降水未增加的气候情景下，乌源1号冰川的物质平衡静态敏感性值与全球其他冰川的值具有可比性。已有研究表明，冰川物质平衡静态敏感性值的范围为−2.01 ~ −0.10m w. e. /（a·℃）（Jóhannesson，1995；Oerlemans et al.，1998a；Braithwaite and Zhang，2000；Hock，2005；Aðalgeirsdóttir et al.，2006），大陆性冰川物质平衡静态敏感性低于海洋性冰川，如加拿大 Devon 冰帽的物质平衡静态敏感性值为−0.10m w. e. /（a·℃）（Hock，2005），冰岛 Hofsjökull 冰帽的值为−0.58m w. e. /（a·℃）（Aðalgeirsdóttir et al.，2006）；海洋性冰川，如冰岛境内的 Dyngjujökull 冰帽和 Southern Vatinajökull 冰帽的物质平衡静态敏感性值分别为−2.01m w. e. /（a·℃）和−1.13m w. e. /（a·℃）（Aðalgeirsdóttir et al.，2006；Hock，2005）。与世界其他冰川相比，乌源1号冰川的物质平衡静态敏感性介于大陆性冰川与海洋性冰川之间。

表 2-4　乌源 1 号冰川在气温升高 1℃并增加 5%的降水量或者降水量不增加的气候情景下物质平衡静态敏感性值

乌源 1 号冰川	$S_{\Delta P=0}$	单位	$S_{\Delta P=5\%}$	单位
东支	−0.87	m w. e. /（a·℃）	−0.80	m w. e. /（a·℃）
西支	−0.74	m w. e. /（a·℃）	−0.68	m w. e. /（a·℃）

（4）模型参数的稳定性

度日因子的空间变化有可能会影响模拟结果。Braithwaite（1995）通过能量平衡模型研究了格陵兰冰盖度日因子的时空变化特征，结果表明，影响度日因子的空间和时间变化的主因分别是表面反照率和夏季平均气温。对于乌源1号冰川，除冰川末端有表碛外其余部分鲜有表碛，于是表面反照率对度日因子空间变化的影响主要体现在冰川表面冰和雪的反照率差异上。考虑到这一点，模型中对冰和雪分别采用不同的度日因子。根据大西沟气象站的气温观测数据，在本书研究时段内，最高夏季平均气温为4.5℃（2007/2008年），最低夏季平均气温为2.0℃（1992/1993年），变化幅度为2.5℃。乌源1号冰川顶末两端海拔跨度超过500m，根据垂直递减率，气温变化超过3.0℃，大于夏季平均气温的变化值。由此可以得到这样的推论,如果采用统一度日因子的 DDM 能够在冰川各海拔带获得令人满意的模拟结果,那么该模型也应有能力模拟夏季平均气温改变后物质平衡的年际变化,而这一点已被图 2-4 和图 2-6 中的模拟结果所证实。

对于表面特征比较复杂的冰川,如有表碛覆盖的冰川,模型中应加入其他参数来修正统一度日因子对特殊表面特征描述不足所造成的误差。另外,夏季平均气温变化幅度过大的情况也应另外讨论。

对乌源 1 号冰川来说,目前情况下冰川顶末端的气温变化大于 21 世纪 CO_2 导致的气温变化,并且冰川区气温年际变化的幅度与未来 50~100 年气候变暖幅度基本一致,可以推断由当前气候条件下所确定的 DDM 及其参数可以用于未来几十年乌源 1 号冰川物质平衡变化的预测。由于不同的冰川具有不同的几何形态和规模,所处气候背景各异,它们以不同的方式响应着气候的变化(Kuhn et al.,1985),所以在乌源 1 号冰川上应用的模型及其参数也许不能直接应用于其他冰川,但可以为其他冰川未来物质平衡变化模拟提供方法和理论上的参考。

2.3.3 简化型能量平衡模型模拟与验证

(1) 模型参数率定

选用 1988~1998 年单点年物质平衡观测数据进行模型参数率定。气象数据采用大西沟气象站观测数据。

原模型对冰反照率在冰川上的分布没有规定,本书设定了 3 种方案:方案(1)常数,不随海拔变化;方案(2)平衡线以上为常数,平衡线以下随海拔降低线性减小,平衡线位置固定;方案(3)第二条相同,但平衡线位置随时间发生变化。采用 3 种方案对各项参数进行率定,结果见表 2-5。表中各参数的物理含义详见 2.2.2 小节。其中 c_{01}、c_{02}、c_1、c_2 为计算与温度相关能量所引入的系数,具体含义见式(2-37)与式(2-38)。α_0 为新降雪反照率,Gra 为降水随海拔升高的递变系数(Gra = 10% 表明海拔升高 100m 降水增加 10%)。

表 2-5　简化型能量平衡模型参数率定结果

项目	方案(1)	方案(2)	方案(3)
$c_{01}/(W/m^2)$	−64	−61	−62
$c_{02}/(W/m^3)$	−0.023	−0.022	−0.023
$c_1/[W/(m^2 \cdot K)]$	16	15	16
$c_2/[W/(m^2 \cdot K^2)]$	0	0	0
α_0	0.85	0.85	0.85
α_{ice}	0.1	0.99	0.1
$Gra/(10^{-2}/m)$	10%	10%	10%

（2）物质平衡模拟与验证结果

将表2-5中率定的参数值引入简化型能量平衡模型，对1999～2009年的物质平衡进行模拟验证，结果如图2-7所示。可以看到3种方案都可以很好地反映乌源1号冰川的物质平衡实际分布状况，拟合优度 R^2 介于0.92～0.96，区别在于方案（3）对末端消融的模拟效果更优，可设定为首选方案。

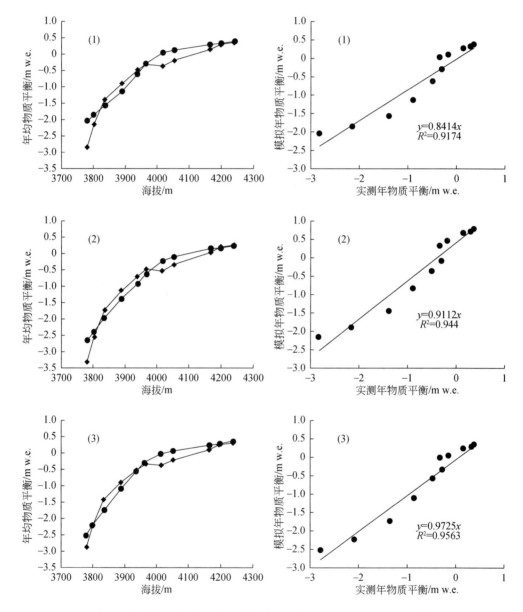

图 2-7　利用三种方案模拟物质平衡与实测数据比较（左图）及其相关性分析（右图）

左侧一列图中圆点连线为模拟数据，菱形连线为实测数据；其中实测与模拟数据皆为10年
（1999～2008年）中年物质平衡的平均值；图上（1）、（2）、（3）表示使用方案序号

2.4 天山奎屯河 51 号冰川物质平衡观测与简化模拟

2.4.1 物质平衡观测研究

（1）冰川概况

奎屯河哈希勒根 51 号冰川（后文称奎屯河 51 号冰川）位于天山依连哈比尔尕山北坡，新疆奎屯市以南的奎屯河上游支沟哈希勒根河源区，是艾比湖水源之一。天山山脉在这一区域分开，形成南北两支。该冰川为冰斗冰川，面积为 1.48km²，最大长度为 1.7km，朝向东北，最高海拔为 4000m，冰舌末端海拔为 3400m，粒雪线海拔大约为 3620m。冰川表面平整、洁白，表碛覆盖少。中国科学院天山冰川观测试验站对该冰川的观测始于 1998 年，观测项目包括冰川物质平衡、末端变化、运动表面运动速度、雪冰化学、冰川纪录和气象等（Wang et al.，2016b）。

（2）观测与计算

奎屯河 51 号冰川物质平衡的观测和计算使用传统冰川学方法，即花杆/雪坑方法。1999 年在冰川上布设 7 排共 19 根花杆（图 2-8），2003 年增补 8 根，总共为 27 根，2006 年又优化为 23 根花杆。观测时间每年一次，在消融期末（8 月底或 9 月初）观测，以便获取完整年物质平衡资料。利用观测资料，计算出各花杆单点物质平衡值，然后通过等高线法计算出冰川的年物质平衡值。

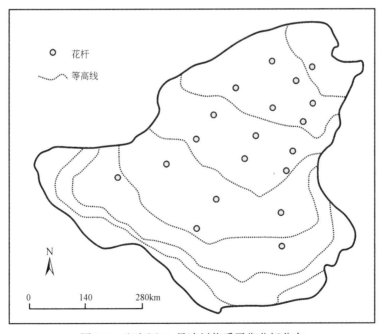

图 2-8 奎屯河 51 号冰川物质平衡花杆分布

（3）单点物质平衡特征

如图2-9所示，1999～2006年奎屯河51号冰川单点物质平衡在同一海拔带有较高一致性，同时，年际变化较小。各年物质平衡曲线整体表现出沿海拔升高而增加趋势，且变化的梯度较为一致。在海拔3640m以下，梯度变化明显，在此之上，变化量减弱。据统计，7年间该冰川单点年物质平衡值介于−3513～1173mm。其中，2002/2003年数据波动较大，这可能与观测质量较低有关。历年单点物质平衡零值线高度波动较大，海拔平均在3700m左右，略高于粒雪线高度（张慧等，2015）。

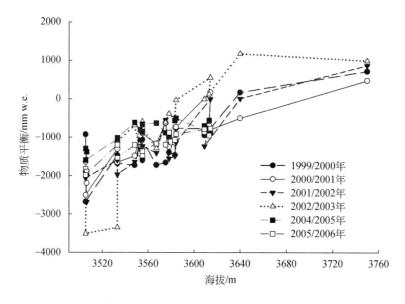

图2-9　奎屯河51号冰川单点物质平衡

（4）年物质平衡特征

表2-6给出了奎屯河51号冰川1999～2003年物质平衡值。从表2-6中看出，物质平衡值介于−446～232mm w.e.，平均值为−224mm w.e.，与同期乌源1号值（−597mm w.e.）相比，物质平衡值要小得多。其原因是奎屯河地区的气候环境整体较乌河地区湿冷，由此冰川物质平衡的亏损较乌河冰川少。该区发育的冰川较乌河流域大，末端海拔低，也反映了这一情况。

表2-6　奎屯河51号冰川的物质平衡

时间	总积累/$10^4 m^3$	总消融/$10^4 m^3$	物质平衡/mm w.e.
1999/2000 年	48.5	99.5	−290
2000/2001 年	21.7	100.4	−446
2001/2002 年	29.3	98.1	−390
2002/2003 年	107.9	67.0	232

2.4.2 物质平衡模拟

（1）模型参数优化

本书选用简化型能量平衡模型进行物质平衡模拟。采用 1999 ~ 2003 年单点年物质平衡观测数据进行模型参数率定。选取冰反照率在平衡线以下线性递减，平衡线位置随时间改变方案。气象数据来源于将军庙水文站观测数据。因将军庙水文站海拔仅为 1160m，距冰川较远，观测的降水与冰川表面降水情况有所不同，本书假定降水垂直梯度在非冰川区与冰川区不同，分别用不同的参数表示，模拟结果说明该假设合理（采用相同值将无法获得良好模拟结果），模型各项参数率定值见表 2-7，各参数及其物理意义与表 2-5 相同。

表 2-7 物质平衡模拟参数率定结果

参数	数值
$c_{01}/(\mathrm{W/m^2})$	-60
$c_{02}/(\mathrm{W/m^3})$	-0.018
$c_1/[\mathrm{W/(m^2 \cdot K)}]$	14
$c_2/[\mathrm{W/(m^2 \cdot K^2)}]$	0
α_0	0.85
α_{ice}	0.1
Gra/$(10^{-2}/\mathrm{m})$	30%（非冰川区）
	40%（冰川区）

（2）物质平衡模拟结果

1999 ~ 2003 年物质平衡模拟效果如图 2-10 和图 2-11 所示，模拟与实测数据分布状况基本吻合，拟合优度 R^2 为 0.85。由于该冰川实测物质平衡数据较少，无法分段进行参数率定与验证，有待对物质平衡与动力模拟系统同步验证。

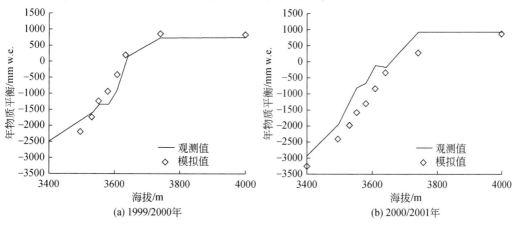

(a) 1999/2000年　　　　　　　　　　(b) 2000/2001年

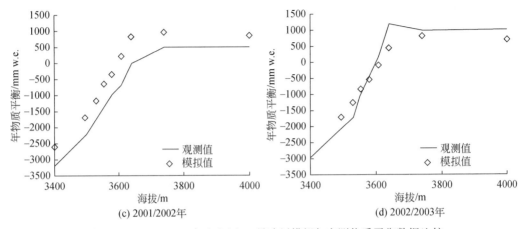

图 2-10   1999~2003 年奎屯河 51 号冰川模拟与实测物质平衡数据比较

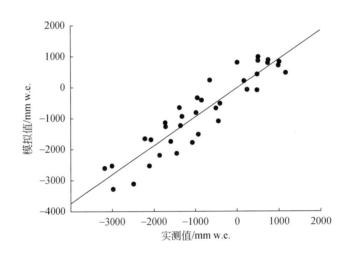

图 2-11   1999~2003 年奎屯河 51 号冰川模拟与实测物质平衡数据相关性分析

2.5   祁连山老虎沟 12 号冰川物质平衡模拟与重建

2.5.1   数据来源

祁连山老虎沟 12 号冰川位于祁连山西段北坡，隶属于河西内流水系疏勒河流域，是祁连山最大的山谷冰川，由东西两支冰川组成，目前面积为 20.4km²，长度为 9.8km，海拔介于 4260~5481m，粒雪线高度为 4900~4950m（秦翔等，2014）。

2005 年开始，利用传统冰川学方法进行物质平衡观测。在消融区，利用蒸汽钻钻取冰孔布设花杆，通过测量花杆高度的变化得到消融区物质平衡变化。在积累区，通过开挖雪坑，利用层位法及雪层密度测量得到积累区的物质平衡。目前，该冰川共布设由 67 根花杆组成的观测网, 冰川区及冰川表面布设了 6 个气象或降水观测点 (图 2-12), 因条件限制, 西支监测的最高海拔为 4850m, 东支为 5040m。

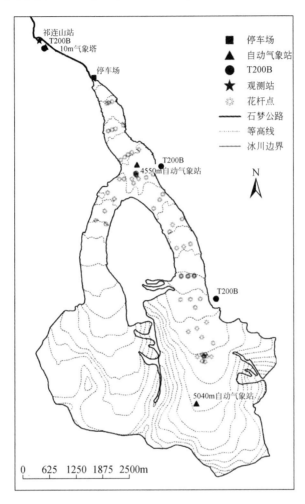

图 2-12　老虎沟 12 号冰川物质平衡监测花杆网阵

2.5.2　物质平衡梯度变化与模拟

物质平衡结构特征可以反映出物质平衡的时空变化特征。以 2010/2011 年为例, 老虎沟 12 号冰川夏季 (4~8 月) 物质平衡 (图 2-13) 表现出随海拔升高而增加的特征, 其物质平衡梯度为 287mm/100m。冬季净平衡未显示出明显的变化趋势。受夏平衡影响, 年平衡也表现出与夏平衡相似的空间特征, 其年物质平衡梯度为 300mm/100m。受冬平衡影响, 局部区域表现异常。整体上, 冰川物质平衡表现出受夏季主导的夏季积累型特性。此外, 夏季净积累量在几个区域表现出异常特征: ①4400m 海拔带的净平衡因为冰川表面由冰塔林过渡到较为平整的雪冰表面而骤增至 -1200mm; ②主要分布在冰川汇合处的 4500m 海拔

33

带，其净平衡因为是较为开阔的冰川面，受到太阳辐射较多，而表现出较为强烈的物质亏损，与冰川 4300m 海拔带上的净积累量相当，反映出微地形的强烈作用；③4800m 海拔带上净平衡因为有表面径流的原因而表现出较为强烈的消融特征（陈记祖等，2014）。

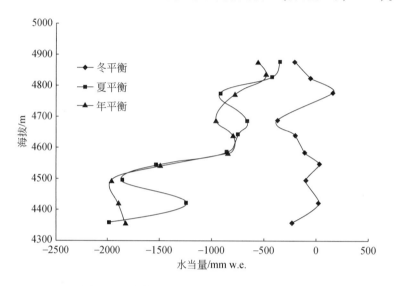

图 2-13　老虎沟 12 号冰川物质平衡结构梯度

度日因子是反映冰川消融的综合因子，而 4～8 月是冰川消融的主要时段。计算了这一时段的雪冰混合度日因子值并分析其变化。结果显示（图 2-14），老虎沟 12 号冰川不同海拔带上的度日因子计算结果量值介于 5.5～9.9mm/(℃·d)，平均值为 7.47mm/(℃·d)，表现出随海拔升高而增大的变化特征。这一结果与七一冰川、乌源 1 号冰川的结果较为接近（陈记祖等，2014；崔玉环等，2010）。此外，度日因子与正积温之间表现出较好的反向线性关系；表现出低温效应特征，这也与总辐射随海拔增大而正积温减小的观测事实一致。在此基础上，本书通过度日模型模拟了老虎沟 12 号冰川物质平衡变化（图 2-15），结果较为理想，印证了度日因子可较好地反映老虎沟 12 号冰川的消融状况（陈记祖等，2014）。

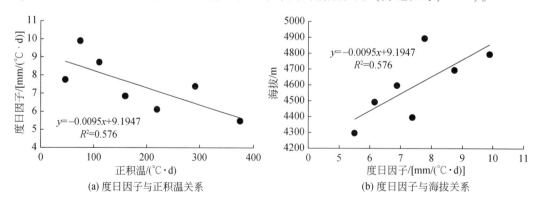

(a) 度日因子与正积温关系　　　　(b) 度日因子与海拔关系

图 2-14　老虎沟 12 号冰川度日因子–海拔–正积温关系

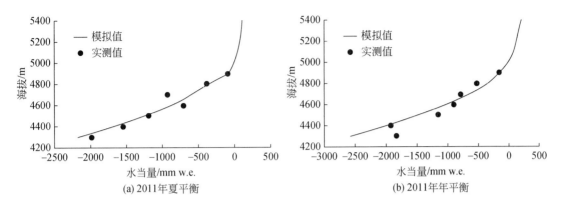

图 2-15　老虎沟 12 号冰川物质平衡度日模型模拟与观测

2.5.3　冰面物质/能量平衡与模拟

冰川表面能量平衡模型描述了冰川消融的物理过程，将其引入冰川物质平衡研究可更好地理解消融过程及各组分的影响比重（陈记祖等，2014）。2011 年 6~8 月主要消融期的监测结果显示：在冰川积累区（表 2-8），净短波辐射是冰川表面的主要热量来源（94W/m²，92%），其次是感热通量（8.6W/m²，8%）。在冰川表面能量支出项中，冰雪消融耗热和净长波辐射非常接近，分别占 45% 和 43%，潜热通量所占比重最小（-12W/m²，12%）。在消融区（表 2-9）净短波辐射也是冰川表面的主要热量来源（126W/m²，95%），其次是感热通量（6.5W/m²，5%）。在冰川表面能量支出项中，冰雪消融耗热占主导（52%），基本是净长波辐射（37%）和潜热通量（11%）之和。随着海拔的升高，在冰川表面能量收入项中，净辐射所占比重下降，感热所占比重增大，在能量支出项中，冰雪消融耗热所占比重下降，潜热所占比重升高。

表 2-8　老虎沟 12 号冰川积累区（海拔 5040m）能量组分及收支

时间	收入/（W/m²）		支出/（W/m²）			收入/%		支出/%		
	S	H	L	LE	Q	S	H	L	LE	Q
6 月	73	8.4	-46	-15	-20.2	90	10	57	18	25
7 月	91	9.2	-42	-11	-47.3	91	9	42	11	47
8 月	94	8.5	-47	-9.8	-45.7	92	8	46	9	45
9 月	116	8.3	-35	-12	-77.6	93	7	28	9	63
平均	94	8.6	-43	-12	-47.7	92	8	43	12	45

注：S 为净短波辐射；H 为感热通量；L 为净长波辐射；Q 为冰雪消融耗热；LE 为潜热通量。

表 2-9 老虎沟 12 号冰川消融区 (海拔 4550m) 能量组分及收支

时间	收入/(W/m²)		支出/(W/m²)			收入/%		支出/%		
	S	H	L	LE	Q	S	H	L	LE	Q
6 月	103	6.7	−36	13.5	−60	94	6	33	12	55
7 月	158	6.8	−41	−11	−113	96	4	25	7	68
8 月	154	6.5	−44	−7	−110	96	4	27	5	68
9 月	89	6	−59	−20	−16	94	6	62	21	17
平均	126	6.5	−45	−13	−75	95	5	37	11	52

注: S 为净短波辐射; H 为感热通量; L 为净长波辐射; Q 为冰雪消融耗热; LE 为潜热通量。

本书通过单点能量平衡模型模拟了 12 号冰川积累区海拔 5040m 和消融区海拔 4550m 的冰川物质平衡, 并与实测值进行了对比验证 (图 2-16)。结果显示, 能量平衡

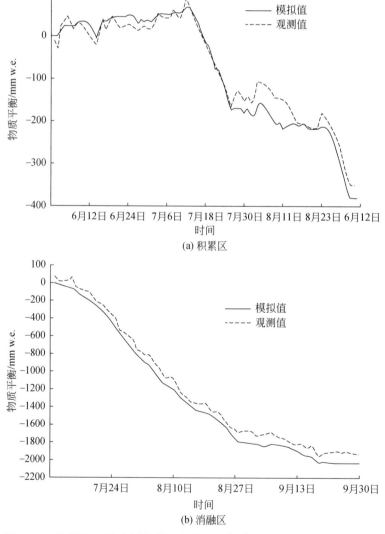

(a) 积累区

(b) 消融区

图 2-16 老虎沟 12 号冰川积累区和消融区物质平衡模拟值与实测值比较

模型能很好地模拟冰川物质平衡变化，积累区海拔 5040m 消融期物质平衡模拟值为 -381mm，比实测值小 31mm；消融区海拔 4550m 消融期物质平衡模拟值为 -2018mm，比实测值小 91mm。

同时，本书对冰川积累区、消融区的各气象参数进行的敏感性试验显示（图 2-17），不同部位冰川物质平衡影响因素既有共性，又有差异。新雪反照率与气温是影响两个区域物质平衡的关键因素，其中以新雪反照率的影响最大。积累区由于气温较低，风速常年处于高值状态，因而风速变化引起的风吹雪及能量变化也是影响物质平衡的重要因素。与之不同的是消融区由于气温较高，降水固液形态差异是影响物质平衡的又一重要因素（秦翔等，2014）。固态降水的发生除提高冰川表面反照率外还进行物质补给，抑制冰川消融，而液态降水的发生，不但增加辐射吸收，也加速冰川表面的雪冰迁移和杂质富集，促进消融（孙维君等，2013）。

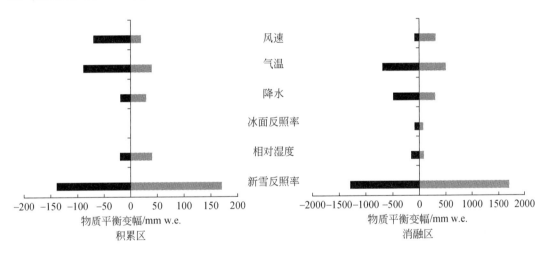

图 2-17　老虎沟 12 号冰川积累区（海拔 5040m）、消融区（海拔 4550m）物质平衡敏感性试验

在研究基础上，本书利用全分量分布式能量物质平衡模拟了老虎沟 12 号冰川 2012 年 6~9 月的整体物质平衡（图 2-18）。结果表明，地形因子对太阳辐射影响显著，太阳入射短波辐射在海拔带上没有明显的变化，受山体影响，越是靠近西侧山体，所接受到的辐射越小。辐射最强烈区域位于海拔 5100m 左右的冰川中心区，这块区域地势平坦，且距离山体较远，受到的太阳入射短波辐射比受山体遮蔽强烈的西侧甚至要大 100W/m²。散射辐射的高值区与总辐射的低值区大致一致，散射辐射在空间上差异很小。受冰面状况和小气候因素影响，冰川的物质平衡也不是随海拔呈线性关系。在消融区东侧的消融要强于西侧。在模拟期整个冰川平均净辐射占能量收入的 84%，感热通量占 16%，消融耗热则是能量的主要支出，占 62%，潜热通量占能量支出的 38%。模拟期冰川表面物质平衡为 -506mm w.e.，与同时段实测物质平衡观测基本一致，不同海拔带的模拟值与观测值也有很好的吻合（图 2-19）。

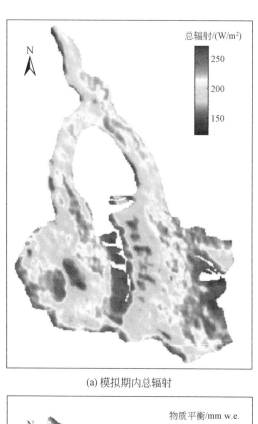

(a) 模拟期内总辐射

(b) 模拟期内散射辐射

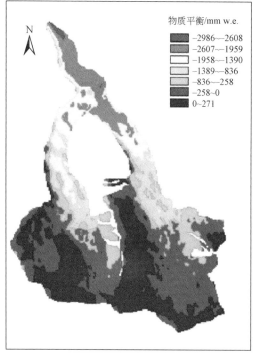

(c) 模拟的物质平衡

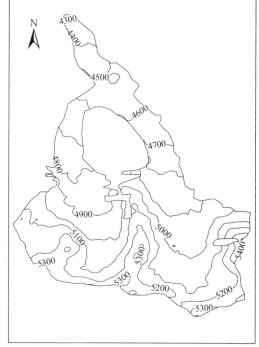

(d) 模拟的冰川海拔(m)

图 2-18 老虎沟 12 号冰川表面物质平衡及能量组分模拟

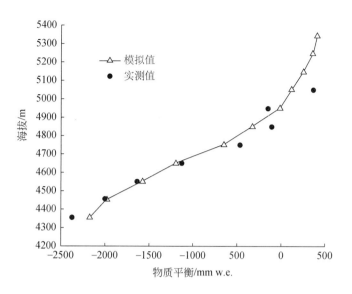

图 2-19 老虎沟 12 号冰川不同海拔带物质平衡模拟与观测值对比

2.5.4 物质平衡重建

长时间序列冰川物质平衡的获取对于冰川响应气候变化，认识雪冰融水对河川径流的贡献是至关重要的（孙维君等，2011）。然而，受条件限制，中国境内开展长时间序列物质平衡监测研究的冰川为数不多，仅有乌源 1 号冰川、祁连山七一冰川及唐古拉山冬克玛底冰川等。本书基于实测数据，利用度日模型，恢复重建了老虎沟 12 号冰川过去 50 年来的冰川物质平衡变化序列（图 2-20）。如图 2-20 所示，老虎沟 12 号冰川表现出与其他类

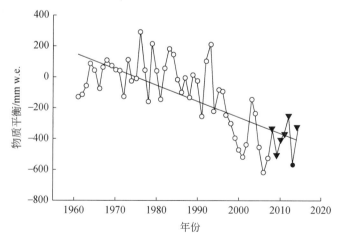

图 2-20 1960～2015 年老虎沟 12 号冰川物质平衡重建

2009～2015 年为实测值

型冰川类似的变化趋势和拐点（20世纪90年代中期），特别是20世纪90年代以来冰川加速亏损，但同时在细节上也表现出极大陆性冰川的特性。例如，在20世纪70年代中后期至20世纪80年代前期，表现出冰川物质平衡为正的积累特征。

2.6 青藏高原冬克玛底冰川物质平衡的观测与重建

2.6.1 数据来源

冬克玛底冰川位于青藏高原腹地唐古拉山中段山区，该冰川由一条朝南向的主冰川和一条朝西向的支冰川汇流而成。主冰川为大冬克玛底冰川，面积约为14.6km²，长度约为5.4km，末端海拔为5275m，平衡线海拔为5650m，冰川表面平缓，支冰川为小冬克玛底冰川，面积约为1.76km²，长度约为2.8km，位于主冰川东侧，末端海拔为5420m，最高点海拔为5926m，平衡线海拔为5620m，冰川集中分布在海拔为5550~5790m，冰川表面较为平缓，且很洁净，无表碛。

冬克玛底冰川属于典型极大陆性冰川，受青藏高原腹地气候的影响，夏季平均气温为0℃左右，零平衡线附近的年平均气温为-8.6℃，气温年较差大。年均降水量为680mm，且降水主要集中在夏季，为510mm，占全年降水量的75%。1969~2007年冬克玛底冰川面积减少了17.61km²，面积缩减率为9.8%，与本书同期其他参照冰川相比，退缩速度较慢。从1989年开始观测至今，已有28年。

（1）气象观测

2008年在大小冬克玛底冰川之间的山脊处（海拔5631m）布设单层风湿温和T200B自动雨雪量计一套，同时在小冬克玛底冰川海拔5600m处架设单层风湿温气净辐射气象站一套，观测频率为小时；2011年在小冬克玛底冰川中轴线海拔5446m、海拔5500m、海拔5700m处新架设单层风湿温自动气象站。

（2）物质平衡观测

2008年在小冬克玛底冰川布设8排23根花杆，海拔为5470~5675m，相对高差为205m；2009年又在其积累区补插3排12根花杆。目前，小冬克玛底冰川花杆排数和杆数分别为11排和35根，其中第35号花杆海拔最高，海拔为5715m（图2-21）。与花杆观测同时进行的雪层剖面观测是在花杆旁有积雪存在的情况下进行的，观测积雪深度h（mm），采用称重法或雪特性仪（snow fork，Finland）分层测量积雪密度ρ（g/cm³），分层以5cm作为间隔，不足5cm以一层处理。物质平衡测量精度为1cm，计算精度为1mm水当量。

2008年7月至2016年9月，对小冬克玛底冰川表面进行了花杆和积雪的人工观测，观测时间主要是在夏季进行，一般从每年的5月底或6月初开始，9月底或10月初结束，在观测期间内平均每月观测一次。

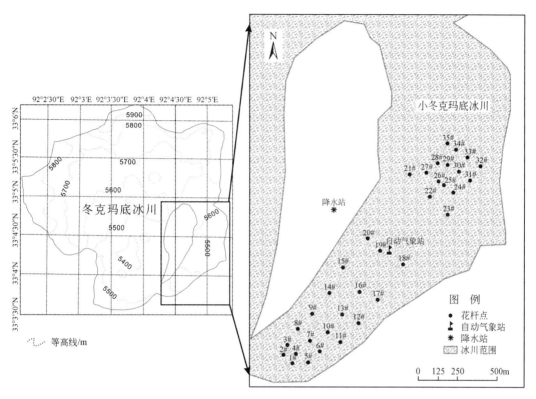

图 2-21　小冬克玛底冰川花杆布设示意图

2.6.2　物质平衡梯度特征

图 2-22 显示了小冬克玛底冰川2008～2016 年的物质平衡量与海拔的关系。可以看出，物质平衡随海拔升高而增加，平均年物质平衡梯度为 7mm w. e. /m。在物质平衡为正的年份（2011 年），其梯度为 6mm w. e. /m，明显小于物质平衡为负的 3 个年份（7～8mm w. e. /m）。物质平衡较小的年份，由于气温较高、固态降水相对较少和有更低的表面反照率，导致积累量减少和消融区有更为强烈的消融，因此其梯度增大；相反，在物质平衡较高的年份，较低的气温、较大的降雪可能性和更高的反照率导致了消融量的减少，梯度相应减小。

从 2008 年 7 月至 2012 年 9 月小冬克玛底冰川表面不同海拔上的物质平衡累积过程（图 2-23）可以明显看出，海拔较低的区域物质平衡过程线更为陡峭，说明其物质亏损也更为严重；2008 年 7 月至 2012 年 9 月，海拔为 5470m 和 5670m 处的物质平衡量分别为 -7430mm w. e. 和 -1000mm w. e. ，相当于冰川分别减薄 8.26m 和 1.11m（张健等，2013）。

小冬克玛底冰川的物质亏损主要发生在夏季（6～9 月）的 7～8 月两个月内（表 2-10）。各海拔物质平衡量与夏季总物质平衡量的比例随着海拔升高而增大，原因是海拔较高的地方 6 月和 9 月气温低，冰川消融微弱甚至存在积累。在海拔 5670m 处比例值为 110%，其

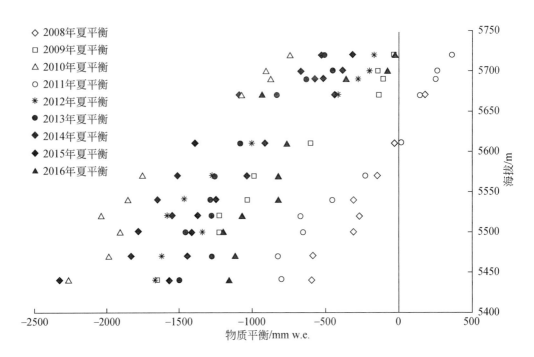

图 2-22　小冬克玛底年物质平衡随高程的变化

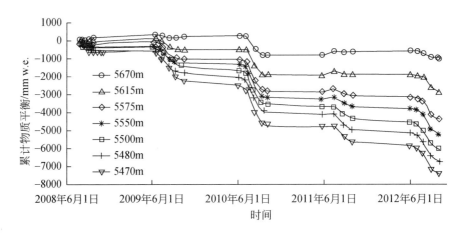

图 2-23　小冬克玛底冰川不同海拔物质平衡累积

原因是冰川物质平衡在 6 月和 9 月为正（也可能受风吹雪的影响），这使得夏季总物质平衡量（-1295mm w.e.）大于 7~8 月的物质平衡量（-1427mm w.e.）。在海拔 5470~5670m 的消融区域内（其面积占冰川面积的 40%），7~8 月的物质平衡量占夏季总物质平衡量的比率为 82.0%；其中在 2011 年 6 月，整条冰川都有较大的物质积累，积累量从低海拔（5470m）消融区到物质平衡线附近（5670m）为 43~201mm w.e.。

表 2-10 不同海拔 7~8 月物质平衡量与夏季总物质平衡量的比例

海拔/m	5470	5480	5500	5525	5550	5575	5615	5670
比例/%	78	79	80	81	83	83	88	110

2.6.3 冰川物质平衡年际变化

2008 年 7 月至 2012 年 9 月，小冬克玛底冰川总物质平衡量为 −1584mm w.e.，冰川减薄 1.76m。2008 年物质平衡为较小的负平衡，2011 年物质平衡为较小的正平衡；与之相反，2010 年物质平衡（−996mm w.e.）则出现极大的负值，其物质平衡量是 1989 年至今观测到的最大负平衡值（图 2-24），冰川消融剧烈。

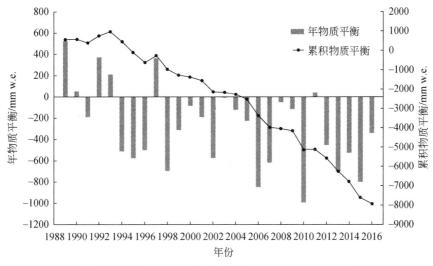

图 2-24 小冬克玛底冰川 1989~2015 年物质平衡变化

从图 2-24 中可以看出，在 20 世纪 80 年代末和 90 年代初，小冬克玛底冰川物质平衡以正平衡为主导；然而 90 年代中期以来，冰川物质平衡转以负平衡为主导，从 1994~2016 年，只出现过 3 次物质平衡正值。1989~2012 年，小冬克玛底冰川累积物质平衡量为 −5573mm w.e.，相当于冰川减薄 6.2m。

2.6.4 冰面物质/能量平衡

基于架设在冰川表面海拔 5621m 的气象站 2012 年的气象和辐射观测数据，利用基于熔的冰川物质与能量平衡模型，对冰川表面的观测数据进行模拟分析。该模型的输入变量为表面向下短波辐射、向下长波辐射以及温度、相对湿度、风速、降水量和气压等。模拟结果表明，小冬克玛底冰川在 2012 年物质平衡为 −1020mm w.e.，消融集中在 6 月 29 日至 9 月 14 日。

分析模拟的各能量分项的季节变化可知（图2-25），小冬克玛底冰川的消融集中在5~9月，为消融期。在消融期内，小冬克玛底冰川的短波净辐射平均为75.0W/m²，远远高于积累期的均值46.2W/m²；长波净辐射消融期平均为−64.4W/m²，同样远高于积累期（−79.7W/m²）；感热通量消融期平均为20.9W/m²，低于积累期（33.1W/m²）；潜热通量消融期平均为−6.4W/m²，高于积累期（−18.5W/m²）。综合各能量分项，消融期的表层吸热为38.7W/m²，表面发生消融；而积累期表面吸热仅为2.4W/m²，不发生消融。

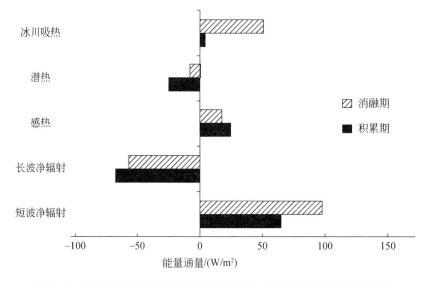

图2-25　2012年小冬克玛底冰川海拔5621m表面的能量平衡季节分析

小冬克玛底冰川消融期与积累期的区别主要受控于其所处的气候状态。小冬克玛底冰川地处青藏高原腹地，属于西风与季风的过渡地带，冬半年受西风环流控制，因此气候寒冷、干燥、多风，而夏半年受西南印度洋暖湿气流影响，气候转为温凉、湿润，因此小冬克玛底的降水集中在夏季，属于夏季补给型冰川。

2.6.5　冬克玛底冰川物质平衡重建

（1）模型原理

本节通过水量平衡法对冬克玛底冰川1955~2008年物质平衡进行模拟重建。利用HBV模型得到的流域降水、径流、土壤蒸发数据，依据水量平衡原理可得：

$$\Delta S = P - R - E_s - E_g \tag{2-49}$$

式中，ΔS为区域储水量的变化；P为降水量；R为径流量；E_s为土壤蒸发量；E_g为冰川表面蒸发量。区域储水量的变化（ΔS）等于土壤含水量（ΔS_s）的变化与冰川区物质平衡（B）之和：

$$\Delta S = \Delta S_s + B \tag{2-50}$$

$$B = P - R - E_s - E_g \tag{2-51}$$

（2）气温重建

对冬克玛底河流域自动气象站和周边气象站 2005～2008 年的日数据进行多元线性回归分析，拟合得到如下关系式：

$$T_0 = 0.473 \times T_1 + 0.116 \times T_2 - 0.035 \times T_3 + 0.424 \times T_4 - 3.149 \tag{2-52}$$

式中，T_0 为冬克玛底河流域日均气温，T_1、T_2、T_3、T_4 分别为安多、那曲、沱沱河和五道梁气象站的日均气温。线性多元回归模型均通过置信水平 $\alpha = 0.01$ 的检验，$R^2 = 0.87$，说明拟合关系很好（图 2-26），可以采用式（2-52）进行冬克玛底河流域日气温序列的重建。

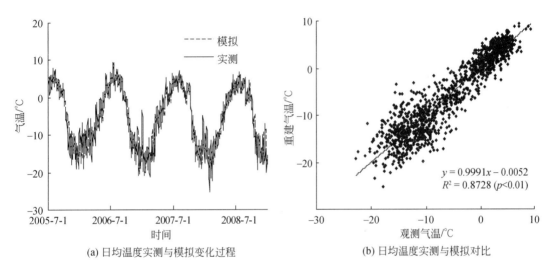

(a) 日均温度实测与模拟变化过程 (b) 日均温度实测与模拟对比

图 2-26 2005～2008 年冬克玛底河流域日平均气温模拟与实测对比

利用式（2-52）以及冬克玛底河流域周围 4 个国家气象站 1955～2008 年的气温资料，延长冬克玛底河流域的气温资料，得到 1955～2008 年的年均温和年正积温序列（图 2-27）。由图 2-27 可知，1955～2008 年年平均气温和年正积温都呈增加趋势，气温

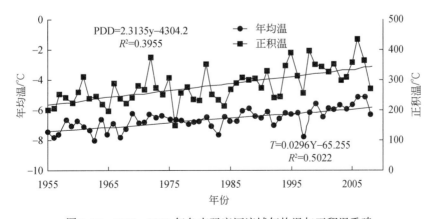

图 2-27 1955～2008 年冬克玛底河流域年均温与正积温重建

增加 0.296℃/10a，明显高于最近 50 年全国增温 0.22℃/10a 的升温幅度，而中国的增温速率又明显高于全球或北半球同期平均增温速率（气候变化国家评估报告编写委员会，2007）。

（3）降水重建

山区复杂的地形，使得山区降水受多种因素影响，这导致降水数据的重建较复杂，精度也较低。本书先对冬克玛底河流域气象站 2005～2008 年的降水与周边气象站降水应用逐步多元回归分析的方法逐步剔除对因变量影响小的自变量，逐步剔除的顺序是五道梁、沱沱河、那曲、安多。可见，降水与同位于唐古拉山南坡的安多、那曲差别较小，与五道梁、沱沱河差别较大。除了距离影响之外，可能还与地形和水汽源地有关，冬克玛底河流域位于唐古拉山山区，该地区夏季降水主要是受印度季风的影响（张寅生等，1997），因此与同为唐古拉山区的安多和那曲降水相似，且具有一定的降水梯度，与相距较远的沱沱河、五道梁地区差别较大。故本书只采用安多、那曲降水来插值得到冬克玛底河流域降水资料。

本书根据 2005～2008 年冬克玛底河流域降水与同时期安多、那曲降水得到降水梯度：安多、那曲和冬克玛底河流域大本营处实测的年平均降水量分别为 445.9mm、434.9mm 和 472mm。冬克玛底河流域降水观测点海拔比那曲高 660m，距离那曲 173.8km，年降水多 37mm，梯度为 1.3%/100m；冬克玛底河流域降水观测点海拔比安多高 360m，距离安多 93km，年降水多 26mm，梯度为 1.6%/100m。根据两个梯度，分别插值得到冬克玛底河流域观测点的降水。根据反距离权重法，给两个插值分别赋予权重，得到插值结果。可得

$$P_0 = \frac{93}{93+173.8} \times \frac{472}{445.9} \times P_a + \frac{173.8}{93+173.8} \times \frac{472}{434.9} \times P_n \qquad (2\text{-}53)$$

式中，P_0 为冬克玛底河流域大本营气象站处降水；P_a 为安多气象站降水；P_n 为那曲气象站降水。根据式（2-53）可以重建冬克玛底河流域降水资料。最后，采用何晓波等（2009）得到的唐古拉山地区月降水修正率，得到修正后的 2005～2008 年月降水资料。如图 2-28 所示，Pearson 相关系数为 0.91，并且通过置信水平为 $\alpha=0.01$ 的检验，说明月降水量模拟效果也很好。因此，可以应用该方法进行降水资料的重建。然而，应用该方法重建的日降水精度较差，决定系数 R^2 仅为 0.25，但这并不妨碍本书对冬克玛底河流域年降水的变化趋势的判断。

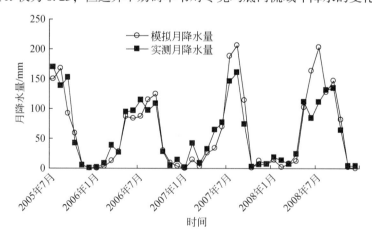

图 2-28　2005～2008 年冬克玛底河流域月降水量模拟与实测对比

应用上述方法采用安多、那曲两个国家气象站的降水资料，重建了冬克玛底河流域自动气象站处 1955～2008 年降水（图 2-29）。由图 2-29 可知，1955～2008 年降水呈波动增加趋势，平均每年增加 1.9mm。重建的降水量为修正过的降水量，年均降水量在 600～700mm。这与全国近 50 年降水变化趋势−6.0mm/10a（叶柏生等，2006）有较大差异，而略高于青藏高原降水增加率 1.12mm/a（张磊和缪启龙，2007）。这可能和降水较大的区域差异有关。由于冬克玛底河流域是山区，山区降水受多种因素的影响，与平原地区差异较大，甚至是相邻地区的降水也不尽相同。

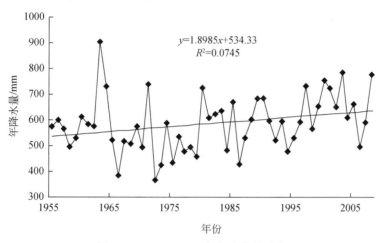

图 2-29　1955～2008 年年降水量重建

（4）径流和蒸发

采用重建温度和降水作为 HBV 模型的驱动数据，进行流域径流深的模拟，得到径流深的模拟结果（图 2-30）和土壤蒸发的模拟结果（图 2-31）。在 1955～2008 年径流深呈显著增加趋势，平均增加 5.61mm/a。土壤蒸发波动变化，略微呈现上升的趋势。

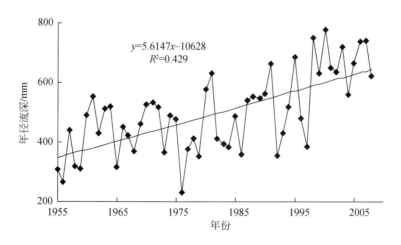

图 2-30　1955～2008 年冬克玛底河流域年径流深模拟结果

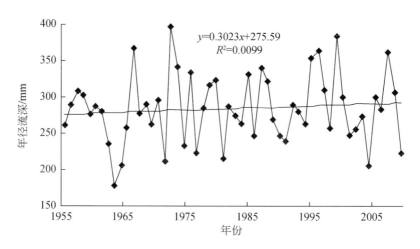

图 2-31　1955~2008 年冬克玛底河流域土壤蒸发模拟结果

（5）物质平衡重建

由于流域内冻土地下冰变化对流域水量平衡的贡献不到 1%，假设流域内年平均土壤含水量没有发生变化，即假设 ΔS_s 等于零。在计算中降水量（P）时考虑了降水梯度影响，土壤蒸发量（E_s）根据模型模拟结果，冰川表面年蒸发量（E_g）采用固定值 137.2mm（姚檀栋，2002）。将利用式（2-51）计算得到的 1988/1989~2001/2002 年模拟冰川物质平衡与实测物质平衡（Pu et al.，2008）对比（图 2-32），系数达到 0.85，并且通过置信度为 99% 的检验（$p<0.01$）。这说明模型也很好地模拟了包括冰川消融状况在内的各个水量平衡部分，模拟结果可信。利用构建好的冰川积累和消融模型重建 1955~2008 的冰川物质平衡（图 2-33）。

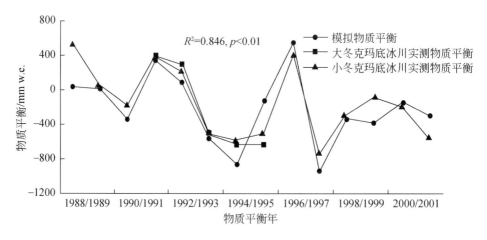

图 2-32　冬克玛底冰川模拟与实测年物质平衡模拟对比

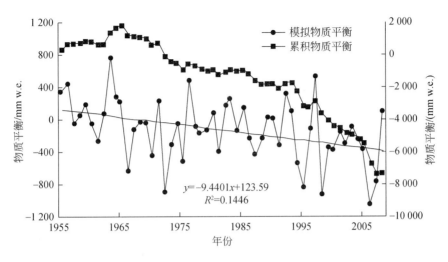

图 2-33　1955～2008 年冬克玛底冰川年物质平衡

物质平衡重建结果显示，1955～2008 年，小冬克玛底冰川总体上处于消融亏损的状态，冰川厚度减薄 7.34m，年平均物质平衡为 -136mm。其主要原因是气温的逐步增加，1955～2008 年气温增幅平均为 0.29℃/a。其中，1966 年以后小冬克玛底冰川才逐步进入负平衡的状态，这是因为 1966 年之前虽然气温在缓慢抬升，但是较大的降水给冰川带来了大量的物质积累。随后的年份，降水增加带来的物质积累量小于气温升高导致的冰川消融量，从而造成了冬克玛底冰川的物质亏损。

2.7　云南玉龙雪山白水 1 号冰川物质平衡特征

2.7.1　冰川和观测资料

玉龙雪山冰川区是我国最南端的冰川区，也是海洋性冰川发育最为典型的区域之一，该区属低纬度高原季风气候，主要受高空西风环流和西南季风环流的影响，降水充沛。其中白水 1 号冰川位于横断山南端的玉龙雪山东坡，面积为 1.32km²，长度为 2.26km，末端海拔为 4365m（杜建括等，2013），是玉龙雪山地区面积最大的冰川。该冰川活动层以下温度接近 0℃或压力融点，动力作用强劲，冰面破碎化程度严重，对气候变化有敏感的响应，具有典型季风海洋性冰川的特征。

2008～2013 年，研究组对白水 1 号冰川进行了连续的冰川物质平衡观测，获取了 5 个物质平衡年的物质平衡数据。物质平衡观测采取传统的花杆与雪坑观测相结合的方法。物质平衡观测网的布设为横断面测杆相距约为 100m，纵断面测杆相距约为 100m，在冰川表面布置花杆共 15 根。布设以后，不定期对其进行观测。观测期间，夏季消融期每周测量一次，冬季每半月测量一次。冬季花杆被雪掩埋后依靠每月开挖雪坑继续观测，内容包括花杆的高度、附加冰厚度、积雪剖面和污化层深度等。2009～2010 年，对倒伏和缺失的花杆进行了补插,形成 3 列 13 根花杆网阵。本节物质平衡的计算采用等值线与等高线相结合的方法。根据观测资料,分别计算出各花杆点不同时段的纯积累量和纯消融量,得出单点物质平衡,无法观测的区域采用物质平衡梯度的方法进行插值,以实现对整条冰川物质平衡的计算。物质平衡年采用的是 10 月至次年的 9 月,包括完整的积累与消融季。除 2010/2011 年,其他几个物质平衡年花杆观测区占冰川总面积的 70%,物质平衡计算结果具有较高可信度。2010/2011 年物质平衡花杆剩余 7 根,集中位于海拔 4740 ~ 4900m,其控制面积占冰川总面积的 53%,物质平衡计算结果与其他年度相比误差较大,但仍具有一定可信度。白水 1 号冰川区气象数据主要来自于冰川边缘 3 台自动气象站(图 2-34),同时结合丽江市和维西县气象站气温数据。

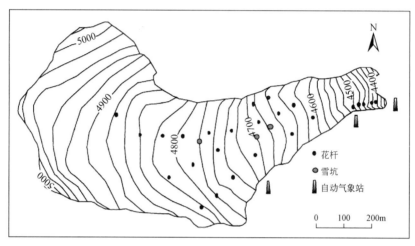

图 2-34 白水 1 号冰川花杆/雪坑和气象观测点分布

等高线单位为 m

2.7.2 物质平衡过程

观测结果表明,白水 1 号冰川物质平衡与气温呈明显负相关,冬平衡与降水具有较好的正相关关系,而夏季关系不明显。2008 年 10 月至 2009 年 5 月和 2009 年 10 月至 2010 年 5 月海拔 4700m 冰川区冬季降水量分别为 1724mm 和 1465mm [图 2-35 (a),(b)],物质平衡值分别为 1383mm w. e. 和 416mm w. e.,冰川处于积累期。2008 ~ 2010 年 6 ~ 9 月平均气温值为 4.2℃,物质平衡值分别为 -3528mm w. e. 和 -3638mm w. e.,冰川处于强消融期。2010 年 10 月至 2011 年 6 月海拔 4700m 的冰川区物质平衡值为 10mm w. e. [图 2-35 (c),(d)],7 ~ 9 月物质平衡值达到 -2626mm w. e.;2012 ~ 2013 年 10 ~ 12 月物质平衡值为 -16mm w. e.,1 ~ 6 月物质平衡值为 147mm w. e.,7 ~ 9 月物质平衡值为 -3099mm w. e.。因此,白水 1 号冰川积累期主要集中于 10 月至次年 5 月,6 ~ 9 月为主要的消融期,其属于冬春季积累型冰川。

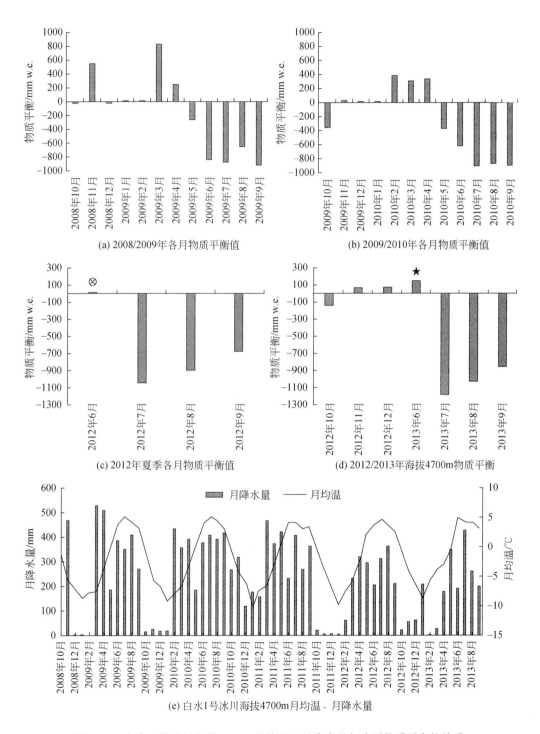

图 2-35 白水 1 号冰川海拔 4700m 月均温、月降水量与冰川物质平衡的关系

⊗为 2011 年 10 月至 2012 年 6 月冰川物质平衡值；★为 2013 年 1 月至 2013 年 6 月冰川物质平衡值

夏半年气温是影响冰川物质平衡水平的主要因素，气温的高低决定了冰川区固、液态降水所占的比例。2008~2013 年观测表明，夏季白水 1 号冰川区很少出现固态降水。2009~2013 年的 7~9 月降水量分别为 1037mm、1357mm、1043mm、890mm 和 896mm，利用式（2-54）和式（2-55）计算降水中固态降水所占的比例。固态降水按照临界温度计算法。

$$P_S = \begin{cases} P, & T \leqslant T_S \\ \dfrac{T_L - T}{T_L - T_S} P, & T_S < T < T_L \\ 0, & T \geqslant T_L \end{cases} \tag{2-54}$$

$$P_L = P - P_S \tag{2-55}$$

式中，P_S、P_L 分别为月固态和液态降水量（mm）；P 为月总降水量；T 为月平均气温（℃）；T_S、T_L 分别为固态及液态降水的临界温度（℃），其中，T_S 为 -0.5℃，T_L 为 2.3℃。通过以上方法计算，冰川海拔 4700m 处 7~9 月固态降水为 0。可以看出，7~9 月白水 1 号冰川区降水几乎全部为液态，即使粒雪盆出现固态降水，也不能形成有效的积累。

2.7.3 物质平衡梯度

物质平衡梯度的研究主要包括 2008/2009 年、2011/2012 年和 2012/2013 年的花杆观测值 [图 2-36（a）]。2009/2010 年和 2010/2011 年剩余花杆较少，不能很好地表现出冰川物质平衡梯度的变化。2008/2009 年对海拔 4400~4600m 的冰川区进行了观测，随海拔的升高物质平衡值增大，其物质平衡梯度为 460mm w. e. /100m。由于冰川表面裂隙增多，观测难度增大，2009 年以后未再对其进行观测。海拔为 4372~4600m 的冰川区由于两侧山体遮挡，日照时间短，云雾笼罩时间长，消融量较小，物质平衡梯度也较小。海拔 4600~4900m 的冰川物质平衡梯度最小值出现在 2008/2009 年，为 870mm w. e. /100m，最大值出现在 2012/2013 年，为 1450mm w. e. /100m。冬季降雪量的不同是引起物质平衡梯度年际波动较大的主要原因。2008/2009 年、2011/2012 年和 2012/2013 年海拔 4600~4900m 冰川平均物质平衡梯度为 1230mm w. e. /100m。相似的物质平衡梯度变化也出现在喜马拉雅山、藏东南及中纬度冰川（Yang et al.，2013；Wagnon et al.，2007）。

对比分析 2013 年 7~9 月物质平衡与 2012/2013 年物质平衡随海拔的变化 [图 2-36（b）] 可以看出，物质平衡值随海拔的上升而增大，7~9 月强消融期物质平衡梯度为 721mm w. e. /100m，小于年物质平衡梯度 1450mm w. e. /100m。5 月中旬至 6 月中旬，由于冰川表面覆盖积雪，冰川反射率相差不大，物质平衡梯度较小 [图 2-36（c）]，仅为 43mm w. e. /100m。由于冰川表面反射率随积雪的消融而减小，最终在 9 月达到一个相对恒定值，在 9 月底或 10 月初物质平衡梯度较小仅为 68mm w. e. /100m [图 2-36（d）]，因此在消融期初和消融期末物质平衡梯度均较小。近 5 年的观测表明，白水 1 号冰川夏季消融量相差不大，但冬季降水相差悬殊。由于冰舌区坡度大、裂隙密布、冰川表面积雪在风吹雪作用下积雪大量进入冰裂隙或海拔较低的无冰区，冰舌区积累量应小于实际降雪量；

粒雪盆三面围山，冰川表面相对完整，积累量应大于实际降雪，由于消融与积累随海拔不同有较大差异，最终造成物质平衡年内梯度大，不同年份降雪量不同，是造成物质平衡梯度年际波动的主要原因。

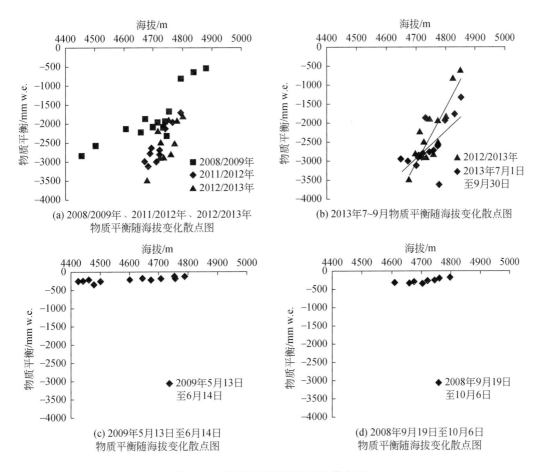

图 2-36　物质平衡随海拔变化散点图

2.7.4　年物质平衡特征

由表 2-11 可以看出，2008～2013 年白水 1 号冰川均处于负物质平衡状态，物质平衡最大值为 -907mm w.e.，最小值为 -1872mm w.e.，平均为 -1394mm w.e.。累积物质平衡达到 -6972mm w.e.，相当于整条冰川减薄 7.75m。此外，由于冰川最高海拔仅为 5030m，若不考虑高处的冰雪崩落补给，2009/2010 年开始冰川积累区就完全消失，即积累区面积比率变为 0，冰川处于极度不稳定状态，若继续维持现有气候变化趋势，未来白水 1 号冰川会很快消融殆尽。

表 2-11 白水 1 号冰川 2008～2013 年物质平衡、平衡线高度及积累区面积比率

时间	2008/2009 年	2009/2010 年	2010/2011 年	2011/2012 年	2012/2013 年
物质平衡/mm w.e.	−1017	−1467	−907	−1709	−1872
平衡线高度/m	4972	—	—	—	—
积累区面积比率/%	0.06	0	0	0	0

传统观点认为白水 1 号冰川属于夏季积累型冰川（李吉均和苏珍，1996），冰川区海拔 4900m 天然冰剖面记录的 1991～2003 年冰川平均净积累量约为 1000mm（Pang et al.，2007），1999 年 6 月在海拔 4955m 采集的冰芯记录的 1994～1998 年冰川平均净积累量约为 914mm（何元庆等，2001），海拔 4900m 冰川物质平衡为正，处于积累区，据此判断至 2003 年冰川物质平衡高度低于 4900m。2008 年消融期末粒雪盆区季节性雪线分布在海拔 4900m 以上，而近年来的观测发现，消融期末冰川区几乎无积雪覆盖，夏季冰川处于负平衡状态。白水 1 号冰川粒雪盆海拔较低是出现该变化的原因之一。

气温是影响冰川物质平衡变化的主导因子。对丽江市和维西县多年平均气温序列的分析发现，丽江市 1951～2014 年气温呈现显著的上升趋势，气温上升倾向率达到 0.17℃/10a，近 64 年来气温上升了 1.1℃。维西县气温也呈现出显著的上升趋势，气温上升倾向率为 0.16℃/10a，近 60 年来气温上升了 0.95℃。据此推断玉龙雪山地区气温近几十年来呈现出显著上升的趋势，与此相应的是玉龙雪山冰川面积由 1957 年的 11.61km^2 减小为 2009 年的 4.42km^2（杜建括等，2013）。冰川区降水受区域大气环流及局部地形因素影响其变化趋势难以预测，但随着气温的上升，冰川区固态降水占总降水比例下降，积雪面积减小，雪线高度上升。可以断定，气温上升是导致白水 1 号冰川物质平衡过程变化的主要原因。

2.8 北极 Austre Lovénbreen 冰川物质平衡观测与计算

2.8.1 冰川和观测数据

Austre Lovénbreen 冰川（12.15°E，78.87°N）位于北极 Svalbard 地区的新奥尔松，与北极黄河站的直线距离为 6.2km，属多温型山谷冰川，周围山峰的最高海拔为 880m，冰川面积为 6.2km^2。冰川表面均较为平整，末端有少量表碛。

从 2005 年 7 月 25 日开始，北极黄河站科学考察队在 Austre Lovénbreen 冰川由 A～E 的观测断面上均匀布设了用于冰川表面物质平衡与运动速度观测的花杆 17 根（图 2-37），对观测花杆地理坐标进行了首期观测。2006 年 7 月 24 日始，进行上述项目的复测。观测时间为每年的 7 月底，基本保持一个冰川物质平衡年。物质平衡的观测主要以传统测杆法和雪坑雪层剖面相结合的方法进行。

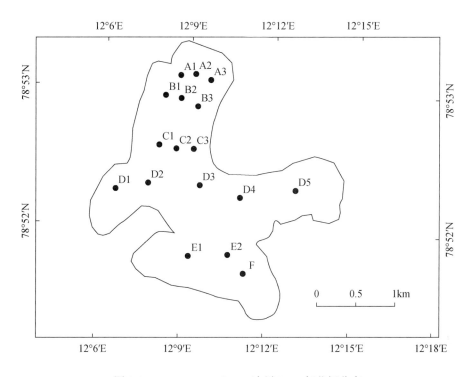

图 2-37 Austre Lovénbreen 冰川 2010 年花杆分布

2.8.2 物质平衡插值计算及修正

由于 Austre Lovénbreen 冰川有相对优越的花杆布设和观测数据，同时希望不同观测者可以很好承袭，本书重点研发了一套较为客观的插值计算方法。利用对 Austre Lovénbreen 冰川连续物质平衡观测数据，采用等值线法、等高线法并综合考虑地形要素的影响，在计算 Austre Lovénbreen 冰川单点花杆净平衡值基础上，通过插值计算整条冰川的年物质平衡值。在插值过程中发现有花杆倒伏、陡坡观测数据缺失、年物质平衡观测日期不一致等问题。在这种情况下，根据单点物质平衡数据，利用 ArcGIS 统计模块进行物质平衡空间分布的插值，发现如果直接采用插值的方法，个别年份的物质平衡等值线模式分布杂乱，规律性较差，不符合冰川消融分布，难以直接进行物质平衡等值线的提取，无法计算整条冰川的物质平衡（图 2-38）。针对这一问题，本书对单点物质平衡采取了时间序列修正及空间序列修正，并以 10 年数据变化规律为基础，对插值结果进行了人为经验干预，使得 Austre Lovénbreen 冰川年物质平衡有较好的等值线模态。对于等值线分布混乱或明显不符合规律的区域，通过加补花杆，进行物质平衡等值线模式的修正，图 2-39 为插值修正前后的对比分析结果。

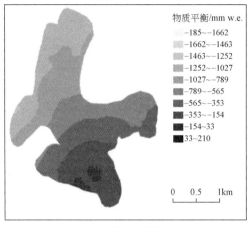
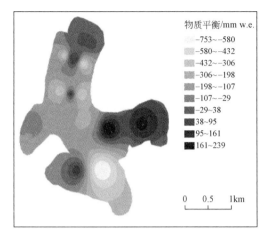

(a) 2005/2006年

(b) 2006/2007年

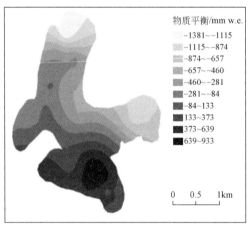
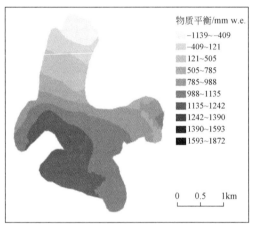

(c) 2007/2008年

(d) 2008/2009年

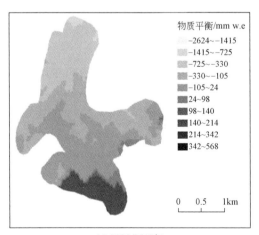
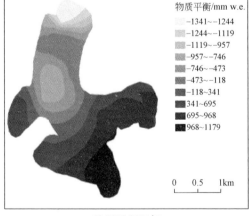

(e) 2009/2010年

(f) 2010/2011年

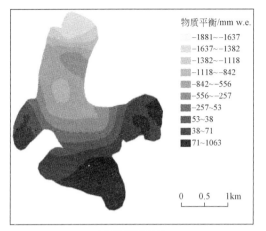

(g) 2011/2012年

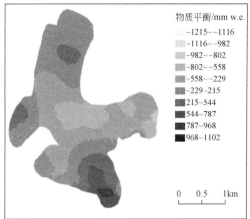

(h) 2012/2013年

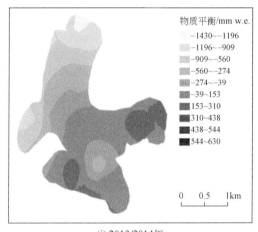

(i) 2013/2014年

图 2-38　Austre Lovénbreen 冰川直接插值序列结果

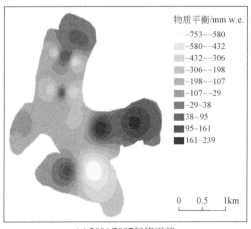

(a) 2006/2007年修正前

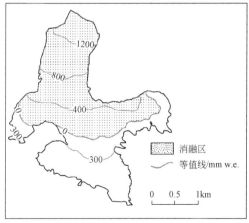

(b) 2006/2007年修正后

图 2-39　插值修正前后对比

2.8.3 物质平衡野外观测改进

由于冰川物质平衡观测存在花杆倾斜、倒伏与丢失，观测日期不一致，积累区陡坡无观测数据分布等问题，这对插值计算产生了负面影响。本书根据插值结果敏感性试验，确定了野外修正方案。其中最重要是在影响插值结果的数据缺乏区增加观测点，包括 D 排和 E 排花杆之间的空白区和东、西支冰川末端陡坡处增补观测，以保证插值在这些区域的顺利进行，图 2-40 为 Austre Lovénbreen 冰川西支末端需要增补花杆的地形情况。受冰川运动的影响，冰面花杆容易发生倾斜，因此在花杆观测时，除了要进行了冰面花杆的长度（斜高）测量外，还需对花杆的垂直高度进行测量与记录，并在春、秋季物质平衡观测时及时检查冰面花杆情况，对于发生倾斜或倒伏的花杆，及时记录并重新进行插补，以保证观测记录的准确性。由于不能保证实地观测中逐年观测日期的一致性，对已有的花杆数据采取了时间序列修正以及空间序列修正，并通过模型或其他间接方式对观测结果进行一定程度上的修正。

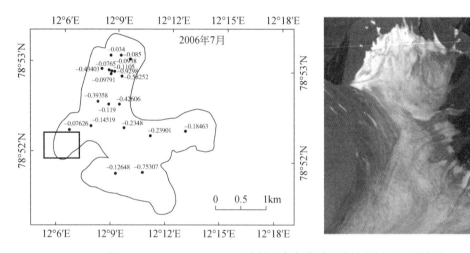

图 2-40 Austre Lovénbreen 冰川西支末端需要增补花杆的地形情况

左图数字单位为 m

2.8.4 物质平衡计算结果

图 2-41 给出了 2005～2016 年 Austre Lovénbreen 冰川物质平衡计算值。分析得出，2005～2016 年，Austre Lovénbreen 冰川物质平衡年际变化显著，且有向负平衡发展的趋势。物质平衡范围为–1050～82mm w. e.，平均值为–363mm w. e.，2014 年有唯一正平衡值，其余年份全部为负平衡。2016 年物质平衡量达–1050mm w. e.，为有观测记录以来的最低值，表明 2016 年是近 10 年来冰川消融最为强烈的一年。2005/2016 年累积物质平衡量为–4000mm w. e. 冰川物质平衡线在 212～571m 震荡，多年平均值为 391m，且零平衡线高度与物质平衡呈显著线性负相关。

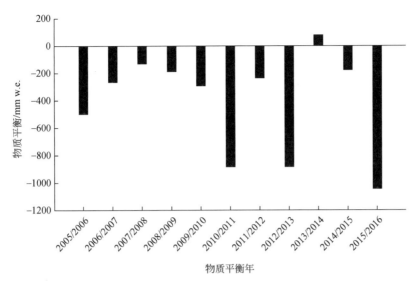

图 2-41　2005 ~ 2016 年 Austre Lovénbreen 冰川年物质平衡

2.8.5　等值线与等高线法结果比较

　　对 Austre Lovénbreen 冰川等值线法和等高线法进行对比分析，发现提高等值线法精度的关键在于观测花杆点的数量，观测点插值越多精度相对越高。插值对冰川边缘、陡坡和冰裂隙发育地区的精度难以控制。等高线法在陡坡地区，有可能高估物质平衡变化，但对于整条冰川的物质平衡，又低于等值线法计算的物质平衡。原因是物质平衡与高程的线性函数模拟，其值不稳定，大部分海拔较高地区会高估物质平衡值。

第3章 冰川物质平衡的大地测量和关键影响因子

本章介绍一种新型物质平衡观测方法，同时对物质平衡的关键影响因子，包括冰川反照率、冰面吸光性物质以及大气0℃层高度等所开展的研究进行专门论述。这些研究，有助于深化对物质平衡过程和机理的理解，也有助于提高物质平衡的模拟水平。

3.1 地面三维激光扫描仪在物质平衡观测中的应用

3.1.1 仪器介绍

采用传统冰川学方法观测物质平衡，难度十分大，国内外一直在寻求替代方法。在各种大地测量方法观测物质平衡的技术中，地面三维激光扫描具有高分辨率和轻便等显著优势，被认为是有可能在该领域取得突破的技术（Ravanel et al.，2014）。2015年4月，在乌源1号冰川，一种超长测量距离的地面三维激光扫描仪 Rigel VZ®-6000 被首次运用于物质平衡观测试验中。该扫描仪是奥地利瑞格激光测量系统公司推出的V系列三维激光扫描仪，其由扫描系统、激光测距系统、GNSS接收机、三脚架组成。扫描仪基于独一无二的数字化回波和在线分析功能，能够提供远达6000m的超长测量距离，获取点云数据的速度每秒高达30万点，具体参数见表3-1。

表 3-1 Rigel VZ®-6000 地面三维激光扫描仪测量参数

测量参数	参数和值			
激光发射频率/kHz	30	50	150	300
有效测量频率/(meas./sec)	23 000	37 000	113 000	222 000
最大测量距离/m	—	—	—	—
自然目标 $\rho \geqslant 90\%$	6 000	6 000	4 200	3 300
自然目标 $\rho \geqslant 20\%$	3 600	3 600	2 400	1 800
目标回波接收的最大数量	15	15	10	9
精度/mm	15	15	15	15
重复精度/mm	10	10	10	10
最小测量距离/m	5			
激光波长/nm	1 064			
激光发散度/mrad	0.12			
激光等级	Laser Class 3B			

为保证观测资料的连续性和最大范围获取冰川地形信息，观测人员在乌源 1 号冰川末端布设了 6 个扫描站（其中两个为备用），并采用钢筋混凝土对其进行固定，同时内置标准 GPS 标志点，具体分布如图 3-1 所示。截至 2016 年，该项观测已取了多期高精度冰川地形资料。本书对已有观测研究结果进行简要介绍，包括：①月尺度物质平衡观测及其与传统冰川学方法结果的验证；②通过地形观测和地形图比较，计算 1981 ~ 2015 年的大地测量法物质平衡，并与传统冰川学方法物质平衡对比分析。

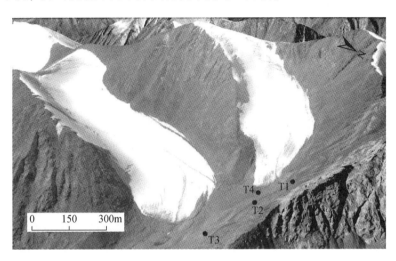

图 3-1 乌源 1 号冰川末端布设的扫描基站

3.1.2 月尺度物质平衡观测

3.1.2.1 数据与方法

野外数据采集过程包括粗扫、精扫、扫描站三维坐标的 GPS-RTK 高精度测量。粗扫的范围是水平 360°，垂直 60°（–30° ~ 30°），精扫是在粗扫的基础上框选出冰川的范围，对冰川地形实施精细扫描。本节涉及的扫描数据见表 3-2。

表 3-2 月尺度物质平衡观测资料的具体参数

时间	扫描范围*/m²	点云数据	点云密度/m	扫描角增量/(°)	扫描站数/个
2015 年 4 月 25 日	3 204 684	12 740 500	3.98	0.02	4
2015 年 5 月 28 日	3 375 116	16 383 175	4.85	0.02	4

* 扫描范围为四站叠加后的范围。

点云数据是在 RiSCAN PRO®v1.81 软件中处理的，具体包括以下几个步骤。

（1）点云数据坐标系统纠正

基于 GPS-RTK 获取的扫描站高精度三维坐标信息，将扫描仪坐标系统（地方独立坐标系统）下的点云数据转换到全球大地坐标系统中（WGS 84，world geodetic system 1984），基本原理如下：

$$\vec{\rho_{\mathrm{g}}} = \vec{\rho_{0}} + \boldsymbol{R}(k)\vec{\rho_{\mathrm{s}}} \tag{3-1}$$

$$\boldsymbol{R}(k) = \begin{bmatrix} \cos k & \sin k & 0 \\ \sin k & \cos k & 0 \\ 0 & 0 & 1 \end{bmatrix} \tag{3-2}$$

式中，$\vec{\rho_{\mathrm{s}}}$ 为目标物在扫描仪坐标系统的向量；$\vec{\rho_{\mathrm{g}}}$ 为同一目标物在大地坐标系统下的向量；$\vec{\rho_{0}}$ 为扫描仪坐标系统原点在大地坐标系统下的向量；k 为扫描站到后视点的方位角。

（2）多站点点云数据配准

完成坐标系统转换后，需要纠正因仪器姿态角引起的多站点点云数据错位，对多站点点云数据进行配准。根据最近点迭代算法的基本原理（iterative clost point，ICP），在相邻两站点的点云数据集中搜寻最近点对，利用最近点对反复迭代运算以计算最优刚体变换，完成对多站点点云数据的配准。

（3）数据融合、抽稀与滤波

将配准好的点云数据融合为具有一个属性图层的数据，融合后的数据存在重叠区，需要通过抽稀使得点云数据具有统一的空间分辨率，本书设置的分辨率为1m；抽稀之后需要剔除非地面点，建立冰川区数字高程模型（digital elevation model，DEM），即数据的滤波。

3.1.2.2　误差分析

误差主要源于三方面：一是数据获取过程中的误差，包括地形、环境的影响，如由于刮大风造成仪器振荡、空气中的水汽对激光光斑的吸收等；二是数据处理和 DEM 生成时产生的误差（Fishcher et al.，2016）；三是两期差值 DEM 空间匹配误差和冰川表面雪冰密度取值带来的影响（Nuth and Kääb，2011；Zemp et al.，2013）。

为最大程度降低上述误差带来的影响，野外作业均在晴朗无风的天气下进行，乌源1 号冰川区设置了 4 个扫描站，可以基本消除因地形复杂带来的扫描数据不全的问题；采用八叉树算法通过建立点云数据的拓扑结构实现对数据的抽稀，该算法能够最大程度的保留地形信息；同时通过寻找特征点对处理好的两期点云数据进行空间匹配以保证大地测量学方法的顺利实施。

根据地统计学的基本原理，地面三维激光扫描仪观测单条冰川物质平衡的不确定如下（Rolstad et al.，2009；Fischer et al.，2016）：

$$\sigma^2_{\overline{\Delta h \mathrm{TLS}}} = \sigma^2_{\Delta h \mathrm{TLS}} \cdot \frac{A_{\mathrm{cor}}}{5A} \tag{3-3}$$

式中，A 为冰川上两期 DEM 差值的面积；A_{cor} 为高程变化值存在自相关性的面积，本书保守地认为 $A_{\mathrm{cor}} = A$；$\sigma_{\Delta h \mathrm{TLS}}$ 为非冰川区（稳定基岩区）高程变化的标准差。

根据 Huss 等（2009）的研究，地面三维激光扫描法冰川物质平衡的不确定可以评估如下：

$$\sigma_{\text{BTLS}} = \pm\sqrt{(\overline{\Delta h\text{TLS}} \cdot \sigma_\rho)^2 + (\rho \cdot \sigma_{\overline{\text{BTLS}}})} \qquad (3\text{-}4)$$

式中，ρ 为冰川体积变化向冰川物质平衡转化时的密度参数；σ_ρ 为密度的不确定性，$\overline{\Delta h\text{TLS}}$ 是两期 DEM 差值的平均值。

3.1.2.3 结果与讨论

（1）冰川表面高程变化

利用 2015 年 4 月 25 日地面三维激光扫描仪得到的冰川区高分辨率 DEM，提取的乌源 1 号冰川的面积为 1.56km²，其东西支面积分别为 1.02km² 和 0.54km²。2015 年 4 月 25 日至 5 月 28 日，冰川表面高程平均增加了 0.225m，折算成体积为 3.45×10⁴m³，日均增加 0.007m/d（图 3-2），增量主要为新雪。相比之下，西支增量更为明显，上部出现一个明显增加区（蓝色）。

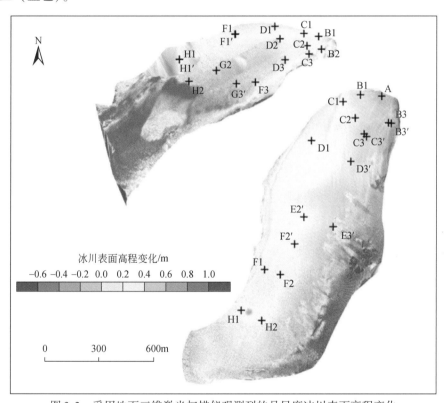

图 3-2 采用地面三维激光扫描仪观测到的月尺度冰川表面高程变化

（2）与冰川学法观测结果比较

根据冰川表面花杆的位置信息，提取对应各花杆处表面高程变化值，并与花杆杆长的变化结果进行对比，如图 3-3 所示。从图 3-3 中看出，除去消融区数根花杆点外，两种方法得到的高程变化值具有高度一致性，相关系数达 0.85（通过了 0.01 的显著性检验）（图 3-4），这表明该方法具有很好的效果。

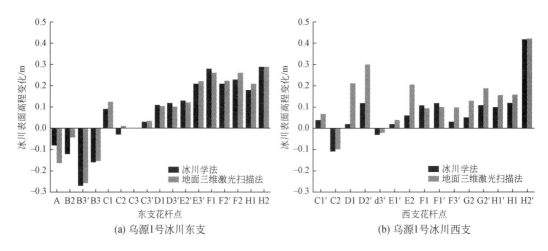

图 3-3　花杆处地面三维激光扫描仪法与冰川学法冰面高程变化观测结果对比

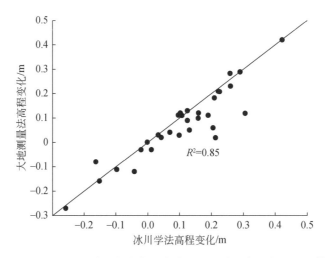

图 3-4　花杆处地面三维激光扫描仪法与冰川学法冰面高程变化观测值相关性

（3）月尺度物质平衡的计算及误差

根据野外实测雪坑数据，通过空间插值获得整条冰川表面的密度［图3-5（a）］，将该密度作为冰川体积转向冰川物质平衡的密度参数，2015年4月25日至5月28日冰川物质平衡分布如图3-5（b）所示，利用式（3-4）对计算结果的误差进行评估，得到其值为±20mm w. e.（表3-3），从而得到冰川物质平衡为70mm w. e. ±18mm w. e.。

如果利用传统冰川学方法进行上述计算，过程会复杂很多。这一研究实例充分反映出三维激光扫描法的定量、高精度和便捷等特点。

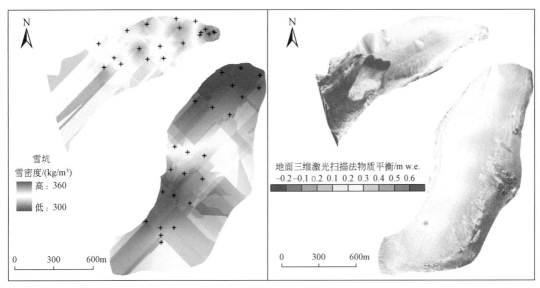

(a) 野外实测密度空间分布   (b) 冰川物质平衡空间分布

图 3-5 实测雪密度和地面三维激光扫描法冰川物质平衡分布

表 3-3 地面三维激光扫描法冰川物质计算结果及误差

时间	ΔhTLS/m	$\sigma_{\Delta h \text{TLS}}$/m	σ_{BTLS}/m	B_{TLS}/mm w. e.
2015 年 4 月 25 日至 5 月 28 日	0.225	0.116	±0.018	74±18

3.1.3 累积物质平衡数据验证

传统冰川学方法（花杆/雪坑方法）在计算物质平衡时，采用单个花杆点的物质平衡插值到整条冰川，产生的误差会随着时间增加，形成累积误差。大地测量方法计算的物质平衡误差是随机性的，由此对传统方法提供了独立验证。

3.1.3.1 数据与方法

本书使用的数据包括地面三维激光扫描数据和地形图。扫描数据于 2015 年 9 月 2 日采集，扫描范围约为 3 377 440m²（四站叠加后的范围），点云数据平均间隔为 0.9m。地形图数据的处理包括对 1981 年 9 月航摄的地形图进行坐标系统纠正，坐标系统为 Beijing1954（北京 54），高程基准为黄海 1956。之后将北京 54 坐标系统下的地形图转换为 WGS 84 坐标系统。由于非同源 DEM 数据获取方式存在差异，形成的 DEM 数据存在空间错位。因此，以高精度和高分辨率的地面三维激光扫描数据为基准，通过在点云数据的非冰川稳定区寻找同名地物特征点对地形图数据进行校正。

3.1.3.2 误差分析

不同 DEM 数据源计算冰川物质平衡的误差主要源于 DEM 数据的精度、配准、冰川表面雪冰密度的假设和测量日期的影响。本书地面三维激光扫描数据与地形图均在消融期末获取，由测量日期造成的不确定性基本可以忽略，因此，大地测量法物质平衡的误差可以用下式评估（Huss et al.，2009）：

$$\sigma_{\text{geo}} = \sqrt{\overline{\Delta h}^2 \sigma_\rho^2 + \rho^2 \sigma_{\Delta h}^2} \tag{3-5}$$

式中，$\rho = 850\text{kg/m}^3$，作为冰川体积变化向物质平衡转换时的密度，$\sigma_\rho = \pm 60\text{kg/m}^3$，作为密度的不确定性（Huss，2013）；$\overline{\Delta h}$ 为年均冰面高程变化值；$\sigma_{\Delta h}$ 为冰面高程变化的误差，主要取决于 DEM 数据的精度，基岩区高程变化的标准差可以作为评估高程变化误差的一个重要参考（Bolch et al.，2017），根据误差传播理论，长时间尺度的高程变化误差可以描述为（Gardelle et al.，2013）：

$$\sigma_{\Delta h}^2 = \frac{\sigma_{\Delta hi}^2}{N_{\text{eff}}} \tag{3-6}$$

$$N_{\text{eff}} = \frac{N_{\text{tot}} \cdot R}{2d} \tag{3-7}$$

式中，$\sigma_{\Delta hi}$ 为基岩区不同高度带的年均高程变化值（图 3-6）；N_{eff} 为有效的观测像元个数；N_{tot} 为总观测像元个数，各像元大小 $R = 5\text{m}$，通过莫兰指数确定的空间自相关距离 $d = 113\text{m}$。

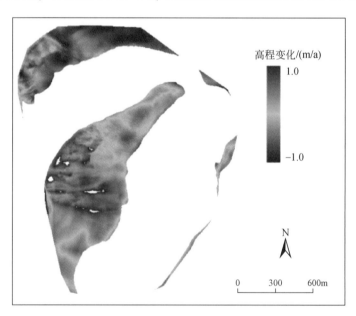

图 3-6　稳定基岩区年均高程变化值

3.1.3.3　结果与讨论

（1）1981～2015 年累积物质平衡

计算结果显示，1981～2015 年冰川年均高程变化值为 -0.6m/a，累积高程变化值为 -20.2m。冰川表面高程降低区占总面积的 88%，冰川表面高程变化呈现出正态分布规律（图 3-7），年均变化值主要集中在 −1 ～ −0.1 m（像元数在 4000 以上），占总面积的 67%（图 3-8）。为更清晰地描述冰面高程变化特征，分别提取乌源 1 号冰川东、西支主流线高程变化曲线（图 3-9），冰川高程的减小值随着与冰川末端距离的增大而减小，在粒雪盆区，存在微弱的增加。这些结论与已知的乌源 1 号冰川物质平衡分布规律相符。

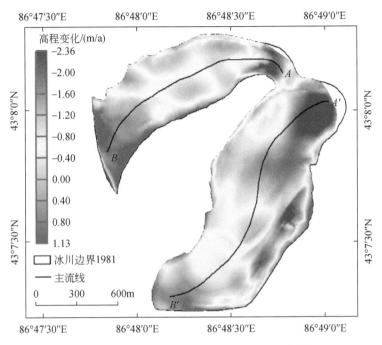

图 3-7　1981 ～ 2015 年冰川表面高程年均变化分布

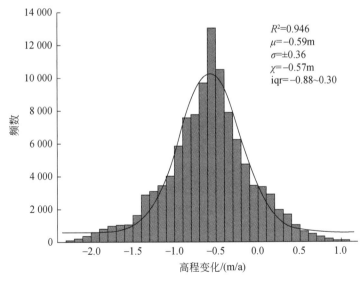

图 3-8　1981 ～ 2015 年冰川表面高程变化为正态分布拟合

图中同时给出高程变化均值（μ）、中值（χ）、标准差（σ）和四分位距离（iqr）

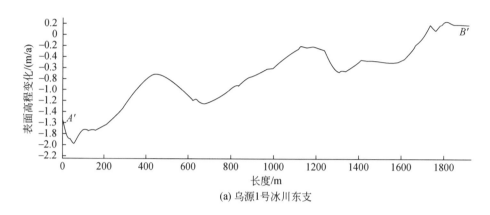

(a) 乌源1号冰川东支

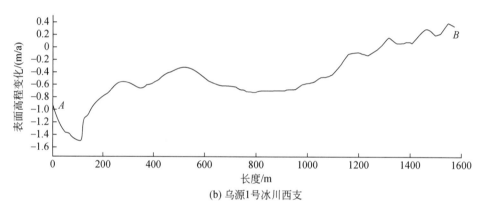

(b) 乌源1号冰川西支

图 3-9　1981～2015 年冰川东西支主流线上高程变化

图中的字母分别与图 3-7 中的字母相对应

根据大地测量法物质平衡误差评估方法，得到冰川物质平衡及其不确定性值（表 3-4），冰川年均物质平衡为 –540mm w.e. ±40mm w.e.，34 年的累积物质平衡为 –18 200mm w.e. ± 1400mm w.e.。

表 3-4　大地测量法冰川物质平衡计算结果及误差

时间	$\overline{\Delta h}/(\mathrm{m/a})$	$\sigma_{\Delta h}/(\mathrm{m/a})$	$\sigma_{\mathrm{geo}}/(\mathrm{m/a})$	$B_{\mathrm{geo}}/(\mathrm{mm\ w.e.\ /a})$
1981～2015 年	–0.59	±0.02	±0.04	–540±40

（2）与冰川学法物质平衡比较

根据中国科学院天山冰川观测试验站观测数据，1981～2015 年乌源 1 号冰川累积物质平衡为 –16 300mm w.e.，年均物质平衡为 –480mm w.e./a，与大地测量法相差 10.3%（图 3-10），表明乌源 1 号冰川物质平衡数据具有很高质量。

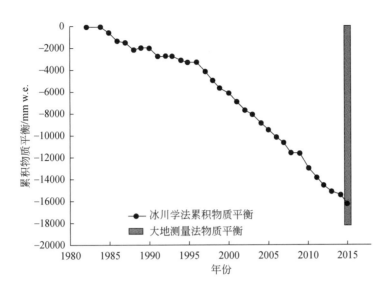

图 3-10 冰川学法与大地测量法累积物质平衡值对比

竖短线为误差棒

3.2 大地测量法对冰川学法物质平衡的验证

世界冰川监测服务处（WGMS）要求每 5 ~ 10 年要利用大地测量法对参照冰川物质平衡序列进行修正，以确保传统冰川学方法（花杆/雪坑方法）物质平衡数据的质量（Zemp et al. ，2010，2013）。在 3.1 节基于乌源 1 号冰川地面三维激光扫描和航摄地形图生成的两期 DEM 数据研究基础上，本节的研究则通过多源 DEM 数据反演物质平衡，一方面来量化 1962 ~ 2009 年乌源 1 号冰川储量变化，另一方面将冰川学法物质平衡和大地测量法物质平衡进行对比，从而来评估冰川学方法观测物质平衡的精度。

3.2.1 资料来源

乌源 1 号冰川自 1959 ~ 1960 年观测以来，冰川表面地形相隔数年测绘一次，冰川末端变化每年观测两次。由于有丰富的观测资料，具备开展冰川学和大地测量法对比研究冰川物质平衡的条件。研究采用的 DEM 数据来自乌源 1 号冰川 1962 ~ 2009 年的 8 幅地形图，基本信息见表 3-5。所有地形图均转换成为 WGS 84 坐标系统。

表3-5　本书使用的地形图信息

时间	地形图比例尺	测量方法
1962 年	1∶10 000	平板仪
1973 年	1∶10 000	立体摄影测量
1981 年	1∶50 000	航空摄影
1986 年	1∶5 000	立体摄影测量
1994 年	1∶5 000	立体摄影测量
2001 年	1∶5 000	经纬仪
2006 年	1∶5 000	全站仪
2009 年	1∶5 000	GPS-RTK

3.2.2 冰川厚度变化

基于表3-5，利用克里格方法插值建立了5m×5m 的 DEM。通过不同 DEM 的差值，计算出 1962～2009 年8 个时段冰川体积（厚度）变化（图3-11）。如图3-11 所示，各时段冰川厚度的减薄主要集中在消融区。此外，在山脊和陡峭的地区，厚度减薄也比较明显，这主要是由高辐射造成的（李忠勤等，2005）。1962～2009 年乌源 1 号冰川东支厚度变化介于-35～5m，冰川西支厚度变化介于-35～2m。冰川平均厚度减薄8.9m。东支和西支顶部分别增厚0～5m 和0～2m，这可能是由近年来降水增加（李忠勤等，2007）和地形影响所致。研究表明，2001 年之前，冰川储量减少是冰川末端退缩、面积减少和厚度减薄综合作用的结果。2001 年之后冰川厚度减薄加速，这一时期内的冰川储量的减小主要是厚度减薄的结果。

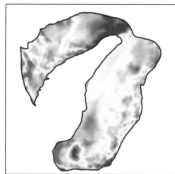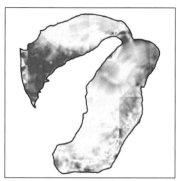

(a) 1962~1973年　　　　　　(b) 1973~1981年　　　　　　(c) 1981~1986年

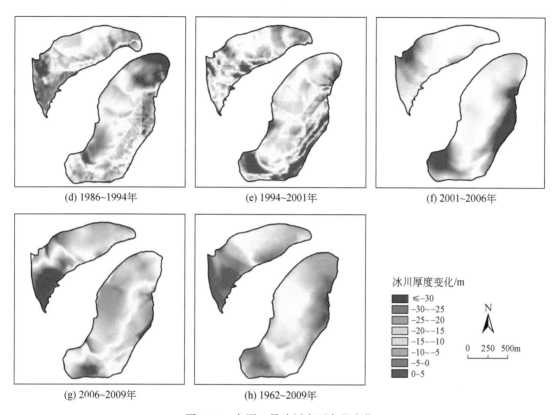

(d) 1986~1994年　　　　(e) 1994~2001年　　　　(f) 2001~2006年

冰川厚度变化/m

■ ≤-30
■ -30~-25
■ -25~-20
□ -20~-15
□ -15~-10
□ -10~-5
■ -5~0
■ 0~5

N

0　250　500m

(g) 2006~2009年　　　　(h) 1962~2009年

图 3-11　乌源 1 号冰川表面高程变化

3.2.3　两种方法的物质平衡比较

利用密度参数，可将不同时段冰川体积变化转化为冰川累积物质平衡变化（Huss et al.，2013）。表3-6 和图3-12 显示为1981～2009 年两种方法计算出的不同时段物质平衡值。从中看出，两种方法在研究时段的差异不到10%，从而证实了乌源1 号冰川物质平衡数据的高质量。

表 3-6　1981～2009 年冰川学方法和和大地测量方法物质平衡及差异

时间	冰川学物质平衡/m w. e.	大地测量物质平衡/m w. e.	差异/%
1981～1986 年	-1.4	-1.4	2.3
1986～1994 年	-1.7	-1.7	2.8
1994～2001 年	-3.8	-4.0	4.6
2001～2006 年	-3.2	-3.4	4.7
2006～2009 年	-1.6	-1.7	5.9

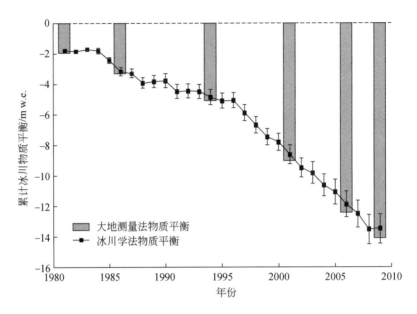

图 3-12　1981~2009 年冰川学方法和大地测量方法物质平衡对比

3.2.4　误差分析

不同 DEM 数据源计算冰川物质平衡的误差分析见 3.1.3 小节，另外，此处还需考虑由地形图测绘时间不同造成物质平衡计算上的误差。对此，本书采用经典度日模型进行修正（Holmlund et al.，2005）。通过经典度日模型可将地形图测量日期的物质平衡延长至一个完整物质平衡年。模型中雪冰度日因子由实地观测获得，气象资料来自大西沟气象站。

3.3　冰川反照率时空变化及其与物质平衡的关系

太阳净辐射为冰川消融最主要的能量源，冰川反照率的大小直接决定了冰川表面吸收太阳辐射能的多少，控制着冰川表面与大气层之间的能量交换过程。因此，冰川反照率对冰川消融有至关重要的作用，是冰川物质/能量平衡过程中的关键参数。冰川反照率对气候变化极其敏感，气象要素的微小变化都可能引起冰川表面特征的变化，进而导致冰面反照率和消融特征的改变，这一正反馈过程也是导致冰川加速消融的主要因素之一。

冰川反照率的传统观测主要依赖于安装在气象站上的总辐射量表或便携式的光谱辐射仪。由于冰面状况复杂多变，冰面反照率无论在空间上还是时间上都存在较大的变率，实测资料仅能提供冰川表面有限观测点在短时间尺度内的反照率，难以满足分布式物质平衡模型的需要。20 世纪 60 年代以来,卫星遥感技术为冰川尺度反照率时空特征研究提供了新的手段。NOAA 气象卫星搭载的 AVHRR 传感器、Landsat 系列卫星及 MODIS 传感器,都可用以冰川反照率的观测反演。

3.3.1 冰川反照率时空特征研究

Landsat 卫星上搭载的 ETM+/OLI 传感器提供的冰川区域影像资料,在可见光–近红外波段有较高的空间分辨率(30m),常被用以研究冰川反照率的空间变化,研究方法主要基于 Klok 等(2003)针对 Landsat 影像提出的反演算法。该方法考虑到了所有影响地表反照率与遥感信号的重要过程,反演精度较高。其主要步骤包括空间配准、辐射定标、大气校正、地形校正、异向校正、窄–宽波段转换。

图 3-13 为由 Landsat 影像反演得到的 2016 年 5~8 月乌源 1 号冰川夏季消融期表面反照率空间分布。从图 3-13 中可以看出,在消融早期(5 月 16 日),反照率空间变化不明显,仅在同一海拔带内,呈现出微弱的由冰川边缘向中轴线增大趋势。而在消融后期,反照率呈现随海拔升高而增大趋势,在海拔较低的区域(4100m 以下),反照率值大部分小于 0.2;随着海拔升高,反照率也逐渐增大,在东支海拔 4150m 处和西支海拔 4200m 附近的增速最大,数值在 50m 范围内增加了 0.1;冰川高海拔地区(4200m 以上)反照率值最大,在 0.7 以上,但在冰川顶部边缘,反照率有降低现象。冰川反照率的这种空间分布特征在全球山地冰川上均有体现(Wang J et al.,2014)。

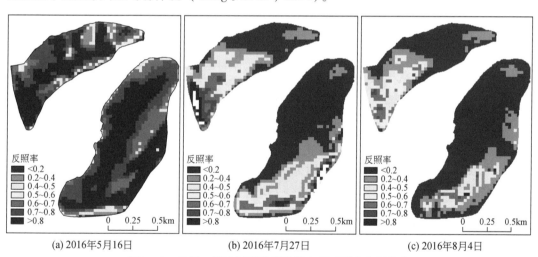

(a) 2016年5月16日   (b) 2016年7月27日   (c) 2016年8月4日

图 3-13　乌源 1 号冰川夏季消融期表面反照率空间分布

冰川消融季反照率的时间差异性也十分显著。如图 3-14 所示,消融早期(5 月 16 日),冰川表面反照率值很高,平均为 0.75,并呈现高值单峰型的数量分布,峰值反照率为 0.82。随着时间推移,反照率降低时,会形成差别变化,数量分布上出现双峰型特征,峰值分别为 0.14 和 0.44。随着消融的持续,至 8 月 4 日,第二个峰值消失,第一个峰值降至 0.11 左右,反照率值呈现低值单峰型的数量分布。

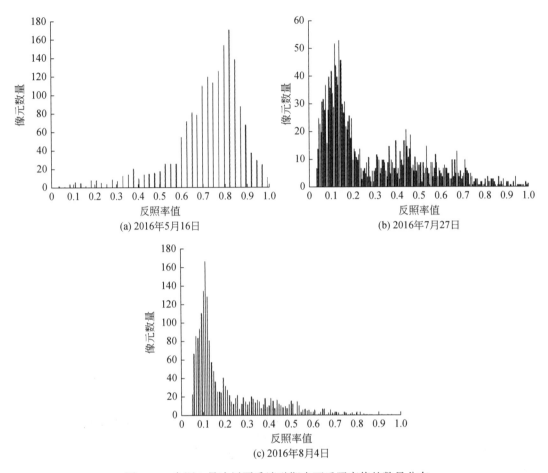

图 3-14　乌源 1 号冰川夏季消融期表面反照率值的数量分布

　　遥感监测的年内反照率变化也十分明显。以乌源 1 号冰川为例（图 3-15），2013 年 6 月至 2014 年 10 月，平均反照率变化范围为 0.34～0.76，其中 4～6 月反照率最高，平均在 0.7 以上，其次为 9～10 月，平均为 0.6 左右，最低值出现在消融期末，约为 0.35。

　　研究表明，21 世纪以来，全球各区域冰川反照率均呈现出不同程度的下降趋势（Stroeve et al.，2013；Wang J et al.，2014；Ming et al.，2015）。而且与大陆性冰川相比，海洋性冰川反照率的下降速率更为明显。乌源 1 号冰川反照率在 2000～2010 年也出现了 0.04～0.06 的降低，且主要发生在夏季，这与消融增强有关，但春季反照率略有升高，这是由降雪增加所致（王杰，2012）。

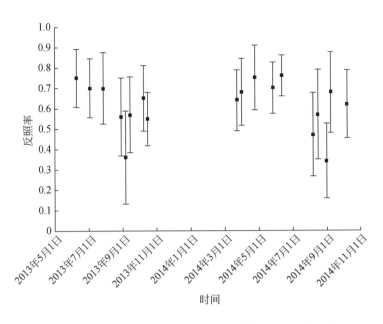

图 3-15　2013～2014 年乌源 1 号冰川平均表面反照率变化

3.3.2　影响冰川反照率变化的主要因素

（1）冰川表面组成

分析发现，冰川反照率的空间差异主要由冰川表面组成和差别消融决定。在消融早期，冰川表面被积雪覆盖，整体反照率高，空间差异不大。当气温回升，在裸露地表热传导的作用下，冰川边缘的消融首先增强，且风化形成的岩石碎屑物也多分布在这些区域，从而导致反照率降低。随着消融的进行，冰川表面积雪区面积持续减小，裸冰区面积不断扩大，差别消融增大，使得整条冰川反照率降低，并呈局部差异变化。低海拔区由于温度较高，为冰川消融区，其表面组成以裸冰为主，受冰尘等吸光性物质影响较大，反照率也较低；随着海拔的升高，气温不断降低，消融强度随之减弱，表面组成逐渐由裸冰、附加冰向粒雪或新雪转换，反照率也快速增大，且在冰和雪的界限上出现一个升高的突变；随着海拔进一步升高，在冰川积累区，表面大部分为积雪覆盖，反照率维持在一个空间差异不大的较高值。

（2）地形

即便在同一海拔带内，反照率值仍然存在一定差异，这与太阳入射角的差异有关。研究表明，无论在积雪表面还是在裸冰表面，反照率均随太阳入射角的增大而增大。其原因可归结为，随着太阳入射角的增大，受冰雪颗粒不对称散射作用的影响，光子被雪冰表层粒子散射的概率增大，特别是在近红外波段，这使得被雪冰吸收的能量比例减小，从而导致其表面反照率增加。复杂地形下，在相同的太阳辐射条件下（太阳位置、辐射强度），太阳入射角主要由坡度和坡向决定，因而除了冰川表面组成外，地形因素也是影响冰川反照率空间变化的重要因素。

（3）云量

云量也是冰川表面反照率的重要影响因素之一，它能够引起表面反照率的增加。由于云层对近红外辐射强烈吸收，造成冰雪面接收到的太阳辐射中可见光辐射比例增加，从而导致整个太阳波谱冰雪面反照率相应增加，且这一效应会随着云层与冰雪面间的多重反射而增强。云盖越厚，反照率的增大效应越显著。不同种类的云，其增加反照率的效果不同，在满天云量时，低云下的反照率比高云下的反照率高。另外，云对积雪反照率的增强效应强于裸冰。

（4）气温和降水

气温和降水可以造成冰面组成变化，从而对反照率产生影响。一方面，温度升高直接导致冰川消融增强，使其裸冰区面积扩大，积雪区面积减小，由于冰的反照率远小于积雪，由此造成反照率下降。同时，由于消融增加，雪冰层内部污化物更容易在表层富集，使冰面颜色加深，造成反照率进一步降低。另一方面，温度升高会造成积累区粒雪变质速率的加快，雪层变薄，粒径增大，具有高反照率的细粒雪减少，低反照率的粗粒雪增加，雪层含水量增加也会造成反照率降低。反照率的变化对降雪十分敏感，一旦有降雪事件发生，会迅速白化冰川表面，大大增加其反照率。

21世纪以来，受气温升高、降雪减少、积雪消融提前、消融期裸冰面积扩大、冰面吸光性物质含量升高以及雪层含水量增加、积雪粒径增大等因素的共同作用，冰川反照率呈下降趋势，由此造成消融强度增加，形成的正反馈作用，是冰川加速消融退缩的主要原因之一。

3.3.3 冰川反照率与物质平衡

基于冰川表面能量平衡的冰川物质平衡模型，被广泛应用于物质平衡的计算。该模型的基本原理和形式见2.2.1小节。已开展的模拟研究结果表明，太阳辐射为中低纬度地区山地冰川消融提供了75%的能量，其中对于大陆性冰川，这一比例高达80%~100%（Sun et al.，2014），对于海洋性冰川，这一比例略低，为50%~75%（Oerlemans and Knap，1998b；Andreassen et al.，2008；Huintjes et al.，2002）。由此可见，太阳辐射为冰川消融提供了主要的能量源，而冰川表面吸收的太阳辐射由太阳短波辐射和其表面反照率共同决定，因此，反照率大小直接影响冰川物质平衡水平（Jiang et al.，2010）。

由于反照率与物质平衡关系密切，近年来一些学者尝试通过遥感反照率的方法来计算冰川物质平衡（de Ruyter de Wildt et al.，2002；Dumont et al.，2012）。研究结果表明，当反照率达到最小时，冰川粒雪线高度达到最高，而粒雪线是冰川物质平衡线最好的指示器，因此可以通过建立年内最小反照率与当年物质平衡的统计关系，来估算冰川物质平衡。Greuell和Oerlrmans（2005）基于以上思路，利用AVHRR影像反演的冰川反照率估算了格陵兰K断面物质平衡，其结果诠释了过去13年71%的冰川物质平衡变化。他们还根据研究结果指出上述方法对于那些积累量较小的冰川有很好的适用性。Greuell 等

（2007）基于同一思路，利用 MODIS 反照率产品，估算了斯瓦尔巴岛地区 Kongsvegen 冰川和 Hansbreen 冰川 2000～2005 年的年均物质平衡，发现其结果与同期的实测值之间有高的相关性（分别为 0.94 和 0.82），他们同时发现，这种方法无法计算出物质平衡的绝对量值，对年内变化也存在低估现象。Brun 等（2015）采用了与 Greuell 等相同的方法与数据，重建了喜马拉雅山地区 Chhoya Shigri 冰川和 Mera 冰川 2000～2013 年的物质平衡序列，均得到了可信的结果。他们同时指出，该方法更适用于反照率存在明显季节变化的冰川上，且对于冬季积累型冰川的估算可信度更高。Wu 等（2015）也采用了同样的方法与遥感数据，估算了大冬克玛底冰川 2002～2012 年的物质平衡，发现其变化趋势与基于实测小冬克玛底的变化趋势一致，2006 年和 2010 年两个极低物质平衡年也有很好的对应。

3.4 吸光性物质及其对冰川消融的影响

大气中的吸光性物质对太阳辐射具有强烈的吸收作用，能够加热大气层，导致区域和全球变暖，加剧积雪和冰川消融。当大气中的吸光性物质通过干、湿沉降到雪冰表面之后，能够降低雪冰表面的反照率，促进雪冰表面对太阳辐射的吸收，进一步加速雪冰消融。因此，吸光性物质被认为是近期加速冰川消融的重要因素。吸光性物质主要包括黑碳（black carbon，BC）、棕碳（brown carbon，BrC）、矿物粉尘（mineral dust，MD）、生物质等，其中黑碳的吸光效率最高，约为粉尘的 50 倍，是火山灰的 200 倍。因此，本节主要关注黑碳和粉尘在全球雪冰中的时空分布及其对雪冰反照率效应和对冰川消融的影响。

3.4.1 全球冰川雪冰中黑碳含量的时空变化

黑碳主要是生物质和化石燃料（煤炭、石油）等不完全燃烧产生的无定型碳质，具有疏水性，粒径在 0.1～1μm，但能够与亲水性的有机碳和硫酸盐等通过内混或外混组成粒径更大的颗粒物，在大气中停留数天或数周后，通过干、湿沉降进入冰雪表面。目前，雪冰中黑碳含量的测量方法主要有光学估算方法、基于热光法的热光反射方法和热光透射方法，以及两步加热方法和单颗粒黑碳光度计方法。由于各种测量方法的原理不同，以及所检黑碳的物理、化学组分不尽相同，因此检测结果存在一定差异，甚至有数量级的差别。

南、北极地区雪冰中黑碳浓度的观测研究始于 20 世纪 80 年代，利用光学估算方法，Warren 和 Clarke（1990）测得 1986 年南极点附近雪中黑碳的平均浓度仅为 0.2ng/g；Clarke 和 Noone（1985）检测出 1983～1984 年北极地区积雪中黑碳的平均浓度为 25ng/g，最大值（127ng/g）出现在加拿大北部，最小值（4.3ng/g）出现格陵兰岛西南部；Doherty 等（2010）测得 2006～2009 年北极及其周边 1200 个雪冰样品中黑碳的平均浓度为 5ng/g，黑碳浓度中值在空间上的分布为格陵兰岛 3ng/g、北冰洋 7ng/g、加拿大极区 8ng/g、加拿大亚极区 14ng/g、斯瓦尔巴特群岛 13ng/g、挪威北部 21ng/g、北极地区俄罗斯西部 26ng/g、西伯利亚东北部 17ng/g；与 Clarke 和 Noone（1985）的研究结果相比，北极积雪中黑碳的平均浓度在 25 年间显著降低，这与北极地区近地表大气中黑碳浓度降低的趋势一致（Hirdman et al.，2010；Sharma et al.，2013）。基于热光学原理，Forsstrom 等（2013）检测了北极地区欧洲部分斯堪的纳维亚半岛、斯瓦尔巴特群岛和弗拉姆海峡雪冰中黑碳的浓度，分别为 40～80ng/g（积雪）、11～14ng/g（积雪）和 7～42ng/g（海冰）。

北美高山区冰川和积雪中黑碳浓度的研究主要集中在美国喀斯喀特山脉及周边区域。基于光学估算法，Grenfell 等（1981）首次报道了中纬度高山区积雪中黑碳的浓度，即 1980 年春季该区表层积雪中黑碳的浓度为 22～59ng/g。Clarke 和 Noone（1985）发现 1983 年春季奥林匹克半岛飓风山新雪中黑碳含量高于老雪中的含量，分别为 18.5ng/g 和 11～15.4ng/g；1991 年奥林匹斯山表层积雪中黑碳的浓度为 27ng/g。Kaspari 等（2015）利用单颗粒黑碳光度计检测 2012 年的积雪黑碳浓度为 54ng/g。Hadley 等（2010）利用热光法测得 2006 年 2～4 月内华达山脉积雪中黑碳的浓度为 1.7～12.9ng/g。在南美科迪勒拉–布兰卡山脉，Schmitt 等（2015）利用热光法检测出该区冰川表雪中黑碳的浓度为 2～70ng/g，浓度差异反映了冰川与人类活动区距离的远近。在阿尔卑斯山地区，1989～1997 年冬季积雪中黑碳的浓度范围为 34～280ng/g，1992 年春季积雪中黑碳浓度为 235～826ng/g（热光法）。

人类活动排放的黑碳具有极强的稳定性，其经过大气传输到冰川区后能够在雪冰中保存下来。因此，冰芯中黑碳的浓度记录很大程度上反映了人类活动的排放量。在工业化以前，黑碳主要来源于生物量燃烧。例如，南极 Byrd 站冰芯中黑碳的浓度在全新世早期突然增加，这可能是因为全新世早期生物量的增长、可燃烧物质量的增加以及人类活动诱发的森林、灌木和草地的大火所致。格陵兰冰芯记录了近 200 年来北极地区黑碳的沉降趋势：工业化前冰芯中黑碳的浓度仅为 1.7ng/g，随着煤炭等化石燃料在工业化中的大量使用，全球黑碳的背景值显著升高，1910 年冰芯中黑碳的浓度比工业化前增长超过 6 倍，达到 12.5ng/g；随后至 20 世纪 40 年代末期出现波动的降低趋势；1950 年后，由于清洁燃料的使用和燃烧效率的提高，冰芯中黑碳的浓度大幅降低。从工业化前至今，欧洲阿尔卑斯山多支冰芯中黑碳浓度出现峰值的时间虽然不完全一致，但一直保持增长的趋势。南极多支冰芯中黑碳的浓度在 1980 年之前一直很稳定，但在 1980～2000 年有微弱升高。

3.4.2 中国西部冰川吸光性物质的时空分布

近 10 年来，在中国西部及周边冰川区逐步开展了雪冰中黑碳的浓度水平和历史变化的研究工作。Xu 等（2006）首次检测了采集自青藏高原不同区域冰川的雪冰样品，利用两步加热法检测出该区雪冰中黑碳的平均浓度为 41.2ng/g；除帕米尔区域外，冰川表雪中黑碳的浓度从东向西、自北向南呈现出明显的降低趋势。Ming 等（2013）综合了亚洲高海拔 18 条冰川雪冰中黑碳浓度的资料，得出该区雪冰中黑碳的平均浓度为 47ng/g，与北极地区和美国西部高山区的黑碳浓度相当，但远低于中国北部等重工业区积雪中的浓度值；青藏高原雪冰中黑碳的浓度主要取决于冰川的海拔（海拔越高，黑碳浓度越低）、上风区黑碳的排放、降水和表面消融程度等。随着雪冰的消融，黑碳能够在雪冰表层发生富集，加剧冰川消融（Xu et al.，2012）。研究发现，乌源 1 号冰川、木吉冰川、小冬克玛底冰川、扎当冰川和玉龙雪山白水 1 号冰川新降雪中黑碳的平均浓度（基于热光法测得）分别为 27ng/g、25ng/g、42ng/g、52ng/g 和 41ng/g；当冰川发生消融时，黑碳在冰川表层富集，其浓度可以高出一个数量级，即上述 5 个冰川的黑碳含量分别可达 250～500ng/g、730ng/g、247ng/g、258ng/g 和 520ng/g（Li et al.，2017；Niu et al.，2017；Xu et al.，2012；Qu et al.，2014；Yang et al.，2015）。

冰芯是研究气候环境历史记录的有效载体，能够揭示研究区大气污染物的历史变化，已在青藏高原冰川得到广泛应用。Xu 等（2009）分析了青藏高原慕士塔格、东绒布、宁金岗桑、唐古拉和左丘普等 5 支冰芯中黑碳的浓度，发现冰芯中黑碳浓度主要受气候及排放源影响，除左丘普冰川外，其余冰川受欧洲排放的影响，在 20 世纪 50 年代的黑碳浓度均非常高；而 1970～1989 年的黑碳浓度降低则归因于欧洲减排政策的实施；20 世纪 90 年代起，青藏高原中部、南部冰芯中黑碳浓度增加，主要是由于南亚黑碳排放量增大。同时，季风期与非季风期黑碳浓度差别也较为显著，这主要是由南亚季风期降水量大而非季风期大气污染严重（大气棕色云）盛行造成。Ming 等（2008）和 Kaspari 等（2011）对珠峰东绒布冰芯黑碳含量的测定也表明，受南亚和中东排放量增大的影响，黑碳含量在 1975～2000 年急剧增长，且南亚排放的黑碳能传输到喜马拉雅高海拔地区。除了冰芯之外，Cong 等（2013）检测了青藏高原中部纳木错湖泊沉积物中黑碳的浓度，重建了 150 年以来黑碳的历史沉积记录，发现纳木错湖泊沉积物中黑碳浓度从 1960 年开始显著增加，近 10 年来增加了约 2.5 倍。

全球粉尘源区（如亚洲中部）以其广阔的面积及所提供的大量矿物粉尘通过长距离传输沉降到三极地区，并显著地导致雪冰反照率降低，近年来受到科学家的高度重视。目前，青藏高原及周边地区雪冰粉尘研究主要涉及粉尘浓度通量水平的时空格局、理化性质（粒径大小、形貌、化学成分）及来源等方面的研究。两极地区（如北极 Penny 冰帽、Devon 冰帽、Greenland Summit 等、南极 Dome A、Dome C 等）雪冰中粉尘的平均浓度都很低，即显著低于亚洲内陆的干旱区及青藏高原高海拔冰川区（Dong et al.，2009）。我国西部 13 条冰川雪坑中粉尘的质量浓度表现为北高南低的空间分布格局（Xu et al.，2016）。相似地，青藏高原西北部和中部冰芯中粉尘的质量浓度比南部冰芯分别高 2～10 倍和 5 倍。总之，三极地区雪冰中的粉尘均表现出明显的空间差异，主要受周边及全球粉尘源区沙尘活动长距离传输的影响。

过去 500 多年以来，青藏高原北部的敦德冰芯（刘纯平，1999）、古里雅冰芯（姚檀栋，1997）、马兰冰芯（王宁练等，2006）、各拉丹冬冰芯（Zhang et al.，2015）中的粉尘浓度在 1750～1850 年有上升的趋势，在 20 世纪有下降的趋势；而南部的冰芯却相反。南部的达索普冰芯和东绒布冰芯在 19 世纪初粉尘浓度较低，20 世纪初粉尘浓度开始升高（Kaspari et al.，2009；Xu et al.，2010）。通过对比青藏高原冰芯记录的粉尘含量变化与相关古气候记录发现，温度变化、大气环流、下垫面变化和大气湿度等可能是控制高原大气粉尘变化的主要因子（姚檀栋，1997；Kang et al.，2003，2010；Zhang et al.，2015）。

3.4.3 吸光性物质的雪冰反照率效应及其辐射强迫

20 世纪 80 年代初，已有学者在北极开展黑碳的雪冰反照率效应的观测实验。Hansen 和 Nazarenko（2004）最先评估了全球雪冰中黑碳的辐射强迫为 0.16W/m²，2005 年为 0.08W/m²；Flanner 等（2007）计算了全球雪冰中黑碳的辐射强迫，1998 年北方强燃烧年为 0.054W/m²，2001 年弱燃烧年为 0.049W/m²。Bond 等（2013）综合分析以前的研究结果，预测目前全球雪冰中黑碳的辐射强迫为 0.08W/m²。青藏高原雪冰中黑碳的平均辐射强迫达到 2.9W/m²，是全球陆地积雪中辐射强迫的 3 倍，春季平均辐射强迫甚至会超过 10～15W/m²。

基于亚洲高海拔冰川区实测的黑碳浓度数据，Kopacz 等（2011）模拟出该区雪冰中黑碳的辐射强迫为 4～16W/m²，冬季出现较小值，为 3～11W/m²；Ming 等（2013）计算出了由黑碳导致该区冰川表面反照率降低了 0.04～0.06，年平均辐射强迫为 5.7W/m²。在喜马拉雅南坡梅乐峰（Mera Peak）冰川，黑碳在冬春季节导致雪冰反照率降低 0.06～0.1，辐射强迫高达 75～120W/m²；在青藏高原中部的扎当冰川，粒雪中黑碳对降低冰川表面反照率的贡献最大，辐射强迫为 6.3W/m²；在青藏高原最西端的木吉冰川，新雪中黑碳的辐射强迫约为 2.2W/m²，老雪中黑碳的辐射强迫甚至达到 18.1～20.4W/m²（Yang et al.，2015）。在喜马拉雅北坡东绒布冰川，2001 年夏季黑碳的月平均辐射强迫超过 4.5W/m²（Ming et al.，2008）；藏东南冰芯中黑碳的辐射强迫从 1956 年的 0.75W/m² 上升到了 2006 年的 1.95W/m²（Wang M et al.，2015）。位于青藏高原中部的小冬克玛底冰川，新雪中黑碳的辐射强迫约为 6.69W/m²，老雪中黑碳的辐射强迫可达 12.4W/m²（Li et al.，2017）。

此外，雪冰中的粉尘也能够降低反照率，增强对太阳辐射的吸收，加速雪冰消融，进而影响冰川径流。例如，由于 1995 年 5～6 月唐古拉山的冬克玛底冰川表面沉降了大量的粉尘，在相对低温的情况下仍然观测到了冰川的剧烈消融。之后，Fujita（2007）利用冰川物质平衡模型，分析得出陆源粉尘与冰川反照率和冰川融水径流具有显著的正相关关系，揭示出粉尘对冰川消融的影响。通过分析阿尔卑斯山地区的莫特拉奇（Vadret da Morteratsch）冰川冰舌末端的观测资料，Oerlemans 等（2009）发现粉尘的积累不但能直接降低冰面反照率，还能够促进冰川藻类的生长，进一步降低冰面反照率，加速冰川消融。当冰川表面为附加冰时，粉尘导致冰川表面反照率降低了 0.02，辐射强迫为 8.6W/m²（Qu et al.，2014）。小冬克玛底冰川新雪和老雪中粉尘产生的辐射强迫分别为 0.77W/m² 和 6.30W/m²（Li et al.，2017）。

冰川表面来自生物的有机质也是降低雪冰反照率和加速雪冰消融重要因素。冰川表面生物有机质主要包括雪生藻类、显微动物群、昆虫以及细菌等，分类上属于生存在极端严寒环境下的生物种群，这些有机质在冰川上形成了球形的棕色球形状粉尘颗粒物（冰尘）（Takeuchi et al.，2001）。例如，Takeuchi 和 Li（2008）研究发现，乌源 1 号冰川夏季消融期裸冰表面大部分被棕色冰尘所覆盖，冰尘数量与冰川消融区表面反照率之间存在显著的负相关关系，且冰尘中含有较高的有机成分，这些有机成分的增长与冰川消融有密切关系

（Takeuchi and Li，2008；Stibal et al.，2012）。类似地，在我国祁连山七一冰川也发现冰川表面的冰尘至少有两种能够自发荧光的蓝细菌覆盖在其表面，由于冰尘颜色较深、体积较大，因而对冰川表面反照率降低产生显著影响（Takeuchi et al.，2005）。

3.4.4 吸光性物质对冰川消融的定量评估

目前，学者主要通过计算冰川表层吸光性物质对反照率和辐射强迫的影响，耦合到冰川物质能量平衡模型中，从而评估吸光性物质对雪冰消融的影响。Yasunari 等（2010）利用喜马拉雅山南坡金字塔站大气中的黑碳浓度数据，估算了季风期前亚拉冰川表层黑碳的干沉降通量，得出雪冰中的黑碳导致冰川表面反照率下降了 0.02 ~ 0.05，并指出若这种影响持续，冰川融水年径流量将会增加 70 ~ 204mm。Ginot 等（2014）根据喜马拉雅山南坡 Mera 冰川冰芯中黑碳和粉尘的浓度数据，计算出黑碳导致冰川年均消融 342mm，黑碳和粉尘共同作用导致冰川年均消融 713mm，对冰川年消融量的贡献分别小于 16% 和 26%。Li Y 等（2016）根据青藏高原东北部老虎沟 12 号冰川消融期冰川表层雪冰中黑碳和粉尘的浓度，评估出 2013 ~ 2014 年 7 ~ 8 月黑碳导致冰川消融 122mm，黑碳和粉尘共同作用导致冰川消融 228mm，分别为其总消融量的 22% 和 19%。Painter 等（2013）研究发现，欧洲阿尔卑斯山脉 19 世纪中期冰川急剧退缩与降水和气温组合关系不明显，但与当时西欧黑碳排放的急剧增强相对应。20 世纪早期，雪冰中黑碳产生的地表辐射强迫可以达到 9 ~ 22W/m²，其导致冰川年均消融量增加了 900mm，欧洲小冰期的提前结束。Gabbi 等（2015）根据该区 Claridenfirn 冰川冰芯中黑碳和粉尘的浓度，评估出 1914 ~ 2014 年黑碳和粉尘导致年均反照率降低了 0.04 ~ 0.06，物质平衡减少了 280 ~ 490mm，年均消融量增加了 15% ~ 19%。Schmale 等（2017）依据观测与模拟，评估了中亚 5 条冰川的黑碳和粉尘对冰川消融的贡献，可达 6.3%，即可导致每年 70mm 的冰川消融。总之，不同区域吸光性物质对冰川消融的影响程度有差异，但近年来的研究发现，不断增加的吸光性物质（包括人类排放的增加和冰川消融导致的富集）加速了冰川的消融，在有些区域甚至达到了冰川消融的一半以上。

3.5 大气 0℃ 层高度对物质平衡的影响

3.5.1 大气 0℃ 层高度

根据气温的垂直递减率，当地面气温大于 0℃ 时在自由大气中存在着温度为 0℃ 的等温面。这一等温面高度（即 0℃ 层高度或冰冻层高度）的变化直接影响着高海拔冰川的消融过程，改变了降水的相态与雪冰表面的反照率（Diaz and Graham，1996；Diaz et al.，2003；Bradley et al.，2009）。在中国西部开展的一些研究也发现，大气 0℃ 层高度的升高会使冰川退缩、积雪减少（Zhang and Guo，2011），进而对区域水文水资源产生影响

（Zhang et al.，2010；Chen et al.，2012；Dong et al.，2015；强芳等，2016）。

目前，获取大气0℃层高度主要有3种途径，即通过探空资料、再分析资料与遥感资料获取。探空资料被认为可以较好地反映大气温度、湿度、风等气象指标在垂直剖面上的变化，但是，将大规模的探空气球释放成本较高，在气象监测网络中探空站的分布比不开展探空业务的气象站要稀疏得多。再分析资料有着较好的空间连续性，但是其数据可信度需要实测数据的验证，尤其是在长时间序列的趋势分析中。遥感资料反演大气0℃层高度则会面临监测时间段有限的问题，这使得研究的时间序列达不到预期的要求。因此，在实践中可以结合多种资料来分析大气0℃层高度的变化情况。

3.5.2 大气0℃层高度与地面气温的关系

Wang S J等（2014）采用1971～2010年NCEP/NCAR再分析资料与气象站探空资料分别计算了高亚洲地区夏季大气0℃层高度的时空变化（图3-16）。由再分析资料和探空资料得到的夏季大气0℃层高度空间分布格局较为一致，即随着纬度的降低，0℃层高度呈升高趋势，且在青藏高原出现了明显的高值区。在喜马拉雅山，大气0℃层高度在5500m以

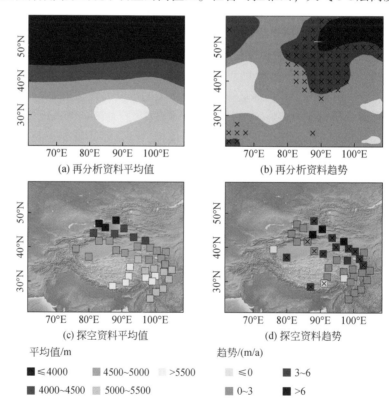

图3-16 1971～2010年高亚洲地区夏季大气0℃层高度平均值与趋势的空间分布

×表示通过0.05水平显著性检验

上，而在北部的阿尔泰山 0℃层高度大约为 3000m。夏季大气 0℃层高度的线性趋势采用非参数的 Sen 斜率（Sen，1968），并利用去趋势预置白方法（Yue and Wang，2002；Yue et al.，2002）进行显著性检验以去除时间序列的自相关。无论是再分析资料还是探空资料都表明，夏季大气 0℃层高度呈上升趋势。根据 NCEP/NCAR 再分析资料，60°E ~ 110°E，20°N ~ 60°N 范围内的绝大部分区域（87%）倾向率表现为正值，尤其是较高纬度的区域。其中，29% 的区域通过了 0.05 水平的显著性检验，主要分布在阿尔泰山、天山东部与祁连山西部。青藏高原西部边缘表现出了略微下降的趋势，但没有通过显著性检验。上述格局在探空站记录中也可以得到印证，92% 的站点表现出了升高趋势，其中 41% 显著上升（$p < 0.05$）。

为了研究大气 0℃层高度与不同海拔气温的关系，Wang S J 等（2014）选取了几个典型区域，即喀什、乌鲁木齐、酒泉和张掖（图 3-17）。站点选取标准包括以下 3 个方面：①在距离中心的探空站 150km 范围内，有不少于 3 个地面气象站（含探空站本身）；②所选地面气象站间的最大海拔差不少于 2000m；③在距离最高地面气象站 100km 范围内有冰川分布。虚线圈表示距离中心探空站 150km 范围，蓝色表示冰川位置。总体而言，探空站大气 0℃层高度与本身地面气温的相关系数低于其与邻近山区气温的相关系数。以乌鲁木

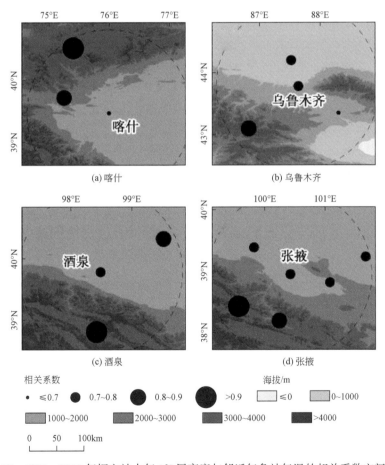

图 3-17　1971 ~ 2010 年探空站大气 0℃层高度与邻近气象站气温的相关系数空间分布

齐为例，乌鲁木齐海拔为935m，邻近的4个站点海拔为441～3540m，海拔最高的大西沟距离乌源1号冰川仅为7km，随着海拔的升高，地面气温也在明显降低。在海拔最低的蔡家湖，大气0℃层高度与地面气温的相关系数为0.71（$p<0.01$），而在大西沟这一相关系数却为0.85（$p<0.01$），这表明山区气温与自由大气具有更好的一致性。

从全球范围来看，在高海拔地区，地面气温与自由大气温度的相关性虽然受地形影响，但是总体仍表现出较好的相关性（Pepin and Seidel，2005），比起探空站所在的平原地区，大气0℃层高度往往与邻近高海拔地区的地面气温相关性更好，大气0℃层高度可以用来反映邻近山区乃至高海拔冰川区的气温状况。诚然冰川区的气象监测不可忽视，但是对中国西部分布的大量现代冰川而言，这些区域人迹罕至，已有的监测网络仍是极为匮乏的。探究大气0℃层高度与山区气温的关系，为评估冰川区气温的变化提供了有益的思路。

3.5.3　大气0℃层高度与冰川物质平衡的关系

基于WGMS在高亚洲地区的监测，Wang S J等（2014）选取了11条具有较长物质平衡监测记录的参照冰川，其中3条位于阿尔泰山，6条位于天山，两条位于青藏高原（表3-7）。由于再分析资料具有较好的空间连续性，而现有探空站距冰川的距离不等，这会影响数据可靠性，因此采用NCEP/NCAR资料将大气0℃层高度插补到所选的参照冰川位置进行分析。表3-7反映了各冰川物质平衡与夏季大气0℃层高度的相关性，相关系数普遍为负值且小于-0.5（除天山西部的Golubin冰川外），祁连山的七一冰川相关系数达到-0.80。夏季大气0℃层高度每升高10m会导致冰川物质平衡减少21～38mm（除Golubin冰川外），且绝大多数通过了0.01水平的显著性检验。冰川强烈亏损的年份往往对应着大气0℃层高度的高值，以阿尔泰山的No.125（Vodopadni）冰川为例，监测到的物质平衡最低值（-980mm）出现在1998年，而该年的大气0℃层高度为3784m，比多年平均值（3468m）高了316m，其他冰川也可找到类似的情况。表3-7还列出了0℃层高度与零平衡线高度的关系情况，夏季0℃层高度与平衡线高度普遍表现为显著的正相关，但相关系数比物质平衡的略小，大气0℃平衡线高度每升高10m，平衡线高度会升高3.1～9.8m。

表3-7　冰川物质平衡和平衡线高度与夏季0℃层高度的线性回归结果

序号	冰川	物质平衡与0℃层高度			平衡线高度与0℃层高度		
		斜率/（mm/m）	r	n	斜率/（m/m）	r	n
1	瓦德帕德尼 No.125（Vodopadniy）	-2.1**	-0.75	33	0.52**	0.62	30
2	列维阿卡特鲁（Leviy Aktru）	-2.4**	-0.75	33	0.57**	0.70	33
3	玛丽依阿卡特鲁（Maliy Aktru）	-2.6**	-0.65	39	0.68**	0.62	39
4	舒姆斯基（Shumskiy）	-3.8**	-0.55	21	0.42**	0.58	19
5	乌源1号冰川	-3.8**	-0.72	40	0.77**	0.65	40
6	图尤克苏（Ts. Tuyuksuyskiy）	-2.9**	-0.61	40	0.64**	0.53	40

序号	冰川	物质平衡与0℃层高度			平衡线高度与0℃层高度		
		斜率/(mm/m)	r	n	斜率/(m/m)	r	n
7	格鲁宾（Golubin）	−0.7 *	−0.48	24	0.34 **	0.58	23
8	卡拉巴特卡克（Kara-Batkak）	−2.8 **	−0.66	28	0.31	0.34	23
9	阿布拉莫夫（Abramov）	−2.2 **	−0.68	28	0.49 **	0.71	27
10	七一冰川	−2.6 **	−0.80	15	0.98 *	0.59	16
11	小冬克玛底冰川	−2.8 **	−0.59	22	0.71	0.48	16

* 通过了 0.05 水平的显著性检验；** 通过了 0.01 水平的显著性检验。

冰川的消融和积累不仅受到气温的影响，降水的变化也会对其有重要作用。整体而言，夏季降水量占年降水量比例较低的区域，冰川物质平衡和大气0℃层高度回归方程的斜率较小，即表现出相对较低的气候敏感性。天山西段的 Abramov 冰川和 Golubin 冰川，冬季降水比例相对较大，因而回归方程的斜率比天山东段冰川的要小得多。

冰川的消融和积累过程受到水热条件的综合作用，随着夏季大气0℃层高度的升高，地面气温处于0℃以上情况的发生频率在升高，这在高海拔冰川区会直接导致冰体的消融。除了这一直接的热力因素外，因大气温度升高导致的冰川表面反照率变化也不容忽视。积雪是否存在及其物理性质是影响冰面反照率和净辐射平衡的重要条件，新雪的反照率一般较高，这可以使得冰川积累增强或消融减弱，而高海拔升温则增强了雪冰的反馈，导致固态降水减少，冰川表面反照率增大。之前在天山乌源 1 号冰川的研究（Li et al.，2011）表明，因冰川消融区扩大、粒雪结构粗糙化、微生物快速繁殖等因素造成的冰川表面反照率降低是其加速消融的重要机制之一。从冰川物质平衡和大气0℃层高度回归方程的斜率可以发现，夏季降水比例较少的冰川往往表现出较弱的敏感性，即在这些区域夏季并非是冰川补给的主要时段。例如，天山山脉的西段。但在我国的大部分冰川区，夏季降水仍占到年降水量的一半以上，夏季0℃层高度变化会对区域冰川水资源产生深远影响。

第4章 冰川变化动力学模拟预测和控制因素

4.1 引　　言

冰川动力学模型是基于冰川流变定律、质量和动量守恒方程建立的物理模型，是国际上公认的模拟预测冰川对气候变化响应的主要工具。冰川动力学模型以冰川的物质平衡、形态参数、流变参数为输入，不仅能够模拟冰川过去的变化过程，而且可以预测冰川在给定未来气候情景下的动态响应。

在冰川动力学模式构架中，物质平衡是重要输入参数，冰川物质平衡模型是其主要研究内容之一。动力学模式以物质平衡为驱动，通过物质平衡参量实现冰川几何形态与气象要素的关联。本章通过冰川动力模式与物质平衡模型的耦合，对中国境内资料完备的 4 条参照冰川开展模拟预测研究，并结合国际上其他区域的研究成果，分析山地冰川未来变化过程及主要控制因素。

4.1.1 研究冰川概况

（1）天山乌鲁木齐河源 1 号冰川

乌鲁木齐河源 1 号冰川位于中国天山中段乌鲁木齐河源、亚洲中部中心地带；目前面积为 1.67km²，长度约为 2km，东北朝向，由东、西两支组成（1993 年分离），属典型大陆性冰斗–山谷冰川。乌源 1 号冰川东支的面积十分接近中国第二次冰川编目公布的中国与天山的冰川平均面积（1.07km² 与 0.907km²）；冰川海拔为 3743～4484m，覆盖全国与天山地区冰川的平均海拔（3974～4321m 与 3820～4245m），因此可以认为乌源 1 号冰川在面积和海拔上均具良好区域代表性。作为我国监测时间最长、资料最为系统的冰川，乌源 1 号冰川是 WGMS 网络中唯一的中国参照冰川，跻身全球重点观测的 10 条冰川之列，也是世界上观测历史逾 50 年的少数几条冰川之一。对比乌源 1 号冰川物质平衡变化序列与 WGMS 提供的世界冰川物质平衡标准曲线（依据全球 40 条参照冰川观测资料绘制），可以发现二者的变化规律与幅度均极为相近，表明通过研究乌源 1 号冰川，可以揭示全球山岳冰川的平均物质平衡变化情况。半个多世纪以来，围绕该冰川及乌鲁木齐河源区的观测研究，在揭示山地冰川及冰冻圈其他要素普遍规律以及中国西北乃至亚洲中部干旱区山区水资源形成与演化等研究中起到了重要作用，成为国内外其他地区冰川学研究的良好参照和典范。研究成果对我国冰川学的发展起到了关键作用，填补了国际冰川学中对于大陆性冰川研究的诸多空白（李忠勤，2011b；Li et al.，2011）。

（2）天山托木尔峰青冰滩 72 号冰川

青冰滩 72 号冰川简称"72 号冰川"，又称"神奇峰冰川"，位于天山最大的冰川发育中心汗腾格里—托木尔峰地区。该区山体宽大高峻，其中海拔 4000m 以上的山体面积约占 60%，有利的地形阻挡了大量西风环流带来的温暖水汽，为冰川发育提供了优越的物质和低温条件，形成的众多规模大、雪线高、冰舌末端低、动力作用强的大型树枝状复式山谷冰川（也被称为"土耳其斯坦型"或"托木尔型"山谷冰川），占该地区冰川总面积的 81% 以上。72 号冰川朝向南，由两条冰斗冰川在海拔 4200m 处汇流而成，属于典型复式山谷冰川，在本区具有良好的代表性：①冰川规模大、雪线高、顶末高差大。目前冰川面积为 5.8km²，长度约为 6.2km，粒雪线高度为 4300m 左右，最高海拔达 5707m，而末端海拔仅为 3792m，本区 89% 的冰川介于这一海拔范围。②冰川上部海拔高、冰温低，具有典型大陆性冰川的特征。冰川下部海拔低、冰温高，消融区活动层以下冰温接近融点，具有海洋性冰川的特征。③冰川雪（冰）崩补给为主，动力作用强劲，运动速度快。④冰舌厚度较薄，表碛分布广泛，消融强烈。

72 号冰川作为托木尔地区的参照冰川，于 2008 年开始对其进行长期定位观测，观测内容包括冰川物质平衡、冰川厚度、冰温、运动速度以及冰川水文气象等。观测发现，该冰川表面运动速度高达 70m/a（Wang et al.，2011），运动补给强烈，动力学作用不可忽视。冰舌末端由于海拔较低，消融强烈，厚度较薄，对升温的抵御能力弱。与乌源 1 号冰川相比，该冰川的消融要强得多，并具有海洋性冰川某些特征，对气候变化十分敏感。冰川所处的阿克苏河，冰川融水占河川径流的比率很高，平均在 40% 以上，是塔里木河主要的水源地。

（3）天山哈密庙尔沟冰帽

庙尔沟冰帽，又称为"庙尔沟喀尔勒克塔平顶冰川"，位于中国天山最东段哈尔里克山南坡。2005 年该冰川面积为 3.45km²，海拔为 3840 ~ 4512m，东西向较长，属非规则冰帽形态。冰川表面平整，坡降极缓，少见裂隙与冰面河道，末端无表碛覆盖，冰川温度低（末端底部冰温为 -8.3℃）。该冰川地处新疆东部极端干旱区，四周多为低山荒漠戈壁。该区大陆性气候显著，受西风气流和蒙古-西伯利亚气流的影响，年降水量多集中于夏季。

对庙尔沟冰帽的观测始于 2004 年（李忠勤等，2007），内容包括冰川物质平衡、冰川厚度、温度、面积和运动速度等。2005 年在冰帽顶部钻取两支 60m 透底冰芯。哈密地区共有冰川 151 条，其中 81.4% 为面积 1km² 以下的小冰川，形态上多为悬冰川；面积大于 2km² 的冰川有 9 条，平均面积为 3.58km²。因此，庙尔沟冰帽对该区域大冰川具有一定代表性。另外，1972 ~ 2005 年哈密地区冰川面积缩减率为 10.5%，庙尔沟冰帽的面积减少 9.9%，低于同期新疆其他冰川区冰川的面积变化率。

（4）祁连山十一冰川

十一冰川，因中国科学院天山冰川观测试验站 2010 年 10 月开始对其定位观测而得名。冰川位于祁连山中段北坡，黑河上游葫芦沟流域，该流域受大陆性气候影响显著，高寒阴湿、昼夜温差大、气温低。目前十一冰川面积为 0.48km²，海拔介于 4320 ~ 4775m，最大厚度为 70m，朝向为正北。冰川由东、西两支组成，东支为悬冰川，西支为小型山谷型冰川。黑河流域和整个祁连山目前冰川平均面积分别为 0.30km² 和 0.60km²，多为悬冰川或小型山谷冰川，因而十一冰川在面积和形态方面均能很好地代表祁连山区冰川平均状况，在全国范围内也可作为小型冰川的参照代表。2010 年 10 月至今，对十一冰川开展的观测包括冰川物质平衡、冰川表面运动速度、冰川厚度及冰川温度等。

4.1.2 动力学模式种类

（1）频率响应理论模型

Nye 在 20 世纪 60 年代提出的频率响应理论模型经几次完善已成为一套完整的动力学模型理论体系（Nye，1960，1965）。假设物质平衡对冰川系统具有三种扰动形式：瞬时扰动、阶段性扰动及频率波扰动。据此可构建三种函数形式，将其代入连续性方程及流动方程中可推导得到冰川形态对物质平衡变化的动力学响应曲线。研究发现，物质平衡扰动的频率波理论最具实际意义，频率响应理论模型便由此而来。该模型在各种冰川物理参数间建立了详细的数学关系，具有很强的理论研究价值。

（2）剖面形状因子模型

剖面形状因子（factor of profile）是 1989 年 Jóhannesson 等提出的参数概念。剖面形状因子模型以冰川动力学及质量守恒原理为基础，用来计算冰川达到稳定状态时所需的时间及届时冰川几何形状等。模型中的关键参数"剖面形状因子"可以作为冰川对气候变化响应阶段的指示参数。由于该模型架构中不直接出现动力计算部分，在实际应用中常被当作一种几何模型。

（3）冰流模型

始于 20 世纪 70 年代的冰流模型，以物质平衡变化为输入，以冰川厚度随时间的变化为输出结果。模型假设冰川运动的驱动力为重力，冰川冰是不可压缩的非牛顿流体，利用物质守恒方程、动量守恒方程、运动方程及物理方程（本构方程），模拟构建冰川内部应力与应变场，最终达到求解冰川几何形态变化的目的。冰流模型具有不同简化程度与维度的应用，并且与热力学、大地平衡构造学及冰川物质平衡模型等相耦合的模型系统也已经比较成熟。

全分量冰流模型（full-stokes ice flow model）考虑了包括剪切应力与法向应力的所有应力，适合解决非线性问题和不规则流体运动，但目前尚无获取完整解析解的方案，同时数值求解极为复杂。因此，不同思路下各种简化模型应运而生，常用的包括：浅冰近似冰流模型（shallow ice approximation，SIA）与高阶近似冰流模型（higher-order ice flow model）。这两种模型在本书中均有应用。

4.2 模 型 构 建

本章研究所用的模型为高阶近似冰流模型和浅冰近似冰流模型（SIA）。在对 Navier-Stokes 方程简化中，高阶冰流模型仅仅忽略了垂向阻滞力，因此几乎无地形约束，能够处理边界层压力导致的底部滑动和冰内温度的影响，适用于山地冰川的模拟预测，但模型没有解析解，对参数的要求较高。

SIA 冰流模型对 Navier-Stokes 方程作零阶近似，这就简化了纵向应力。经过 SIA 处理的冰流模型只包含两个应力分量，有效简化了模型架构与算法设计。但模型受地形约束，只有对其进行改良之后才适用于山地冰川研究（李慧林等，2007）。该模型有解析解，是目前国际上应用最为广泛的简化方案，有较长的研究历史和较为丰富的研究资料（Oerlemans et al.，1998a；Sugiyama et al.，2007；Vincent et al.，2004；Aðalgeirsdóttir et al.，2006），利用该模型进行研究便于与国外众多的研究结果进行比较。

以下将介绍高阶冰流模型与 SIA 冰流模型的基本原理与构架。为方便读者理解，本书提供了全分量冰流模型的部分理论信息。

4.2.1 全分量冰流模型

（1）基本方程

质量守恒方程（假定冰川冰不可压缩）：

$$\frac{\partial v_x}{\partial x}+\frac{\partial v_y}{\partial y}+\frac{\partial v_z}{\partial z}=0 \tag{4-1}$$

式中，v_x、v_y、v_z 分别为速度向量 v 在 x、y、z 3 个方向的分量。

动量守恒方程组（Navier-Stokes 方程）：

$$\frac{\partial \tau_{xx}}{\partial x}+\frac{\partial \tau_{xy}}{\partial y}+\frac{\partial \tau_{xz}}{\partial z}=0 \tag{4-2a}$$

$$\frac{\partial \tau_{xy}}{\partial x}+\frac{\partial \tau_{yy}}{\partial y}+\frac{\partial \tau_{yz}}{\partial z}=0 \tag{4-2b}$$

$$\frac{\partial \tau_{xz}}{\partial x}+\frac{\partial \tau_{yz}}{\partial y}+\frac{\partial \tau_{zz}}{\partial z}=\rho g \tag{4-2c}$$

式中，$\tau_{ij}(i, j=x, y, z)$ 为施加在冰上的应力分量；g 为重力加速度；ρ 为冰川冰密度。

本构方程（Glen's Law）：

$$\dot{\varepsilon}_{ij}=A(T^*)\tau_*^2\tau'_{ij} \tag{4-3}$$

式中，$\dot{\varepsilon}_{ij}$ 为应变率；τ_* 为应力第二不变量；τ'_{ij} 为偏应力分量；T^* 为经过压熔点修正的冰川温度；$A(T^*)$ 为流动参数，可通过下式计算（Hooke，1981）：

$$A(T^*)=m\left(\frac{1}{B_0}\right)^n \exp\left[-\frac{Q}{RT^*}+\frac{3C}{(T_r-T^*)^K}\right] \tag{4-4}$$

$$T^*=T+\beta P \tag{4-5}$$

式中，m 与 K 为待定系数；B_0 与 C 为流动参数；Q 为冰的蠕变激活能；n 为本构方程中应力的阶数（$n=3$）；T_r 为三相点温度（$T_r=273.39$ K）；R 为气体常数；T 为冰川温度；β 为压力对消融影响参数；P 为冰的重力在某点产生的压强。

物理方程（或几何方程）：

$$\dot{\varepsilon}_{ij} = \frac{1}{2}\left(\frac{\partial v_i}{\partial x_j} + \frac{\partial v_j}{\partial x_i}\right) \tag{4-6}$$

综合来看，模型中由 15 个偏微分方程求 15 个未知量（6 个应力分量、6 个应变率分量及 3 个速度分量）。获得速度场后可代入连续性方程求解冰川厚度 H 的变化：

$$\frac{\partial H}{\partial t} = -\nabla \cdot (\bar{v}H) + \bar{B}_S - \bar{M}_B \tag{4-7}$$

式中，$\bar{v}$ 为某一点纵深平均流速；t 为时间；$\bar{B}_S$ 为冰川表面物质平衡；$\bar{M}_B$ 为底面消融量。

（2）常用附加模块

冰川运动并非独立的冰物质形变过程，而是（必然地）与能量迁移及转化相伴随，两种过程互为正反馈。具体来说，冰川由外界获取的能量越多，内能越大，则冰晶黏性越小，形变就越迅速；反过来运动速度越快，摩擦生热越多，则越有助于冰川温度的升高。这种反馈机制的模拟需要将冰川内部能量平衡方程［式（4-8）］与冰流模型相耦合。

$$\rho\, c_p \frac{\partial T}{\partial t} = k_i\left(\frac{\partial^2 T}{\partial x^2} + \frac{\partial^2 T}{\partial y^2} + \frac{\partial^2 T}{\partial z^2}\right) - \rho\, c_p\left(v_x\frac{\partial T}{\partial x} + v_y\frac{\partial T}{\partial y} + v_z\frac{\partial T}{\partial z}\right) + 2\,\dot{\varepsilon}\tau \tag{4-8}$$

式中，c_p 与 k_i 分别为热传导系数和比热容。

冰川底部消融及运动也是需要单独引入模块处理的过程。若底部温度达到压熔点则产生消融。在融水润滑作用下，冰川底部冰层与基岩间产生相对移动，这种现象称为底部滑动。底部滑动在温（海洋）性冰川上尤为重要，随着近年来气温不断升高，这种过程在冷（大陆）性冰川上也逐渐受到重视。处理底部滑动有多种方式，以 Coulomb 摩擦定律（Schoof，2005）为例：

$$\tau_b = \Gamma\left(\frac{u_b}{u_b + \Gamma^n N^n \Lambda}\right)^{\frac{1}{n}} N, \quad \Lambda = \frac{\lambda_{max}\Lambda}{m_{max}} \tag{4-9}$$

式中，τ_b 和 u_b 分别为底部拉力和底部滑动速度；N 为底部有效压力；λ_{max} 为冰床凸起的主波长；m_{max} 为冰床凸起的最大坡度；Γ 和 Λ 为几何参数（Gagliardini et al.，2007），本书取 $\Gamma = 0.84 m_{max}$（Flowers et al.，2011）。底部有效压力 N 定义为上覆冰压力与底部水压的差（Gagliardini et al.，2007；Flowers et al.，2011）。底部拉力为所有阻力的和（Pattyn，2002）。需要注意的是只有当底部冰达到压融点时，模型才允许底部滑动。

另外，用来处理冰川输水过程的模块也常被引入冰流模型。融水从冰面产流到汇流进入江河，其形式多种多样，包括表面漫流输水、内部水道输水及底部水渠输水等。冰川内部水文过程的复杂性，导致仅依靠冰流模型无法在年内尺度上较为准确地模拟冰川径流变化。

上述模块不仅可与全分量冰流模型耦合，也被大量应用到解决高阶冰流模型与 SIA 冰流模型的相关问题中。

4.2.2　高阶冰流模型

与全分量冰流模型相比，高阶冰流模型对 Navier-Stokes 方程中的 z 方向应力分量作了

"流体静力学近似"，其他基本方程均完全一致（Pattyn et al.，2003；Pimentel et al.，2010）。简化后的 Navier-Stokes 方程如下：

$$\frac{\partial \tau_{xx}}{\partial x} + \frac{\partial \tau_{xy}}{\partial y} + \frac{\partial \tau_{xz}}{\partial z} = 0 \tag{4-10a}$$

$$\frac{\partial \tau_{xy}}{\partial x} + \frac{\partial \tau_{yy}}{\partial y} + \frac{\partial \tau_{yz}}{\partial z} = 0 \tag{4-10b}$$

$$\frac{\partial \tau_{zz}}{\partial z} = \rho g \tag{4-10c}$$

将式（4-10c）在 z 方向求积分获得的 τ_{zz}，代入式（4-10a）和式（4-10b）可将其转化为以下形式：

$$\frac{\partial}{\partial x}(2\,\tau'_{xx} + \tau'_{yy}) + \frac{\partial \tau_{xy}}{\partial y} + \frac{\partial \tau_{xz}}{\partial z} = \rho g \frac{\partial s}{\partial x} \tag{4-11a}$$

$$\frac{\partial}{\partial y}(2\,\tau'_{yy} + \tau'_{xx}) + \frac{\partial \tau_{xy}}{\partial x} + \frac{\partial \tau_{yz}}{\partial z} = \rho g \frac{\partial s}{\partial y} \tag{4-11b}$$

结合本构方程式（4-3）与运动方程式（4-6），可将式（4-11）展开如下：

$$4\frac{\partial \eta}{\partial x}\frac{\partial u}{\partial x} + \frac{\partial \eta}{\partial y}\frac{\partial u}{\partial y} + \frac{\partial \eta}{\partial z}\frac{\partial u}{\partial z} + \eta\left(4\frac{\partial^2 u}{\partial x^2} + \frac{\partial^2 u}{\partial y^2} + \frac{\partial^2 u}{\partial z^2}\right) = \rho g\frac{\partial s}{\partial x} - 2\frac{\partial \eta}{\partial x}\frac{\partial v}{\partial y} - \frac{\partial \eta}{\partial y}\frac{\partial v}{\partial x} - 3\eta\frac{\partial^2 v}{\partial x \partial y} \tag{4-12a}$$

$$4\frac{\partial \eta}{\partial y}\frac{\partial v}{\partial y} + \frac{\partial \eta}{\partial x}\frac{\partial v}{\partial x} + \frac{\partial \eta}{\partial z}\frac{\partial v}{\partial z} + \eta\left(4\frac{\partial^2 v}{\partial y^2} + \frac{\partial^2 v}{\partial x^2} + \frac{\partial^2 v}{\partial z^2}\right) = \rho g\frac{\partial s}{\partial y} - 2\frac{\partial \eta}{\partial y}\frac{\partial u}{\partial x} - \frac{\partial \eta}{\partial x}\frac{\partial u}{\partial y} - 3\eta\frac{\partial^2 u}{\partial x \partial y} \tag{4-12b}$$

其中有效黏度 η 可表达为以下形式：

$$\eta = \frac{1}{2}A\,(T^*)^{-\frac{1}{n}}\left[\left(\frac{\partial u}{\partial x}\right)^2 + \left(\frac{\partial v}{\partial y}\right)^2 + \frac{\partial u}{\partial x}\frac{\partial v}{\partial y} + \frac{1}{4}\left(\frac{\partial u}{\partial y} + \frac{\partial v}{\partial x}\right)^2 + \frac{1}{4}\left(\frac{\partial u}{\partial z}\right)^2 + \frac{1}{4}\left(\frac{\partial v}{\partial z}\right)^2 + \dot{\mathcal{E}}_0^2\right]^{(1-n)/2n} \tag{4-13}$$

联立式（4-12a）与式（4-12b）可获得 x 与 y 轴方向的运动速度 u 与 v。z 轴方向的速度 w 可通过下式求得：

$$w(z) - w(B) = -\int_B^z \boldsymbol{\nabla}\vec{v}(z)\mathrm{d}z = -\int_B^z \left(\frac{\partial u}{\partial x} + \frac{\partial v}{\partial y}\right)\mathrm{d}z \tag{4-14}$$

4.2.3 浅冰近似冰流模型

（1）简化与求解思路

浅冰近似冰流模型（SIA）是对全分量冰流模型的最简化方案，简化过程中用到一个反映冰川特征长度与厚度比值的参数 $\zeta = [H]/[L]$。假定 ζ 为扰动，可以将 Stokes 方程中所有参数展开为 ζ 的级数。当 ζ 小于 1 时，级数中 ζ 的阶数高于 0 的项可以略去，Stokes 方程式（4-2）简化如下：

$$\frac{\partial p}{\partial x} + \frac{\partial \tau'_{xz}}{\partial z} = 0 \tag{4-15a}$$

$$\frac{\partial p}{\partial y} + \frac{\partial \tau'_{yz}}{\partial z} = 0 \tag{4-15b}$$

$$\frac{\partial p}{\partial z} = \rho g \tag{4-15c}$$

物理方程式（4-6）相应简化如下：

$$\dot{\varepsilon}_{xz} = \frac{1}{2}\frac{\partial u}{\partial z} \tag{4-16a}$$

$$\dot{\varepsilon}_{yz} = \frac{1}{2}\frac{\partial v}{\partial z} \tag{4-16b}$$

唯有在 ζ 足够小的情况下以上两个方程组才成立，厚度与长度之比越小则简化造成的误差越微弱，即冰川越"浅"简化的近似性越高，此为"浅冰近似"名称的由来。

联立式（4-15）、式（4-16）、式（4-3）可求得水平方向运动速度的解析解：

$$(u,v) = -2A(T^*)(\rho g)^3(S-z)^3\left[\left(\frac{\partial S}{\partial x}\right)^2+\left(\frac{\partial S}{\partial y}\right)^2\right]\left(\frac{\partial S}{\partial x},\frac{\partial S}{\partial y}\right) \tag{4-17}$$

z 轴方向的速度 w 可通过式（4-14）求得。经过处理后 Stokes 方程只包含两个应力分量，这有效简化了模型架构与算法，使计算机时间大大缩短。

（2）SIA 在山岳冰川上的适用性及剖面因子 F 的引入

SIA 能否应用于山岳冰川一直颇具争议。SIA 模拟结果的准确性主要取决于 ζ 的量值（Le Meur and Vincent，2003；Le Meur et al.，2004；Hindmarsh，2004）。已有研究表明，SIA 与全分量冰流模型模拟的冰川退缩结果非常相近，但冰川面积越小体积变化模拟结果的差异越大（Leysinger and Gudmundsson，2004）。Lemeur 等（2004）发现，冰川坡度会严重影响 SIA 的模拟效果，即便在 ζ 很小的情况下如果冰川地形陡峭（坡度大于 11°）模型的适用性也将显著降低；且山谷冰川的冰舌部分也不能用 SIA 模拟，原因是冰川的宽度常与厚度在同一量级，不符合 ζ 远远小于 1 的适用性标准。

大多数山岳冰川的形态可近似关于主流线对称，沿主流线采用 1D SIA（仅考虑 x 方向），不仅降低计算量还解决了因宽度与厚度相近导致 ζ 过大的问题（Oerlemans，1996；Oerlemans et al.，1998a；Sugiyama et al.，2007）。此时，两侧冰体施加于主流线纵剖面的 y 向（水平且垂直于主流线）应力反向相等，可相互抵消；但施加于主流线两侧的 z 向（垂向）应力同向相等，不仅不会抵消反而相互叠加。为了修正 1D SIA 忽略 z 向应力引入的误差，引入剖面因子 F，式（4-17）转化如下：

$$(u,v) = -2A(T^*)(F\rho g)^3(S-z)^3\left[\left(\frac{\partial S}{\partial x}\right)^2+\left(\frac{\partial S}{\partial y}\right)^2\right]\left(\frac{\partial S}{\partial x},\frac{\partial S}{\partial y}\right) \tag{4-18}$$

式中，$F=f(2H/W)$ 为冰川厚度与横剖面二分之一宽度比值的函数。

4.3　模　型　数　据

模式的参数方案见表 1-2。所需的输入与验证参数主要包括：冰川物质平衡、冰川表底形态、厚度、表面运动速度、温度及冰川区气象等。

4.3.1　乌源 1 号冰川数据

（1）模式主要参数

在乌源 1 号冰川上一共开展过三次雷达测厚工作，时间为 1980 年、2001 年及 2006 年，获取了三期冰川表底形态及厚度资料（张祥松等，1985；Sun et al.，2003）。其中，2006 年采用 Pulse EKKO 100A 增强型雷达系统，配以两个中心频率为 100MHz 和 200MHz 的天线，所得的数据精度最高（误差低于 2%）。本节研究主要依据这次测量结果开展计算。2006 年的测厚工作沿 8 条横向测线和 1 条纵向测线展开。数据显示，冰川厚度沿主流线的变化范围为 0 ~ 135m，平均值为 84m。横测线测量结果表明横断面基岩形状接近抛物线。

冰川表面运动速度通过测量花杆的月（年）位移，确定与物质平衡观测使用同一套花杆网阵。1985 年以前使用经纬仪测量花杆坐标，1996 年以后则改用激光测距仪和全站仪等，2007 年以后采用 GPS-RTK 技术。

研究中使用的气象数据来自位于冰川下游海拔 3539m 处的大西沟气象站。另外也参考冰川附近中国科学院天山冰川观测试验站自设的 3 个气象站的观测数据。据已有研究，这 3 个站的观测数据具有较好的一致性（李忠勤等，2003）。

（2）物质平衡观测与模拟

乌源 1 号冰川的物质平衡观测从 1959 年开始，在每年 5 ~ 8 月的月底进行，观测方法为"花杆/雪坑法"（谢自楚等，1965；杨大庆等，1992；Braithwaite et al.，2002）。如图 2-2 所示为乌源 1 号冰川东支物质平衡观测网络，共设 8 排 22 根花杆。年物质平衡由月物质平衡累加计算获得。动力学模式所需的物质平衡数据采用简化物质/能量平衡模型模拟的结果（详见 2.3.3 小节）。

4.3.2　托木尔青冰滩 72 号冰川数据

（1）模式主要参数

2008 年在该冰川海拔 3950m 处建立观测试验场，布设的仪器设备包括由 6 根花杆组成的局部花杆网阵、两套自动气象站及两个冰温度孔。开展的观测试验研究包括物质/能量平衡、冰川温度变化、冰川表碛对消融影响等。

表面形态参数由 GPS-RTK 地面观测结合 1964 年航空影像地形图和 2003 年以后的多源遥感图像得到。

冰川厚度数据来自多期 Pulse EKKO 100A 增强型雷达的测定。范围在 40 ~ 160m，考虑到该冰川的规模，这个厚度比预期要薄。

冰川运动速度则是通过 GPS-RTK 技术，对物质平衡花杆点的位移进行测绘而确定。结果表明，该冰川的运动速度为 30 ~ 70m/a，远高于其他参照冰川，表明该冰川动力补充十分强烈。

气象数据主要来自布设在冰川及周围的 4 套自动气象站,除了冰面上的两套之外,在冰川末端和冰川侧碛(海拔 3900m)各 1 套。冰川末端的气象站与水文观测同步进行。侧碛的一套带有 T200B 固态降水观测仪。

另外,在冰川末端设立了水文站、自动气象站,以开展冰川水文气象观测,冰川表面高程变化数据通过 GPS-RTK 测绘技术获得,对冰面表碛厚度进行了详细测定。

观测表明,该冰川末端变化幅度大,表碛厚度与消融有密切关系。冰川上部的表碛对冰川消融起着加速作用,只有在冰川末端,较厚的表碛对冰川才有保护作用。冰川的冰舌部分厚度较薄,后退迅速。该冰川上部海拔高,属于冷冰川,中部以下的冰温接近 0℃,具有海洋性冰川的某些特征,对气候变化十分敏感。整条冰川的运动补给强烈,动力学作用不可忽视。

(2)物质平衡观测及模拟

冰川物质平衡通过花杆/雪坑法计观测算得到。2008 年在冰川表面布设了 10 排 27 根观测花杆网阵,其中第一排花杆位于冰舌末端 3750m 处,最后一排花杆位于海拔 4200m 处,在粒雪线之下不远处。为了获取积累区资料,在 4610m 挖取一个雪坑,包含 3 年积雪净积累。物质平衡的计算则是基于 2008~2016 年的观测资料。

72 号冰川的物质平衡模拟比较复杂。首先引入概念型雪崩模型,辅助模拟冰川物质再分布过程。在此基础上,建立简化型能量平衡模型,对其进行模拟,结果如图 4-1 所示。

图 4-1   2008~2016 年青冰滩 72 号冰川平均年物质平衡分布

2008 年至今，青冰滩 72 号冰川末端年物质平衡高达-4.6 ~ -5.2m w.e.，消融十分强烈；而顶端积累却十分有限（最大值不超过 0.5m），原因是尽管冰川积累区海拔很高，降雪量大，但由于地势陡峭，无法形成较高积累；积雪以雪崩或冰崩的形式降落至粒雪线以下的消融区，通过冰川的动力输送流向下游而迅速消融。冰川下部由于海拔低，消融十分强烈。

4.3.3 哈密庙尔沟冰帽数据

（1）模式主要参数

模式所需的数据主要来自 2004 年开始的针对该冰川的定位观测工作。表面形态参数由 2007 年全站仪地面测绘结合 1972 年航空影像地形图及 2003 年以后多源遥感图像得到。冰川运动速度则是通过全站仪对物质平衡花杆点的位移进行测绘而确定。冰川厚度数据来自 1981 年、2005 年和 2007 年的国产测冰雷达，包括两条纵剖面和两条横剖面（李忠勤，2007）。气象数据主要来自布设在距离该冰川直线距离约 5km 的榆树沟流域的装备有 T200B 固态降水观测仪的自动气象站。另外，2005 年在冰川顶部钻取两支 60m 透底冰芯。通过该冰芯钻取，验证了测冰雷达数据，并测得整个冰芯孔的温度剖面。

观测结果表明，该冰川冰温低（50m 深度处温度低至-8.3℃），运动缓慢，面积减少和末端退缩的速率都较低，物质损失也较弱。从钻取的冰芯资料来看，冰川在最近 20 ~ 30 年消融加快。这些特征一方面和该区气候特征有关，另一方面与该冰川形态也有关系。该冰川为冰帽，顶部海拔高，冰量主要集中在中上部。随气温上升，零平衡线上移，冰川主体部分逐渐曝露于消融区，这对气候变化的敏感性有显著增强。

（2）物质平衡观测

冰川物质平衡由通过花杆/雪坑法观测计算得到，花杆网阵由 10 排 27 根花杆组成。图 4-2 给出了庙尔沟冰帽单点物质平衡沿海拔大小变化，从中看出，2012 ~ 2013 年与 2013 ~ 2014 年庙尔沟平顶冰川单点物质平衡总体呈现随海拔上升而逐步增加的趋势。两个物质平衡年内该冰川平均单点物质平衡介于-1040 ~ 221mm w.e.。该冰川表面相对平缓，坡度变化较小，海拔 4350m 以下的区域物质平衡梯度较大；海拔为 4350 ~ 4500m 处的单点物质平衡随海拔变化相对平稳，梯度较小；海拔 4500m 以上物质平衡梯度又有一定程度增加。2012/2013 年与 2013/2014 年该冰川零平衡线大体位于海拔 4480m 与 4500m 处。

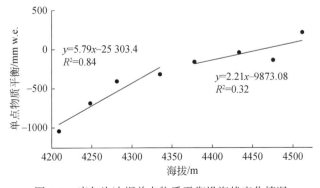

图 4-2　庙尔沟冰帽单点物质平衡沿海拔变化情况

4.3.4　祁连山十一冰川数据

（1）模式主要参数

对十一冰川的系统观测始于 2010 年 10 月，一直延续至今。2010 年，依据冰川动力学模拟研究数据需要，在该冰川上布设了由 7 排 25 根花杆组成的物质平衡（运动速度）观测网阵，开始实施冰川物质平衡和运动速度观测。之后陆续采集了冰川地形、厚度、温度、气象等实测数据。观测发现，受地形影响，两支冰川积消状况迥异；随消融逐渐增强，连接处基岩裸露，东西两支动力过程已基本分离；西支山谷型冰川的冰层厚度明显大于东支悬冰川。经过 6 年连续观测，十一冰川的数据积累已达到动力学模型体系的数据输入与验证要求。

（2）物质平衡模拟

A. 参数率定与结果验证

采用简化型能量平衡模型对十一冰川的物质平衡进行模拟。利用 2011 年 5 月 4 日至 2011 年 7 月 27 日期间的日实测物质平衡资料来检验模拟结果。气象数据采用冰川西支末端海拔 4452m 的架设自动气象站实测数据。参数率定结果见表 4-1。表中 c_{01}、c_{02}、c_1、c_2 为计算与温度相关能量所引入的系数，具体含义见式（2-37）与式（2-38）。α_0 为新降雪反照率，Gra 为降水随海拔升高递变系数（Gra=10% 表明海拔升高 100m 降水增加 10%）

表 4-1　十一冰川物质平衡模拟参数率定结果

参数	数值
$c_{01}/(\mathrm{W/m^2})$	−60
$c_{02}/(\mathrm{W/m^3})$	−0.014
$c_1/[\mathrm{W/(m^2 \cdot K)}]$	15
$c_2/[\mathrm{W/(m^2 \cdot K^2)}]$	0
α_0	0.85
α_{ice}	0.1
$\mathrm{Gra}/(10^{-2}/\mathrm{m})$	40%

模型验证效果见图 4-3。可以看到模拟与实测数据较为符合，$R^2=0.85$，基本满足模型要求。

B. 合理性分析

由于工作开展初期十一冰川观测数据较少，因此不能完成以大量观测资料为基础的模型率定与验证，这可能导致冰川未来变化模拟存在较大误差。为避免上述情况，本书对十一冰川及葫芦沟其他冰川的消融及物质平衡进行了重建，并分析了模型的稳定性，图 4-4 及表 4-2 为十一冰川物质平衡的重建结果。十一冰川表面朝向介于−27°~70°（正北为 0°，顺时针为正），首末端有 2.7~3.0℃ 的温差，在未来冰川变化过程中可能发生的朝向与温度

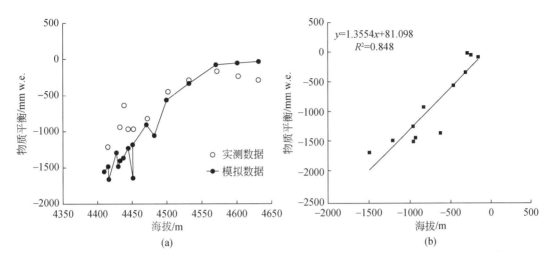

(a)　　　　　　　　　　　　　(b)

图 4-3　十一冰川 2011 年 5 月 4 日至 2011 年 7 月 27 日期间物质平衡模拟与实测结果对比及相关性分析

变化幅度应不超越此范围。冰川表面消融与物质平衡计算结果平滑，无奇异值（图 4-4）。数据分布状况反映出海拔、朝向及影锥角（山脊遮挡的辐射效应）对消融及物质平衡的影响。另外，消融（−2823 ~ −226mm w. e.）及物质平衡（−2576 ~ 223mm w. e.）的数据范围在目前西北干旱区较为合理（表 4-2）。上述分析说明在地形与气象要素变化幅度适中的前提下，模拟过程中出现奇异值的可能性较小，运算结果有较高的可信度。

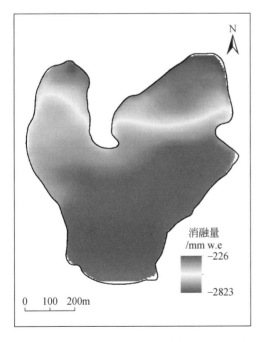

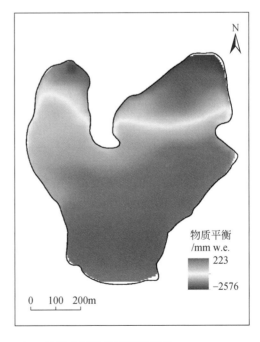

图 4-4　十一冰川 2010 年 10 月至 2011 年 7 月消融深及物质平衡恢复

表4-2 十一冰川2010年10月至2011年7月消融深、物质平衡及融水径流恢复结果

项目	冰川面积/km²	总量/m³	平均量/mm	变化范围/mm
消融		399 580	832	2 823 ~ 226
物质平衡	0.480	−234 474	−488	−2 576 ~ 223
径流		471 555	982	365 ~ 2 995

4.4 预测结果与讨论

4.4.1 气候变化情景

为使预测结果具有可比性，将引入的 IPCC 第五次评估报告（AR5）中的排放情景作为模式驱动（表4-3）。其中 RCP2.6 情景表示 21 世纪全球平均温度上升幅度不超过 2℃，辐射强迫在 2100 年之前达到峰值，之后下降至 2.6W/m²。RCP4.5 表示辐射强迫稳定在 4.5W/m²，与全球经济框架相适应，遵循用最低代价达到辐射强迫目标的途径。该情景下，到 2100 年增温幅度为 1.8℃（1.1 ~ 2.6℃），这与 AR4 中的 B1 升温情景相当。RCP8.5 是最高的温室气体排放情景。

表4-3 不同气候情景下21世纪全球气温变化预估（预估参照时段为1986~2005年）

情景	升温幅度/℃		辐射强迫/（W/m²）	
	2010 ~ 2046 年	2046 ~ 2065 年	2081 ~ 2100 年	2100 年
RCP2.6	0.6（0.2 ~ 0.9）	1.0（0.4 ~ 1.6）	1.0（0.3 ~ 1.7）	~ 3
RCP4.5	0.7（0.3 ~ 1.1）	1.4（0.9 ~ 2.0）	1.8（1.1 ~ 2.6）	4.5
RCP6.0	0.7（0.3 ~ 1.0）	1.3（0.8 ~ 1.8）	2.2（1.4 ~ 3.1）	6.0
RCP8.5	0.9（0.3 ~ 1.4）	2.0（1.4 ~ 2.6）	3.7（2.6 ~ 4.8）	8.5

另外，"假定气温降水不发生变化"及"局地实测升温趋势"也被作为两种气候情景引入模型当中，模拟预测部分冰川的未来变化。

依照国内外相关研究常用方法，设定 3 种降水未来变化情景：①温度上升的同时降水保持恒定；②年均气温每升高 1℃，降水量相应增加 5%；③年均气温每升高 1℃，降水量相应增加 10%。通过引入上述情景，分析降水变化对未来冰川变化的贡献。

4.4.2 乌源1号冰川

（1）RCP4.5 排放情景

如图4-5所示为 RCP4.5 情景下乌源 1 号冰川未来标准化面积、体积和长度变化预测结果。

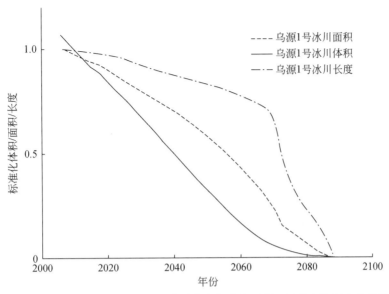

图 4-5　RCP4.5 排放情景下乌源 1 号冰川未来标准化面积、长度和体积未来变化过程

从图 4-5 中可以看出，冰川的面积、长度和体积均在 2090 年左右降为零，表示届时冰川消融殆尽。然而，3 个参数的变化过程却显著不同。冰川体积的减少最快，未来 20～30 年将线性减小到原来量值的一半，在 2070 年之后减小速率放缓直至冰川接近消失。冰川面积的变化情况与体积相似，但最初几十年面积减小速率明显小于体积。冰川长度的变化速率在接近 2070 年时出现了一个变化斜率上的"拐点"，由缓慢转为迅速，届时冰川末端位于海拔 3880 m 处。拐点的出现很可能与冰量空间分布及局部地形有关——海拔 3880 m 以下区域冰川较厚，消融导致冰川厚度迅速减薄而非末端退缩；海拔 3880 m 以上基岩坡度突然增大，相同消融速率下末端快速退缩。海拔 3880 m 处是物质损耗以厚度减薄为主向末端退缩为主的转折点。这一现象也表明，冰川的变化过程，与冰川冰量的分布有很大关系。

另外，假定气温和降水保持不变，RCP6.0、RCP8.5，以及根据冰川附近大西沟气象站不同时期实测气温资料外延构建的两种升温情景，即 DXG1（DXG1959-2004）和 DXG2（DXG1980-2004）都被作为气候驱动引入模型（名称中数字代表资料的观测时段）。结果表明（图 4-6 和图 4-19），最初几十年，冰川体积、面积与长度的减小速率基本相同，受升温情景差异的影响较弱。随着时间推移，不同情景中各种参数的减小速率会出现差异。升温速率较高的情景下，各种参数的减小速率明显提高。在升温速率最高的 DXG2 情景下，冰川消亡的时间最短（约 50 年）。其他升温情景下，冰川消亡的时间接近，为 80 年以上。乌源 1 号冰川在百年尺度内完全消失说明该冰川对气候变化非常敏感。

（2）假设气候条件不变情景

假定气候要素在 1998～2008 年平均状况的基础上不再发生变化，模拟预测结果显示冰川未来将持续退缩，面积和体积到 2170 年达到稳定状态，长度却从 2163 年开始几乎不再变化，之后 7 年中，冰川的主要变化形式为减薄、变窄。达到平衡之后的冰川规模十分有限，长度约为 295 m，面积和体积仅为 2006 年相应值的 6.3% 和 1.3%（图 4-6）。

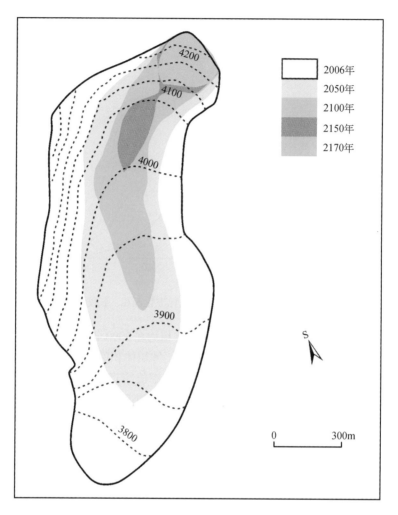

图 4-6　假定气候要素不发生变化乌源 1 号冰川（东支）未来几何形态变化过程

等高线单位为 m

气候条件不变的情景在冰川变化研究中有重要物理含义，作这种假设是为了研究冰川是怎样通过调整自身几何形态来完成对某种气候状态的响应。乌源 1 号冰川的研究结果充分说明，即便气候条件维持现状不再发生变化，冰川现存规模仍然不适应当前的气候状况，将继续退缩，直至达到平衡，届时冰川较目前的规模小得多。这一结论适合大多数山地冰川。

4.4.3　托木尔青冰滩 72 号冰川

如图 4-7 所示为 RCP4.5 情景下青冰滩 72 号冰川标准化面积、体积和长度未来变化过程预测结果。图 4-8 显示了该冰川轮廓变化情况。从中看出，该冰川在 2100 年仍然存在，各种形态参数中缩减幅度最大的是体积，其次是面积和长度，分别为现有量值的 25.8%、54% 和 60%。

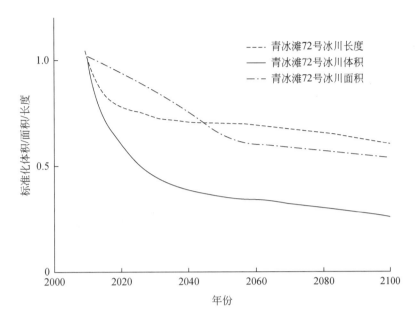

图 4-7　RCP4.5 情景下青冰滩 72 号冰川标准化面积、体积和长度未来变化过程

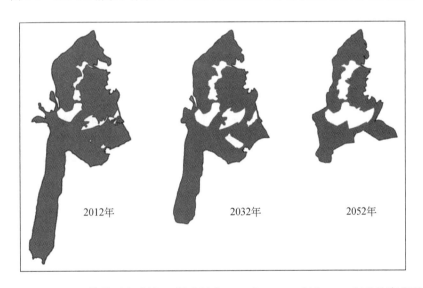

图 4-8　RCP4.5 情景下青冰滩 72 号冰川在 2012 年、2032 年和 2052 年的轮廓范围

　　从变化过程上看，面积、长度和体积都经历了由快速变化到相对稳定的过程。其中面积变化的拐点出现在 2052 年，体积变化的拐点出现在 2040 年。拐点之前，变化十分剧烈，之后，稳中呈下降趋势。冰川长度变化的拐点也出现在 2040 年左右，与体积变化相对应，而两条曲线也有一定相似性，长度变化在最初 10 年最为迅速。

通过分析发现，冰川上述变化过程与该冰川的特征有密切的联系。青冰滩 72 号冰川上部陡峭、积累少，冰川的体积主要集中于冰舌部分，冰舌的变化对体积的影响大，因而相比面积，长度对体积变化的影响更为显著。冰舌整体位于 4300m 以下的消融区，坡度平缓，占整个冰川面积的 34%、占体积的 70%。冰舌上部是雪崩、冰崩的主要接收区，厚度达 160m 以上，而下部消融强烈，厚度仅有 20～60m。在 2040 年之前，冰川的主要变化方式为"冰舌的退缩"，其造成冰川体积、面积和长度的急剧减小。在这一过程的初期，由于末端厚度非常薄，因而变化十分迅速。

在 2040 年之后，冰舌下部消融殆尽，冰川长度减少 60% 左右，面积减小 47%。届时，冰川将趋于稳定，处于变化率较小且不会轻易消失的状态。这是因为该冰川补给区海拔高，顶端海拔达到 6000m 以上，高大的山体提供丰裕的固态降水，以雪崩和冰崩的形式补给冰川，加上强大的动力作用，冰川的补给和消融都很强烈，平衡之后冰川维持在一定范围和规模。

从冰川融水径流角度上看，现阶段冰川有效消融面积较大，会产生大量融水。而以"冰舌退缩"为主的变化形式会使有效消融面积迅速缩减。到 2040 年左右，冰舌主体部分消融殆尽，随着约 70% 的多年冰消失，冰川融水径流会有明显的降低。届时，融水径流构成中的老冰消融量已很少，以雪崩形式降落至冰舌以上区域的新降雪将是径流的主要来源。由于冰川的补给程度较高，这种状态也较为稳定。

以不同气候变化情景（气候条件保持不变、RCP2.6、RCP8.0）为驱动的模拟研究结果显示，青冰滩 72 号冰川在不同升温情景下变化过程十分相似，即体积、面积和长度在前期均迅速减少，后期较稳定；而变化速率和达到拐点的时间将有所差异，升温越快达到拐点的时间越早。

如果将青冰滩 72 号冰川的研究结果推广至托木尔峰地区，可以发现，该地区冰川目前消融正盛，除非气温有大幅度升高，否则不会出现融水峰值，融水径流将比预期中减少更快。今后 30～50 年，如果继续保持升温，冰川融水径流仍会维持一定水平。但是，随着固态水资源量减少，融水径流量对气温变化的敏感性会逐步加大，在低温年，枯水程度加剧。在此之后，由于大部分冰川固态资源消融殆尽，冰川径流锐减，最终处在一个较低的水平。

4.4.4 哈密庙尔沟冰帽

如图 4-9 所示为在 RCP4.5 情景下庙尔沟冰帽标准化面积、长度和体积未来变化过程的预测结果。从图 4-9 中看出，到 21 世纪末，冰川尽管变得很小，但仍有保留，面积、体积和长度分别为 2010 年相应值的 16%、13% 和 35%。其中面积和体积的变化趋势十分相似，在 2060 年之前减小十分迅速，之后到 2080 年有所减缓，2080 年之后则更为缓慢，这期间体积的变化比面积要快。如果将庙尔沟冰帽西面冰舌末端到顶部最高处的长度定义为冰帽长度（最大长度），则长度在 2060 年出现点一个变化拐点，由前期较慢变化开始加速，2080 年后开始减缓。从整个变化曲线上看，2060 年和 2080 年应该是变化的两个拐点。

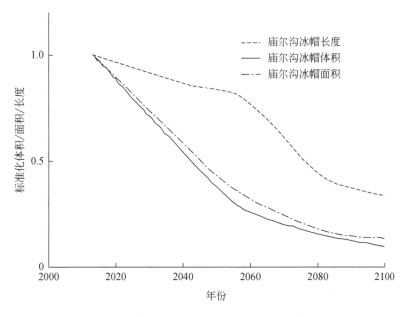

图 4-9　RCP4.5 情景下庙尔沟冰帽标准化面积、长度和体积未来变化过程

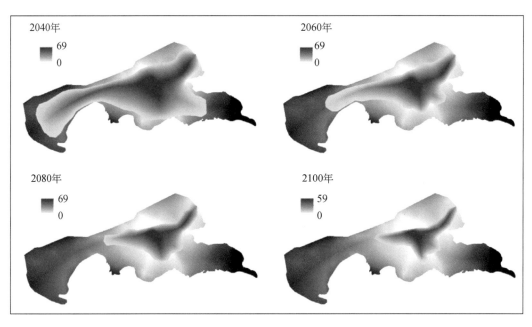

图 4-10　RCP4.5 情景下庙尔沟冰帽在 2040 年、2060 年、2080 年和 2100 年的几何形态

图中黑色渐变轮廓是冰帽在 2005 年的形态；蓝色渐变图例表示厚度，单位 m

分析表明，庙尔沟冰帽上述变化过程，可以较好地通过表底地形和物质平衡特征予以解释。图 4-10 给出了 RCP4.5 情景下庙尔沟冰帽在 2040 年、2060 年、2080 年和 2100 年的几何形态，可以看到，庙尔沟冰帽在西面存在一个宽尾末端，有较多的冰量分布，海拔比较低。气候变暖情况下，这部分冰体首先发生变化，形式为"减薄后退"，以减薄为主，由此造成面积、体积和长度的同步快速变化，面积和体积的变化更快。到 2060 年，宽尾部分的冰体消融殆尽，冰舌上升，处在一个狭长地形，此时的变化转变成为"退缩减薄"形式，长度变化很大，面积和体积的变化减缓。2080 年以后，其形态变为一个较为规则的冰帽，此时的海拔达到 4200~4300m，3 个参数变化明显减缓，其中面积和长度的同步变化造成更快的体积变化。

通常，由于冰帽的顶部地形平坦，物质平衡不存在梯度变化，当零平衡线超过顶部高度时，整个冰帽处于消融的状态，并呈减薄为主的形式消融，而一旦冰量消融殆尽，其面积、体积和长度会同时迅速变为零，曲线呈现陡变。由于这一冰帽特有的变化过程没有出现在 2100 年之前，因而曲线上没能反映出来。

4.4.5 祁连山十一冰川

(1) 假设气候情景条件不变

以 2011 年气候条件为基础，假定气温与降水不再发生变化，模拟冰川未来可能的演化过程。由于冰川东西两支虽然在顶部相连，但动力过程已基本分离，需要分别进行研究讨论。

对西支冰川的研究表明，冰川未来将持续退缩，直到 2086 年冰川长度达到稳定状态（图 4-11）。届时冰川规模将十分有限，长度、面积和体积约为 125m、0.019km^2 及 21.6× 10^4m^3，仅为 2011 年相应值的 13.2%、7.3% 及 2.7%。具体变化过程与特征如下：冰川长度、面积和体积将持续减小，其中体积的缩减速率最快，长度变化的波动性最大；面积与径流都将在未来 10 年（2011~2021 年）减少一半，体积和长度缩减一半的时间分别为 7 年与 13 年；除长度外，其他三项参数达到稳定状态的时间十分相近，皆在 2060~2065 年。

西支冰川下部相对平缓，对气候变化敏感，有些升温将可能引起强烈消融。未来 30 年末端的迅速后退是该冰川对过去 30 年气温显著升高的滞后响应结果。另外，冰川下部完全无地形遮蔽，辐射吸收率高也是冰川迅速萎缩的原因。2035 年之后冰川退缩逐渐减缓、2062 年之后冰川变化微弱等现象出现的原因是，冰川末端上升、地形逐渐变陡峭及山脊遮蔽比例扩大，致使冰川对不利气候耐受力增强。

根据近两年实测物质平衡资料推算，目前气候状况下冰川平衡线海拔在 4700~4800m，即冰川最上部始终物质积累大于亏损，这是达到稳定状态后冰川长度仍有约 125m 存留的原因。而顶端部分最终消融至基岩出露是因为该区域坡度较缓，有较多短波辐射被吸收。

十一冰川东支所处海拔较低，顶端仅有 4550m，远远低于零平衡线海拔，因此整个冰川处于负平衡状态（消融大于积累），最终在 2046 年完全消失。与西支的完全裸露不同，东支冰川的主体部分伏卧在山体背阴面的凹陷地形当中，大部分太阳短波辐射能量被排除在外，这使得相同海拔处东支的消融明显弱于西支，也使得东支末端海拔比西支低 150m。

处于凹陷地形中的冰川部分厚度较大，周围区域冰川消融殆尽后该处仍有少量冰体存留。东支冰川大约在 2043 年分为两段，而后迅速消亡。

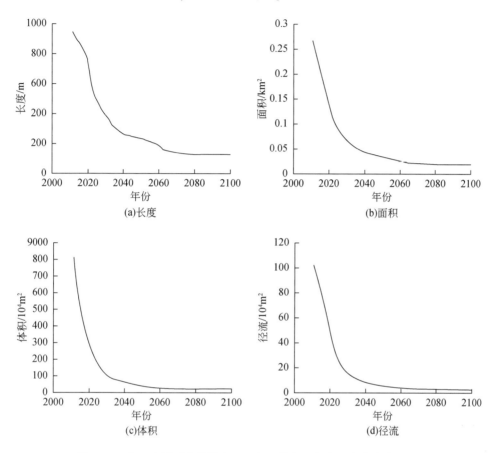

图 4-11　十一冰川西支的长度、面积、体积及径流的未来演化过程

（2）不同气候情景

将 AR5 中 RCP2.6、RCP4.5 和 RCP8.5 情景作为气候驱动条件引入模型，预估十一冰川的未来变化过程。图 4-11 所示为十一冰川西支长度、面积和体积在不同升温情景下的变化过程。可以看出，所有升温情景下冰川都将持续强烈消融，并在 2041～2043 年消失。

不同升温情景对冰川变化影响的差异很小，原因在于几种情景的升温速率在最初 30 多年无明显差别，十分接近（表 4-3）。

从图 4-12 可以看出，与长度、面积相比，体积减小最为迅速，未来 6～8 年将线性减小到原来量值的一半，之后减小速率逐渐减慢直到冰川消失。面积与体积的情况类似，缩减速率在最初 12～15 年较低，而后增大。长度变化较为复杂，其速率经历了减缓、加快、再缓慢而后又加速等多个过程，反映了冰川变化的"退缩"与"减薄"两种形式之间的交替，这主要与冰川的冰量分布有关。东支末端厚度较大，最初的 10 年冰川以减薄为主，长度变化不大，而后随着厚度改变而迅速退缩。2024 年和 2035 年是冰川变化的两个拐点。

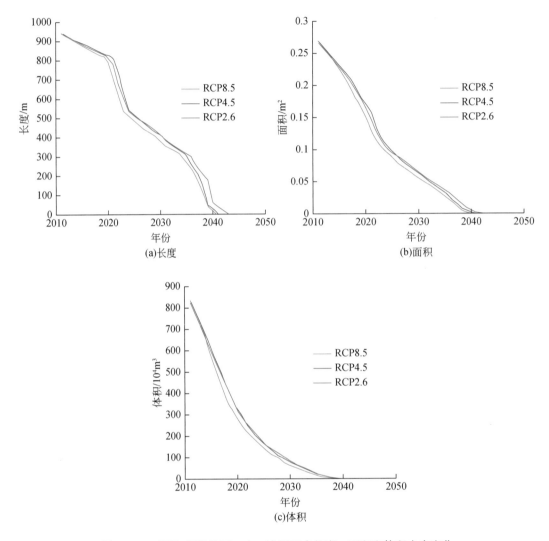

图 4-12　不同气候情景下，十一冰川西支长度、面积和体积未来变化

（3）降水影响

为探讨降水对冰川未来变化的影响，以下 3 种降水变化情景被引入模拟当中：①降水不变；②气温每升高 1℃降水增加 10%；③气温每升高 1℃降水增加 30%。如图 4-13 所示为 RCP4.5 情境下，引入不同降水情景后的模拟结果。在 RCP4.5 情景下，气温升温速率不高，理论上冰川对降水的变化将较为敏感。但图 4-13 结果显示，0~30% 的降水增加幅度对冰川长度、面积及体积未来变化的影响都较小，其差别很难辨别。唯独在冰川临近消亡时对应 3 种假设的冰川长度变化曲线发生了分离，但各自对应的冰川消亡时间也仅相差 1~2 年。上述情况说明该冰川未来变化的主要影响因素为温度。降水的增加会轻微减缓冰川物质损耗，但气温上升造成的影响仍占绝对主导地位。

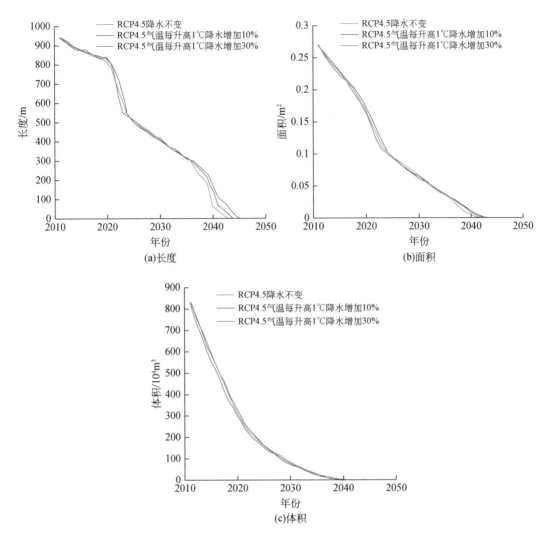

图 4-13　RP4. 5 情景下，假设降水不变、气温每升高 1℃ 降水增加 10%
及 30%，十一冰川西支未来变化预估结果

　　本书进一步在 RCP4. 5 情景下针对降水引入如下假设：气温每升高 1℃ 降水增加 50%
及 100%。冰川变化模拟结果表明，仅当降水增加幅度为 100%/℃ 时冰川约在 2080 年达到稳
定状态，其末端位置与气候不发生变化条件下冰川达到稳定状态时的末端位置（图 4-14）
极为接近。本实验中降水大幅提升后冰川顶端积累明显增加，但对冰川中下部的作用不明
显。分析表明，冰川对降水的敏感性随温度上升而降低，在我国大陆性冰川上这种现
象尤为显著。因为我国冰川大多属于“夏季积累”型冰川，降水有 70% 以上集中于
气温高于零度的消融季，降水中有相当一部分为液态，且气温越高固态降水所占比重
越小，冰川积累也随之减少。海拔越高的区域对降水变化越敏感，原因主要有如下两
点：①海拔越高冰川表面能量平衡中与气温相关的能量分量贡献越小，短波辐射是主

导能量来源。这种情况下，冰川物质收支对温度的敏感性减弱而对降水的敏感性增强。②相同区域内海拔越高则气温越低，等量降水中固态部分比重越大，降水的积累效应则越强。综合上述两点原因可以解释为何在降水增加100%/℃的假设条件下，冰川到达稳定状态后末端有强烈退缩但顶端却相比初始状态有所增厚的现象。

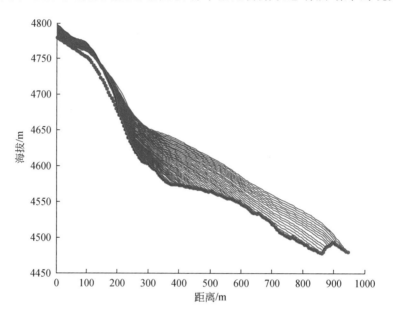

图 4-14　十一冰川西支纵剖面未来变化模拟结果

RCP4.5 情景下，假定气温每升高 1℃降水增加 100%；其中红色曲线为到达稳定状态后的冰川规模

研究模拟表明，与西支冰川相似，十一冰川东支长度、面积和体积在不同升温情景下均持续强烈消融，并在 2036~2038 年消失。不同升温情景对冰川变化的影响差异很小。除消亡时间更短外，东支与西支冰川最大的差异表现在长度变化。最初 5 年，东支冰川由于末端厚度较大，消融只造成冰体减薄，而长度变化微小。2016 年后，冰川退缩速率持续加快，直到冰川临近消失。这种差异与二者基岩地形的复杂程度有关。降水对东支冰川的影响比对西支更加微弱，即便降水采用 100%/℃的增加幅度，冰川仍然会在 2055 年消失。

4.5　冰川未来变化及其控制因素

4.5.1　冰川消亡时间及其控制因素

从 4 条参照冰川的研究结果来看，在 RCP4.5 情景下，乌源 1 号冰川在 2090 年、祁连山十一冰川在 2045 年前会消融殆尽。托木尔青冰滩 72 号冰川和哈密庙尔沟冰帽在 21 世纪末则不会消失，但规模会小很多。到 2100 年，庙尔沟冰帽的面积和体积分别为现阶段的 16% 和 13% ；青冰滩 72 号冰川的面积和体积为现阶段的 54% 和 25.8% 。

目前十一冰川、乌源 1 号冰川、庙尔沟冰帽和 72 号冰川的面积分别为 0.48km² 、1.67km² 、3.45km² 和 5.8km² ，与其未来消亡时间有良好对应关系，说明大冰川未来存在时间长，小冰川存在时间短。然而深入分析发现，这种关系复杂并不是简单的线性对应关系。

根据冰川学理论，冰川的规模一是取决于该区域水热物（能量状况）状况，二是地形要素。冰川区能量状况决定了冰川的物质平衡，物质平衡同样受地形的影响。例如，海拔高的山脊如果存在平坦的地形，便会有更多物质在高处积累，由于处在高寒环境，消融相对少，对冰川正平衡贡献就大；反之，如果山脊地形陡峭，积雪无法积累而形成雪崩降落至海拔较低区域，由于低处温度较高，积雪消融快，这导致冰川负平衡增加。因此冰川物质平衡状况是冰川形成条件的综合反映，决定了冰川的规模。

由于物质平衡由大尺度气候和地形条件所决定，因此不同地区冰川物质平衡的差异造成了冰川规模地区间的差异。而在同一个区域，个体冰川规模的差异主要是由地形地势所造成的。青冰滩 72 号冰川所处的托木尔地区，由于山势高耸，降雪充裕，形成了大规模冰川。未来即便气温升高，冰川下部历史时期形成的古老冰体大量损失，甚至完全消失，但冰川上部仍会得到高处的积雪补充，冰川仍然得以维持，只是规模和融水大为减少。而乌源 1 号冰川所处的天山东部地区，降水缺乏，山势不高，冰川补给高度较低，形成的冰川规模本身较小，抵御气候变暖的能力较弱，大量冰川都会在 21 世纪末消融殆尽。十一冰川所处的黑河流域，物质积累量更低，形成的冰川规模更小，大多数冰川维持不到 21 世纪中叶。庙尔沟冰帽依赖其有利的地形条件而可以得存。该冰川所处的哈尔里克山多发育小冰川，以悬冰川居多。而庙尔沟冰川发育在海拔较高且较为平坦的山顶，形成较大并较为稳定的冰帽，可以维持到 22 世纪。

总之，在气候变暖条件下，冰川规模未来的变化和能够继续维持的时间取决于冰川的物质平衡状况，也就是冰川区的气候和地形条件。区域气候条件及地形地势等决定了该区域冰川总体规模，而区域内部地形条件决定了冰川个体规模。冰川的规模是冰川物质平衡和地形条件的综合反映。而冰川补给高度，决定了冰川的固态降水丰度和温度环境，在所有地形要素中最为重要。

4.5.2　变化过程与控制要素

（1）变化过程比较

冰川几何形态要素包括冰川面积、长度和厚度等。图 4-15 给出了 4 条参照冰川体积、面积和长度的未来变化过程。从图 4-15 中看出，这 3 个参数的变化过程有明显差异。根据冰川物理学原理，冰川规模减小的表现形式主要有两种：一种是以面积和长度为主的变化；另一种是以厚度为主的变化。前者通常发生在冰川厚度较薄区域，被称为以"退缩"为主的冰川变化，后者则发生在厚度较厚区域，被称为以"减薄"为主的冰川变化。两种形式在冰川变化过程中交替作用，贯穿始终。

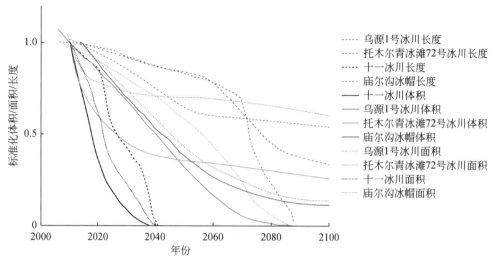

图 4-15　4 条参照冰川体积、面积和长度未来变化过程

　　体积是面积和厚度的综合反映，厚度或面积的减小皆能造成体积的减小。如图 4-16 所示，各冰川体积的变化过程相对简单，趋势都是前期衰减快，在未来某个时间段有所减缓。而变缓拐点出现的时间因冰川的不同而不同。分析表明，造成变化减缓原因：一是冰川与气候条件达到一定的平衡，已有的物质平衡分布规律被打破，冰川的各个参数随之开始稳定。例如，托木尔青冰滩 72 号冰川，当下部冰舌消融殆尽，冰川整体上移，冰川物质损失减少，变得相对稳定。二是冰川变得很小，末端海拔升高，表面辐射的接收受到地形的影响，同时动力作用减弱，造成物质平衡分布的改变，这种现象在小冰川中很普遍。例如，十一冰川和乌源 1 号冰川，当冰川变得很小，高度很高的时候，处在低凹处冰川的

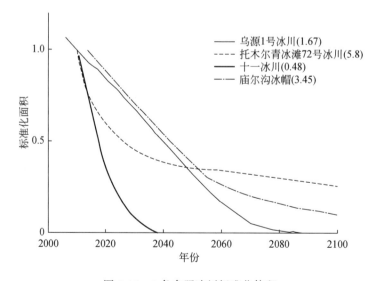

图 4-16　4 条参照冰川标准化体积

110

物质平衡改变，使其得以维持较长的一段时间。值得关注的是，4 条参照冰川体积在未来一段时间仍将以快速减小的趋势变化，表明这些参照冰川所代表的更大范围的冰川目前也都处在快速变化阶段，这对于分析评估中国的冰川变化具有重要现实意义。

如图 4-17 所示，4 条参照冰川的面积变化过程具有一定可比性，除 1 号冰川之外，均呈现出先快后慢的变化趋势，而不同冰川拐点出现的时间也有差异。从单条冰川上看，面积的变化若与体积变化一致，则表明冰川体积变化主要受面积的影响，冰川处于"后退"变化状态，这点以十一冰川的变化最为显著。托木尔青冰滩 72 号冰川体积变化受冰川的面积和长度共同决定，3 个参数变化过程都比较一致，尤与长度变化的相关性更高一些。乌源 1 号冰川的面积与其他几条参照冰川的面积有明显差别，原因是乌源 1 号冰川冰舌较厚，冰川未来的变化首先是"减薄"后转为"后退"，这导致面积的变化较其他冰川慢一些。

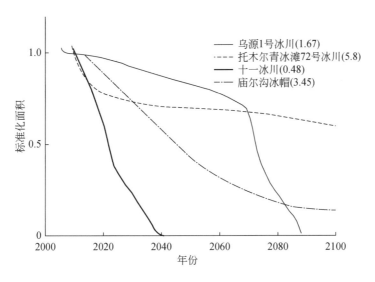

图 4-17　4 条参照冰川标准化面积

与其他参数相比，4 条参照冰川长度的变化速率和过程存在的差异最为显著，可比性不高（图 4-18）。冰川面积和长度的变化一般从冰川的下部及末端开始，在理论上两者联系最为密切，但冰川冰舌的形态差别很大，两者的变化也不尽相同。

（2）变化过程的控制因素

冰川体积（规模）受所处的水热条件和地形因子控制。对于同一条冰川，其体积的大小很大程度上取决于冰川的物质平衡状况。从前面的分析得到，冰川体积变化过程与物质平衡过程有关，只有当已有物质平衡变化规律被打破，才能引起冰川体积变化过程的改变，形成变化过程中的拐点。

冰川"退缩"和"减薄"两种变化形式，决定了冰川面积和长度的变化过程。而这两种变化形式，与冰川冰量的分布相关。冰川冰量的分布是由冰川的表面形态（包括面积）和底部地形共同决定的，也可以用厚度来表示。当气温升高，冰川融化加剧，首先

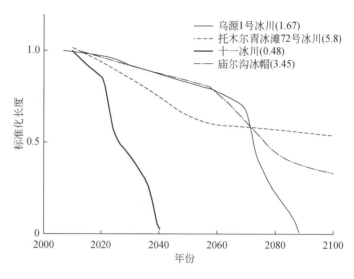

图 4-18　4 条参照冰川标准化长度

变化的是冰川的冰舌,如果冰舌很厚,冰川便以"减薄"变化为特征,此时的面积和长度都不会有大幅变化。当厚度减薄到一定程度,面积和末端的长度开始迅速变化,形成"退缩"变化过程。而如果一开始冰舌厚度就很薄,冰川则以"退缩"变化为主。随着冰舌的不断升高,两种变化形式或许会交替出现,便形成面积和长度变化的拐点。例如,托木尔青冰滩 72 号冰川冰舌部分曾经被很厚的表碛所覆盖,而表碛对冰舌具有保护作用,尤其是末端。由此可以推测,青冰滩 72 号冰川在响应气候变暖的早期,由于冰舌下部被保护,冰川以减薄过程为主;直至 2008 年,原来被表碛覆盖的冰舌部分要么消融殆尽,要么脱离冰川成为死冰,剩下的冰舌已经变得很薄,这时冰川对气候的响应便是以退缩为主;未来当现存冰舌消失殆尽,变化过程将再次发生改变,与本书的预测结果相吻合。乌源 1 号冰川海拔 3880m 以下处于"U"形山谷之中,易于冰量集中,因此其末端在退缩至这一高度之前,长度的变化率不会很高,这一点已为 1959 年以来的观测记录和对未来的预测所证实。

总之,冰川体积变化的控制要素主要是冰川的物质平衡,当已有物质平衡变化规律被打破,便会引起冰川体积变化速率发生突变,形成变化过程中的拐点。冰川冰量分布(厚度)是冰川面积和长度变化过程的主要控制要素,决定了冰川以"退缩"或"减薄"的形式变化。

4.5.3　不同气候情景和降水变化对冰川的影响

未来气候变化的不确定性给冰川变化预测造成了困难,因此探讨冰川在不同气候情景下的变化显得十分重要。假定气候条件不变的情景是冰川变化模拟预测中必须考虑的情景之一,那么这一情景则有了特定的物理含义。假如气候变化停止了,冰川也就随之稳定不变了。但事实并非如此，因为冰川的几何形态变化是对过去气候变化的综合反映和叠加反映，即便现在气候条件不发生变化了，但响应过程并未结束，会一直变化下去，直至冰川与气候之间达到平衡，尽管这种平衡在现实当中很难看到。针对参照冰川这一气候情景的模拟预测显示，目前的大多数山地冰川的规模都未与当前的气候状况相匹配，冰川处在不稳定状态，需要继续调整自身几何形态来完成对全球近期升温的响应。因此，即便气候停止变化，冰川的退缩也将会持续，直至与气候条件达到平衡。这一过程中，许多小冰川会消失，而平衡之后的较大冰川，规模也会比目前小得多。

为了揭示冰川各个参数对不同气候情景响应情况，本书以对乌源 1 号冰川的研究为例进行阐述。图 4-18 给出了乌源 1 号冰川在多种气候情景下长度、面积、体积和冰川径流未来变化预测结果。可以看出，在不同的气候情景下，冰川面积、长度和体积变化曲线的形状并未发生大的改变，表明冰川变化的过程基本没有变化，改变是各参量变化的速率和到达各自变化拐点的时间。

然而，不同气候情景下冰川融水径流变化存在显著差异。图 4-19 显示，在 RCP4.5、RCP6.0 和 RCP8.5 排放情景下，冰川径流将会稳定至 2050 年之后快速下降；而在急速升温的大西沟升温情景（DXG2）下，融水径流会出现上升趋势，并在 2030 年出现拐点后迅速下降。简单来说，冰川融水很大程度上反映的是冰川体积的变化量，融水的产生是以消

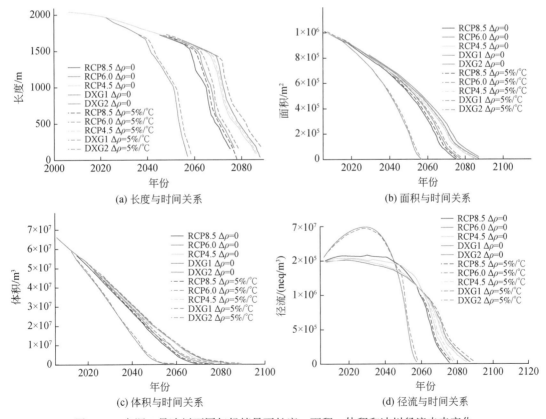

图 4-19　乌源 1 号冰川不同气候情景下长度、面积、体积和冰川径流未来变化

耗固态冰体为代价的，而冰川体积变化量与有效产流面积及表面物质平衡（消融强度）有关。在强烈升温情景下，消融强度急剧增大，导致融水径流呈上升趋势；同时，随着冰川规模变小造成产流面积不断减小，冰川融水也会随之减小。二者平衡之后到达拐点，随之径流快速减少。

如前所述，对小冰川来讲，不同升温情景对冰川变化规模和过程的影响都很小，原因在于以上几种情景下的升温速率在最初 30 年十分接近，而且冰川几何形态的变化主要是冰川对过去几十年甚至上百年的气候综合响应。

降水量变化对未来冰川变化的作用在对祁连山十一冰川的研究中已有论述。从图 4-18 中可以看出，降水增加对 1 号冰川未来变化的影响同样很有限。仅当冰川末端海拔变得很高，规模很小的阶段，降水的作用才有所体现。产生这一结果的主要原因是中国的冰川大都处在大陆性季风气候区，降水有 70% ~ 90% 集中于气温高于零度的消融季，降水中有相当一部分为液态，且气温越高固态降水所占比重越小，所以降水增加，对这类以夏季或春秋季节为积累期的冰川来说，作用有限，保护性不强。在 4.5.5 小节中将会看到，对于国外冬季积累、夏季消融的冰川，降水的作用要大得多。

另外，以十一冰川为例，冰川对降水的敏感性随温度上升而降低，海拔越高的区域对降水变化越敏感。如果未来出现气温升高、降水大幅增加的情景，冰川顶部的厚度会增加，但末端仍然退缩至海拔较高的位置，形成依偎于山脊的冰川。

上述研究表明，在当前的气候状况下，大多数山地冰川都未达到稳定状态，因此即便气候停止变化，冰川仍将持续退缩。不同气候情景对未来冰川变化的过程不会有大的影响，但会改变其变化的速率和到达变化拐点的时间。降水增加，对中国这类以夏季为积累期的冰川来说，作用有限，保护性不强。

4.5.4 冰川面积、体积和长度的关系

冰川的体积（厚度）参数，难以通过遥感方式直接获取。尽管体积–面积比例法（简称比例法）统计模型在国际上被广泛使用，但仍存在许多问题。近期的相关研究（Bahr et al.，2015；Farinotti and Huss，2013）指出：①比例法仅对求解大量冰川的体积总和有效，对单条冰川或数十条冰川的体积求解问题毫无意义（说明现有数据库所收录体积数据准确率堪忧）；②即使待求解冰川数量足够多，由于用于参数率定的实测数据有限，通过比例法获取的体积结果存在较大误差；③已有研究中，80% 以上对比例法本身的物理意义有误解，这导致计算结果存在理论问题，即现有各类计算结果中绝大多数需重新计算与校正。

然而，随着目前国际上冰川面积和体积变化观测数据的不断积累，通过建立冰川面积（或长度）变化与体积变化相关关系，以求推算冰川体积的变化，具有重要的现实意义。4 条参照冰川未来面积、长度和体积变化过程（图 4-15）表明，对于同一条冰川，这种变化关系在某种程度上是存在的，其中面积变化与体积变化的关系较长度与体积变化的关系更好。例如，十一冰川与托木尔青冰滩 72 号冰川面积变化与体积变化曲线均有类似形状

和拐点。而不同冰川之间，面积（长度）与体积的关系显著不同，无法形成成一个统一的关系式。研究表明，通过建立某条冰川面积与体积的变化关系，以面积变化来推算体积变化的方法在一定程度上是可行的（王璞玉等，2017），提高其精度的方法是引入描述其动力过程的修正参量。但是，如果将这条冰川的面积（长度）–体积变化公式运用到其他冰川，则会产生较大误差。因此，这方面的研究尚需进一步深入。

4.5.5 与国外冰川对比

（1）资料来源

国际上利用动力学模式对不同地区的参照冰川开展过类似模拟研究。本节使用的资料主要来自荷兰冰川学家 Oerlemans 的研究结果（Oerlemans et al.，1998a）。两套资料使用的是相似的冰流模型，并通过国际合作，将气候驱动统一在 RCP4.5 排放情景中。表 4-4 列出了实施动力学研究参照冰川的基本信息。如第 1 章所述，这些冰川有良好全球山地冰川代表性。

表 4-4　动力学研究参照冰川的基本信息

序号	冰川/冰帽名称	所在国家或地区	面积/km^2	平衡线高度/m
1	弗朗茨约瑟夫冰川（Franz Josef glacier）	新西兰	34	1650
2	阿根廷艾尔冰川（Glacier d'Argentière）	法国	15.6	2900
3	浩特冰川（Haut Glacier d'Arolla）	瑞士	6.3	3200
4	辛特艾斯费纳冰川（Hintereisferner）	奥地利	7.4	2950
5	尼加尔德斯伯林冰川（Nigardsbreen）	挪威	48	1550
6	巴斯特泽冰川（Pasterze）	奥地利	19.8	2880
7	龙冰川（Rhonegletscher）	瑞士	17.7	2930
8	斯托格雷希尔仑冰川（Storglaciären）	瑞典	3.1	1460
9	下格林德瓦冰川（Unt. Grindelwaldgl.）	瑞士	21.7	2770
10	Blondujökull	冰岛	226	1300
11	Illvidrajökull	冰岛	116	1250
12	凯基冰帽（KGI ice cap）	南极洲	1402	100
13	乌源 1 号冰川	中国	1.67	4100
14	托尔木青冰滩 72 号冰川	中国	5.8	4230
15	十一冰川	中国	0.48	4600
16	庙尔沟冰帽	中国	3.45	4100

（2）冰川变化过程

图4-20给出了在RCP4.5情景下，各参照冰川的标准化体积在2010～2100年变化过程。从图4-20中看出：①无论参照面积大小，海拔高低，其体积在未来均呈减少趋势。其原因如下：一方面，目前的冰川规模并未与气候条件相适应，即气候条件无法维持现在的冰川规模，因而冰川会不断缩小。另一方面，冰川还要继续对新的升温做出响应。②尽管体积在不断减少，但变化过程各异，有的先慢后快，有的先快后慢。各参照冰川所处的区域尺度和冰川尺度的水热条件和地形条件不同，造成冰川物质平衡上的差异，进而导致体积变化过程的差异。研究表明，不同冰川的面积和长度的变化过程差异性更大。

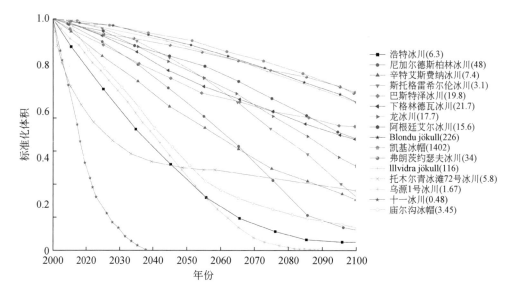

图4-20　参照冰川标准化体积在2010～2100年变化过程

（3）21世纪末剩余冰量

由图4-20看出，由于不同冰川的物质状况不同，冰川体积变化率也不同，在RCP4.5情景下，到2100年，各条冰川剩余体积在0～70%范围变化，差异很大，很难建立一套普适的公式来计算体积变化，进而推算冰川的消亡时间。但是，通过分析，本书得到如下统计规律。

一是面积大的冰川消失得慢，面积小的冰川消失得快。面积小于2km²的冰川很可能会在21世纪末消融殆尽。图4-20中小于2km²的冰川有两条，消失的时间分别在2040年和2090年左右；面积小于10km²的冰川在21世纪末剩余冰量不会高于30%，图4-20中共有7条。在这16条冰川中，仅有1条冰川的规律与其他冰川不同，即为位于挪威的尼加尔德斯伯林冰川（Nigardsbreen）。该冰川目前面积为48km²，到2100年时仅有10%左右的冰量剩余，与其他类似大小的冰川相比，其体积减小快很多。研究表明，这一现象的产生与该冰川形态特征有很大关系。该冰川最高海拔为1952m，最低海拔为330m，冰川的平衡线高度较低，只有 1550m，平衡线处的年均温较高，约为 -3℃。该冰川为海洋性冰川，积累区宽阔平坦且面积较小，仅为 10km²，消融区狭长且面积较大（长度超过 10km），对气候变化的敏感性非常高。受地形影响，冰量主要分布在海拔 1000m 以下的山谷中，冰川上部和顶部的冰量很少。自 18 世纪中叶以来，该冰川处在迅速缩小过程中，以末端厚度减薄为主要特征。到目前为止，冰川绝大部分的冰体处在平衡线以下，消融强烈，末端物质平衡值高达 -8m w.e.，厚度很薄。未来将以冰舌快速退缩，体积迅速减少为特征。

对于面积在 2~30km² 的冰川来说，到 21 世纪末剩余的冰量与冰川面积呈现成正向线性关系（图 4-21）。冰川面积越大，剩余的冰量越多，根据图中公式，可以根据面积估算其 2100 年剩余冰量百分比，具有实际意义。

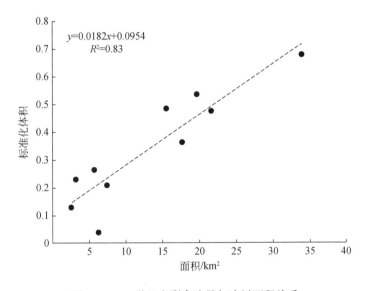

图 4-21　21 世纪末剩余冰量与冰川面积关系

（4）降水对冰川变化的影响

图 4-22 给出了在 RCP4.5 情景下，每升高 1℃ 降水增加 10% 情景下，中国境内的十一冰川和乌源 1 号冰川体积变化与国外 12 条参照冰川平均体积变化（按参照冰川平均，每条冰川有相同权重）对比，从图 4-22 中看出，降水对中国境内的冰川影响较小。正如上节所分析，冰川物质积累主要取决于固态降水量。中国冰川处在亚洲中部高海拔山区，受季风影响，降水主要发生在夏季，冬季降水很少，随着气温升高，尽管降水增加，但降雪的比例未必能提高，如果降雨增加，反而对冰川消融有利，因此，对于中国这类以夏季为积累期的冰川来说，未来降水增加，对其变化的影响作用有限，保护性不强。而对于全球以冬季积累、夏季消融为特征的冰川来说，降水的增加意味着冬季降雪的增加，冰川积累增大，对冰川具有明显保护作用。

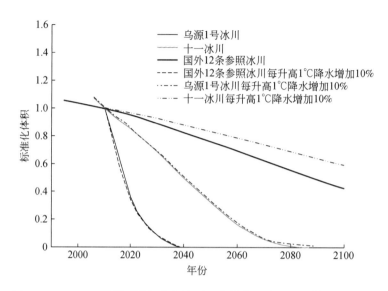

图 4-22　RCP4.5 情景不同降水条件下国内外参照冰川平均体积变化对比

第5章　冰川厚度、温度和速度热–动力学过程模拟

以冰川物理学理论为基础的冰川热–动力模式，不仅可以描述冰川的运动，预测冰川的未来变化，而且可以模拟研究冰川的各种现象和过程，这也是冰川动力学模式研究的重要内容。本章介绍利用冰川热–动力学模式，开展冰川厚度、冰川温度和冰川运动速度模拟研究的几个实例。

5.1　山地冰川厚度模拟

冰川厚度是重要的冰川学参量，不仅是冰川固态水资源量计算中不可或缺的参数，也是冰川动力学模式的必要输入参数。许多研究采用面积–厚度（体积）统计关系来估算冰川厚度或储量，但其准确性仍存在争议[①]。另外还有基于黏性流理论，通过复杂程序推算冰川厚度的数值方法，如厚度反演法等（Thorsteinsson，2003；Raymond and Gudmundsson，2009），这种方法需要将表面运动速度场作为输入，在大区域内无法应用。Farinotti（2009）提出一种基于冰川物质循环与黏性流理论的厚度模拟方法，但必须以物质平衡分布数据作为输入。另有方法用理想塑性代替黏性来描述冰川的流变特性，以此估算冰川厚度（Nye，1952），这种方法曾被广泛用来估算冰盖与冰川在某一历史时期的规模，也被用来推算现代冰川的厚度，但由于忽略了底部基岩差异对冰川流动的影响，无法直接应用于山岳冰川。

本节基于理想塑性流变理论，提出一种新的针对大陆性（冷性）山地冰川的厚度模拟方法——改良法。该方法考虑到周遭地形对冰川应力场的影响，且仅以冰川表面形态及屈服应力为输入，理论上具备在流域尺度开展较为准确的厚度模拟研究的潜力。以中国西北部5条冰川为研究对象，应用改良法进行主流线厚度模拟，发现模拟结果与实测数据的平均偏差仅为11.8%，尤其在具有绵长冰舌的山谷冰川上其模拟效果远优于同样基于理想塑性理论的传统方法。应用该方法时需要输入比较准确的冰川宽度数据，否则将显著降低模拟结果的准确性。

5.1.1　模型构建

（1）传统理想塑性体法（standard method，SM）

传统理想塑性体法也被称为标准法，是在 Nye（1952）的研究基础上，Paterson

（1970）对冰川提出如下假定：底部应力与多冰晶屈服应力相等、宽度无限大及流动形式为层流，可利用表面坡度 α 来估算冰川厚度 h：

$$h=\tau_y/(\rho g\sin\alpha) \tag{5-1}$$

式中，τ_y 为多冰晶屈服应力（假定与冰川底部剪切应力 τ_b 相等），本书假定在同一冰川上为常数；ρ 为冰的密度；g 为重力加速度；h 为冰厚；α 为表面坡度。式（5-1）描述了 SIA 简化条件下的应力平衡，忽略了纵向应力。

（2）改良法（extended method，EM）

1964 年 Nye 研究了冰沿矩形、椭圆和抛物形圆柱通道以稳定直线形式流动的数值解。根据他的分析，山岳冰川的宽度有限以及山谷两侧支撑部分冰川的重量，导致屈服应力 τ_y 与厚度 h 的关系不能直接用式（5-1）表述，需引入横剖面形状因子 f 来修正：

$$\tau_y=f\rho gh\sin\alpha \tag{5-2}$$

式中，h 为主流线上的厚度；f 的值依赖于冰川基岩横截面的横纵比 γ。

$$\gamma=\frac{w}{h} \tag{5-3}$$

式中，w 为横截面宽度的 1/2。

山岳冰川覆盖区域或退缩后出露区域通常称为冰川槽谷，其横截面多呈"U"形或抛物线形（Hirano and Aniya，1988；Harbor，1990；Harbor and Wheeler，1992）。Svensson（1959）率先引入幂函数描述冰川槽谷的横截面：

$$Y=a\,X^b \tag{5-4}$$

式中，X 和 Y 为距横截面最低点的水平与垂直距离；a 与 b 为常量，分别描述横剖面的横纵比与曲率。从 1959 年开始，幂函数形式被广泛应用于冰川槽谷的地貌学研究中，其中 b 值通常介于 $1\sim5$，集中于 $1.5\sim2.5$，与抛物线的相应指数非常接近（$b=2$）（Graf，1976；Doornkamp and King，1971；Aniya and Welch，1981；Li et al.，2001）。基于变分原理，Hirano 和 Aniya（1988）模拟发现若侵蚀作用总是向冰川底部与基岩摩擦力最小的方向进行，则冰川槽谷的最终轮廓应为抛物线形。表 5-1 中为对应抛物线形槽谷的 f 值（Nye，1964）。

表 5-1　对应冰川槽谷为抛物线的横剖面因子 f 值

γ	f
0	0
1	0.445
2	0.646
3	0.746
4	0.806
∞	1.000

注：γ 为横剖面横纵比。

通过对表 5-1 中 f 值拟合可得：

$$f(\gamma)=1-\frac{1}{1+m\gamma} \tag{5-5}$$

式中，$m=0.9$（$R^2=0.99$；$P=0.01$）。除了抛物线形，Nye（1964）同时计算了矩形及椭圆形槽谷所对应的 f 值，发现三者之间平均差异仅有 9%。

f 的另一个计算公式是 $f=Ac/(hP)$。其中，Ac 为横断面面积，P 为冰川与基岩交界的边的长度（Budd，1969），两种方法得到的 f 值的差异仅有 10%。

将式（5-3）、式（5-5）代入式（5-2）消去 f 可得

$$h=\frac{mwH}{mw-H}=\frac{H}{1-\frac{H}{mw}}\tag{5-6}$$

式（5-6）即为"改良法"的厚度计算公式，其中 $H=\dfrac{\tau_y}{\rho g\sin\alpha}$ 为传统方法计算的厚度。从式（5-6）来看，当 w 为有限值且 $1-\dfrac{H}{mw}<1$ 时，有 $h>H$。这是因为山谷两侧的谷壁承担了部分冰川重力，减轻了基岩屈服应力的负担。当 $w\to\infty$ 时，$h=H$，模型还原为传统方法。

为了挖掘式（5-6）更多的数学特性，联立式（5-2）及式（5-3）将 h 消去可得

$$f=\frac{H}{w}\gamma\tag{5-7}$$

图 5-1 中实曲线与虚线分别为式（5-5）与式（5-7）表现的函数，可以看到二者有两个交点，说明若联立二式可得两个解。其中，在 $f=\gamma=0$ 的交点将给出 h 的一个非物理解（$h\to\infty$），另一个交点给出的解与式（5-6）相同。图 5-1 还说明，如果 w 非常小，则虚线的斜率将趋于无限大，与实曲线无交点 [表现在式（5-6）中为：$\dfrac{H}{w}>m$，$h<0$]。另外，冰川表面坡度 α 很小时，H 的值会相应增大，有可能导致 $\dfrac{H}{w}>m$。为了避免这种情况，引入一个较小的值 α_0 作为坡度上限，当实测坡度 α 小于 α_0 时将 α_0 的值赋予 α。

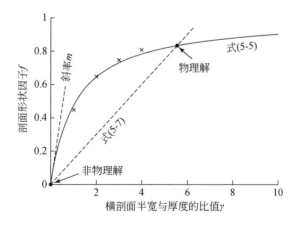

图 5-1　横剖面形状因子 f 随横纵比 γ 的变化曲线

利用改良法，通常具备 DEMs 及边界信息的冰川都可以用式（5-6）来计算主流线上冰川厚度数据，而后结合边界条件（边界点厚度为 0）及横断面抛物线的假设可插值

生成整条冰川的厚度分布网格。数据获取方法如下：①在整条冰川上生成等高线，所有等高线上曲率最大的点的连线即为主流线。②以一定间隔 dx 在主流线上划分出格点，并在每个格点上画出主流线的垂线。将这些垂线落在冰川边界以内的部分定义为横断面的"完整宽度"，并取完整宽度的一半为 w。③利用 DEMs 数据求出每个格点上的表面坡度。因为本模型建立在 SIA 理论基础上，须满足相应假设条件，所以将坡度在数倍于冰川厚度的水平距离上（200～500m）进行平滑（Kamb and Echelmeyer，1986）。④冰川（尤其山谷冰川）谷壁两侧海拔较高的部分通常冰层较薄，对整条冰川的支撑作用微弱。为了消除厚度计算中这部分区域带来的误差，引入"有效宽度"，即完整宽度上坡度低于阈值 α_{lim} 的部分 [图 5-2（a）]。⑤将坡度及（完整/有效）宽度代入式（5-6）计算厚度数据。

改良法中隐含了 3 个假设：①横剖面关于主流线对称；②横剖面裸露于大气的边水平，即其上任意点的海拔基本相同；③冰川无底部滑动。对大陆性（冷性）冰川来说，第三个假设基本满足（除冰川末端有限区域外），而现实情况与前两个假设往往并不吻合。图 5-2（b）中显示当冰川横剖面不完全关于主流线对称时，完整宽度及有效宽度所代表的横剖面形态，其中后者与实际情况比较相近。

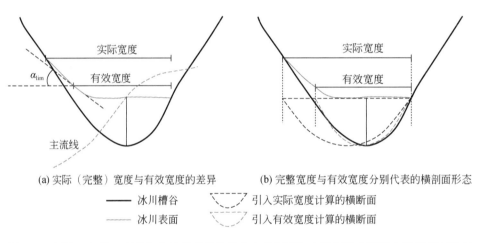

(a) 实际（完整）宽度与有效宽度的差异　　　　(b) 完整宽度与有效宽度分别代表的横剖面形态

   —— 冰川槽谷　　　　╌╌╌ 引入实际宽度计算的横断面
   —— 冰川表面　　　　╌╌╌ 引入有效宽度计算的横断面

图 5-2　实际（完整）宽度与有效宽度的差异和完整宽度与有效宽度分别代表的横剖面形态

5.1.2　模型应用

本章将比较传统理想塑性体法（SM）与改良法（EM）的厚度模拟结果。运用 EM 时，分别将完整宽度（full width，FW）及有效宽度（effective width，EW）引入其中。各种方法模拟结果的优劣及适用条件是下文讨论的重点

（1）数据来源

本书选择进行模型验证的 5 条冰川分别为位于中国天山最西段的托木尔青冰滩 72 号冰川（神奇峰冰川）、中段的乌源 1 号冰川、博格达峰地区四工河 4 号冰川、祁连山七一

冰川与十一冰川（图5-3）。择取的原则除了拥有完整的厚度实测数据外，也力图使所选冰川较为均匀地分布于我国西北干旱区。表5-2列出了5个冰川的基本信息。

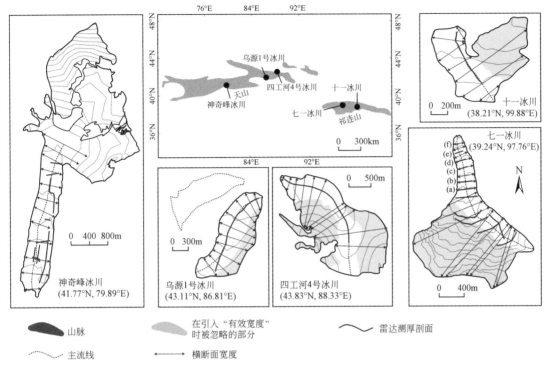

图 5-3　本书所选冰川位置、地形图

各地形图中等高线间距均为100m；首末端有箭头的线段表示完整宽度（FW）；灰色部分表示在选择有效宽度（EW）时应从FW中除去的部分；七一冰川上 *a*~*f* 点对应图 5-6 中的剖面位置

　　所选冰川皆是位于天山—祁连山的大陆性山地冰川，基本特征是温度较低、有附加冰带，同时无底部消融等。20 世纪80 年代曾在乌源1 号冰川末端开挖冰洞，出露的底面特征显示即便在海拔最低的末端底部温度也低于融点，底部运动的主要形式为沉积层形变而非真正意义上的滑动（黄茂桓，1994）。近期在乌源1 号冰川与青冰滩72 号冰川上开展的运动速度研究也表明，仅在冰川末端很小的区域内有夏季底部滑动发生（周在明，2009；曹敏等，2011）。5 条冰川的测厚时间介于1975 ~ 2010 年，其中乌源1 号冰川与四工河4 号冰川的厚度数据已经发表（王璞玉等，2011；吴利华等，2011）。乌源1 号冰川、四工河4 号冰川及十一冰川的测厚剖面十分接近主流线，并且覆盖区域较广，本书直接将这3 条冰川的观测数据与模拟数据进行比较。青冰滩72 号冰川仅有冰舌部分开展过厚度测量，且测厚剖面杂乱，七一冰川仅有横向测厚剖面，只能通过插值的方法获取这两条冰川的主流线厚度数据。表5-2 列出了5 条冰川的DEMs 数据获取时间。其数据源情况如下：七一冰川的DEM 取自1 : 12 000 的地形图，垂直误差约为±10m；乌源1 号冰川的高程网依经纬仪实地观测数据建立，垂直误差为±0.1m；其他3 条冰川的DEMs 数据均来自差分GPS 测量，误差为厘米量级。

表 5-2　本书所选冰川基本参数

	经纬度	面积/km²	长度/km	测厚面数/条	测厚时间年份	DEMs 年份	ELA/m
十一冰川	38°12′48″N 99°52′40″E	0.48	1.0	1	2010	2010	4440 (2008 年 9 月至 2009 年 8 月)
七一冰川	39°14′15″N 97°45′23″E	2.698	3.66	12	1980	1975	4970 (2001 年 9 月至 2003 年 8 月)
四工河 4 号冰川	43°50′03″N 88°19′34″E	2.80	3.1	1	2009	2009	3950 (2008 年 9 月至 2009 年 8 月)
乌源 1 号冰川 (东支)	43°06′51″N 86°48′39″E	1.09	2.0	1	2006	2006	4000 (2001 年 9 月至 2008 年 8 月)
青冰滩 72 号冰川	41°46′08″N 79°53′19″E	5.8	6.2	6	2008	2008	4850 (2007 年 9 月至 2009 年 8 月)

（2）厚度模拟

本书分别采用 SM、EM-FW 与 EM-EW 3 种方法模拟 5 条冰川的主流线冰厚，并将其结果与实测数据进行比较，其间用"平均偏差"（即平均绝对差）来评价模拟效果的优劣。

在厚度模拟开始之前，需首先确定屈服应力 τ_y 的值。由于 τ_y 的影响因素很多（如冰的黏度、冰底形变及运动状况等），在不同区域其量值很可能相差甚远（Paterson，1994），因此本书假定每条冰川独立取值，但同一冰川上 τ_y 为常数。确定 τ_y 的方法是以微小间隔在某一合理范围内不断对 τ_y 取值，直到模拟结果与实测数据的平均偏差最小。一般情况下，验证模型的方式是对模拟结果的优劣直接进行评价。而本书中因缺少针对屈服应力的前期研究，需先找到每种方法的"最佳模拟结果"而后评价每种最佳结果的优劣。率定结果显示（表 5-3），对于不同冰川来说 τ_y 的变化范围很大，采用不同的模拟方法也会导致 τ_y 值有 23～65kPa 的差别。在模型验证过程中，假定两个坡度阈值 α_0 与 α_{lim} 在所有冰川上为统一常数，并与 τ_y 同步率定，最佳结果为 $\alpha_0=4°$，$\alpha_{lim}=30°$。

表 5-3　采用不同方法在各条冰川上率定的 τ_y 量值

项目	模型	青冰滩 72 号冰川	乌源 1 号冰川（东支）	四工河 4 号冰川	七一冰川	十一冰川
τ_y/kPa	SM	74	154	83	175	96
	EM-FW	50	114	69	125	77
	EM-EW	50	105	56	110	73

注：SM 为传统理想塑性体厚度模型；EM-FW 为以完整宽度为输入的改良法；EM-EW 为以有效宽度为输入的改良法。

本书将率定的各项参数引入 SM、EM-FW 及 EM-EW 3 种方法来计算冰川主流线厚度。图 5-4 显示了依据模拟厚度及实测厚度重建的底面信息，可以看到 3 种方法的模拟效果都较好，不会错漏底面形态的变化信息。在青冰滩 72 号冰川上只用了两种方法，原因是冰舌处较为平坦，有效宽度与完整宽度相等。模拟与实测厚度的对比分析显示（图 5-5），3 种方法的模拟结果和实测数据都有较好的相关性，其中 SM 对实测数据的解释度为 88%，EM-FW 与 EM-EW 也分别达到 88.2% 与 86.8%。在计算中本书对同一冰川的 τ_y 赋予常数（表 5-3），忽略了 τ_y 在小范围空间内变化的可能，但模拟结果并不受其影响。这种结果不仅仅说明 Nye（1951）对冰川冰的"理想塑性体"假设在某种程度上成立，也说明冰川的屈服应力 τ_y 完全有可能通过有限次的野外观测（测量厚度或者有关底部形变的观测）被限制在一个可信的数值范围内。

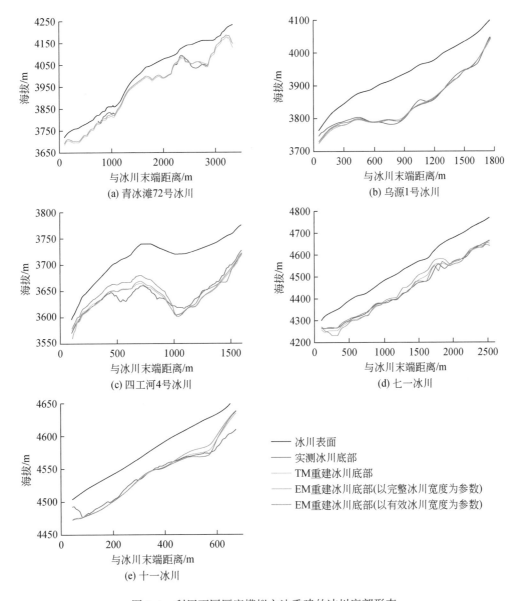

图 5-4　利用不同厚度模拟方法重建的冰川底部形态

SM 指传统理想塑性体模拟方法；EM 为本书提出的改良法；图中黑色与红色曲线分别为实测的冰川表面与底面

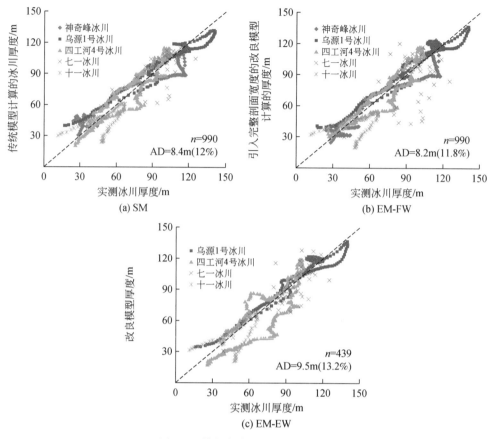

图 5-5　模拟与实测厚度数据对比

n 为厚度数据点数；AD 为平均偏差

5.1.3　结果讨论和敏感性分析

（1）模拟效果评价

从物理背景上来讲，改良法比传统法更加合理与现实，因为它考虑到周遭地形对冰川应力情况的影响。理论上这种优势在地形复杂的山区将更加显著。另外，由改良法确定的 τ_y 相比传统法的结果应更加接近真实值，理由是它的影响因素较少（排除了地形而仅余温度与晶体杂质及结构等），具有在流域应用的更大潜力。为了验证改良法是否比传统法有更好的模拟效果，将每种方法在各条冰川上的模拟结果与实测数据之间的平均偏差列于表 5-4。为了辅助说明改良法的优势与限制条件，本小节从形态角度将冰川分类，并且将七一冰川的冰舌部分分离出来讨论。

本书已经谈及，从图 5-4、图 5-5 来看，3 种方法的模拟效果并无明显差别。表 5-4 中的数据似乎说明两种 EM 方法对应的平均偏差时高时低，而 EM-EW 在四工河 4 号冰川与十一冰川上的模拟效果更是远不及 SM 方法。从所有冰川的总体情况来看，SM 造成的平均偏差为 12%，EM-FW 为 11.8%，EM-EW 为 13.2%。前两种相差无几，而 EM-EW 较差。然而，事实上 EM 的两种方法在特定情况下较 SM 优越，尤其是 EM-EW。

表 5-4 不同方法的厚度模拟结果与实测厚度数据的平均偏差

项目	模型	青冰滩 72 号冰川	乌源 1 号冰川	四工河 4 号冰川	七一冰川		十一冰川
					整体	冰舌	
n		251	162	371	48	28	158
长度/m		1000	1710	1540	2420	1380	630
平均偏差	SM	12.8m (26.3%)	7.4m (7.9%)	7.7m (10.9%)	10.1m (10.6%)	8.3m (9.2%)	5.4m (11.7%)
	EM-FW	9.4m (19.2%)	6.6m (7.1%)	7.7m (10.8%)	19.0m (18.2%)	4.8m (5.3%)	7.8m (16.8%)
	EM-EW	9.4m (19.2%)	5.8m (6.2%)	13.2m (18.6%)	9.3m (9.7%)	4.8m (5.3%)	6.0m (12.8%)

注：n 为用来对比的厚度点数；长度表示测厚剖面或插值恢复的厚度数据覆盖主流线的长度；括号中的百分数指平均偏差与厚度实测数据平均值的比值。

首先，EM 在青冰滩 72 号冰川、乌源 1 号冰川及七一冰川冰舌上的模拟效果要明显优于 SM，说明在这些地点将横剖面宽度引入厚度模拟计算很有必要。这 3 条冰川有些共同点：①冰川（或冰舌）被严格限制在山谷当中，总体宽度和有效宽度很容易辨识；②总体宽度和有效宽度相等或相差无几。对青冰滩 72 号冰川与七一冰川的冰舌来说，陡峭的山壁将其束缚在狭窄的山谷当中，几乎所有山壁都对整体应力状况有影响。乌源 1 号冰川是冰斗冰川，没有绵长的冰舌，但仍有陡峭的山壁围绕。这条冰川上的 EM 与 SM 的模拟效果并不像在青冰滩 72 号冰川上那样差异明显，但是 3 种方法的结果误差都仅有 6% ~ 7%。

上述分析得出这样的启示：当冰川的有效宽度与总体宽度差别不大时，EM 能够获得可信的厚度模拟数据，而山壁陡峭且横断面宽度较小时，EM 的模拟效果远优于 SM。一个显著的例子是七一冰川冰舌上的模拟结果，EM 产生的误差仅略大于 SM 的一半。图 5-6 是利用 EM 对七一冰川横剖面厚度的模拟结果，可以看到与实测数据吻合非常好。虽然模型中假定横剖面为抛物线（关于主流线对称），但因该图的绘制方法是用实测冰川表面（不对称）减去模拟厚度获得底面轮廓，因此横剖面看起来并不对称。

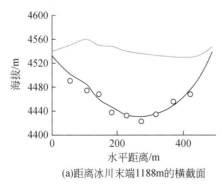 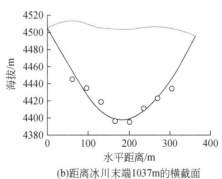

(a)距离冰川末端1188m的横截面　　(b)距离冰川末端1037m的横截面

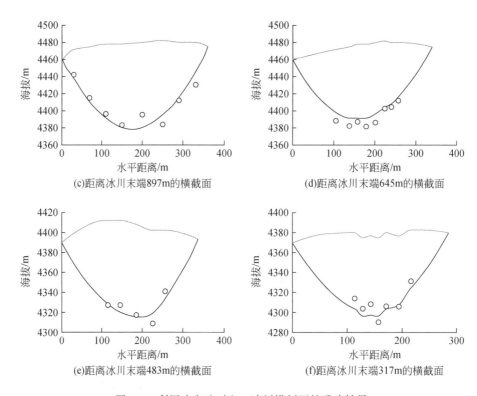

(c)距离冰川末端897m的横截面 　　　　　　　(d)距离冰川末端645m的横截面

(e)距离冰川末端483m的横截面 　　　　　　　(f)距离冰川末端317m的横截面

图5-6　利用改良法对七一冰川横剖面的重建结果

　　从七一冰川的结果中还可以看到一个有趣的结论：如果宽度选择欠妥将导致 EM 的模拟结果严重偏离真实情况。从表 5-4 来看，EM-FW 的模拟结果远逊于 SM，原因是冰川上部所选的总体宽度贯穿了整个粒雪盆，与有效宽度相差甚远。近些年随着气温升高消融加剧，冰川上部基岩已经出露，这将粒雪盆划分为 3 个动力过程独立的部分，因此图 5-3 中划定的总体宽度明显太大。另外，虽然在七一冰川（整体）上 EM-EW 的模拟效果远优于 EM-FW，但与 SM 并无明显差别，说明仅依靠 α_{lim} 提取有效宽度的方法并不能完全解决问题，或 4.2.1 小节中简单的宽度数据提取方式对某些（种）冰川并不适用。

　　十一冰川是另一条因宽度选择有误而导致模拟效果欠佳的例子。强烈的消融使该冰川正处在东西两支分离的进程当中。图 5-3 中西支上部分选择的整体宽度已经进入东支范围，显然较实际情况偏大。与七一冰川的情况相同，EM-EW 的模拟效果虽然优于 EM-FW，但是却略逊于 SM，其原因可能是不当的宽度选择导致 EM 产生的 τ_y 值有偏差，使其模拟效果不如 SM，尽管后者没有考虑地形的影响。EM-EW 在四工河 4 号冰川上的表现也不理想，问题主要出在冰川下部大片坡度较缓的区域（接近 0°）。结合之前的讨论，误差的源头很可能是 α_0 的量值不够合理。这些例子说明，改良法虽具有更为合理的物理基础，但输入参数的准确性对其影响较大。在建立系统的参数提取方法前，EM 最好只在特定冰川类型上使用。可以断定，对有绵长冰舌的山谷冰川，改良法 EM 的模拟效果要强于传统方法 SM，在东天山最西端、帕米尔、西昆仑等发育大型山谷冰川的区域最为适用。其他类型的冰川可酌情选择方法，冰帽（或其部分）等无山壁挟制的冰川类型使用 SM 比较妥当。冰斗冰川横截面宽度较窄时建议采用 EM，但尽可能利用相互独立的多套 DEMs 数据相互验证后再提取宽度等几何信息。某些区域冰川较小，很多冰川已在经历长时期强烈消融后退变为依附于山峰背阴面的悬冰川，规模极小（如葫芦沟流域中大部分冰川）。此时不论使用 SM 或 EM，都有可能使模拟结果偏大，而 EM 更是如此。

（2）敏感性分析

模拟效果评价已经发现 EM 对输入参数较为敏感，本小节中将就此问题展开敏感性分析，即分析各项参数（屈服应力 τ_y、坡度 α 及宽度 w）的微小变化对厚度模拟结果的影响。"敏感性"（Δh）在本书中定义为模拟结果改变量与原值的比值，表达为百分数。敏感性分析的意义有如下几点：①使用本书所涉及厚度模拟方法（EM 与 SM）皆存在 τ_y 数据难以获取的问题，已有研究中多采用理论值或其他冰川的观测值。有待研究 τ_y 不确定性对模拟结果的影响误差。②宽度是 EM 新引入的一项参数。理论上针对山谷冰川的厚度模拟必须考虑地形因素的影响，但由于数据提取方法目前仅在探索阶段，无法保证宽度数据的准确性。这种情况下，针对宽度的敏感性分析将有助于进一步评价 EM 的适用性。③由于 SM 与 EM 都基于 SIA 假设，坡度必须在数倍于厚度的距离上平滑。平滑距离不同导致坡度量值发生变化，敏感性分析将有助于评估由此引发的模拟结果误差。

表 5-5 为敏感性分析结果，可以看到模拟结果对 τ_y 与 α 的波动较为敏感。将 τ_y 改变 10% 或 α 改变 1° 将使 Δh 发生 10%～20% 的变化。从绝对量值上来说，τ_y 升高 10kPa，模拟厚度将相应增加 14.4%；或 α 升高 1° 厚度随之减少 12.2%，τ_y 升高 10kPa 与 α 升高 1.2° 引起的效果将相互抵消。相较而言，结果对宽度的敏感性要弱得多，后者增加 10% 仅引起前者 3.2% 的降低。

表 5-5　利用 EM-FW 及 EM-EW 所做参数敏感性分析结果　　（单位：%）

项目	Δh									
	青冰滩 72 号冰川	乌源 1 号冰川		四工河 4 号冰川		七一冰川		十一冰川	
		FW	EW	FW	EW	FW	EW	FW	EW
$\Delta\tau_y = +10\%$	+13.1	+14.1	+15.5	+12.2	+14.6	+8.2	+26.6	+12.5	+13.5
$\Delta\alpha = +1°$	−15.4	−11.7	−12.7	−14.4	−16.1	−5.2	−17.6	−8.1	−8.8
$\Delta w = +10\%$	−2.4	−3.1	−4.1	−1.7	−3.1	−5.0	−5.1	−1.9	−2.7

本书对较为敏感的两项参数 τ_y 与 α 作更进一步分析，研究参数量值对敏感性的影响。为方便比较，以下分析中皆设定横剖面宽度的一半 $w = 500\text{m}$，这样取值的原因是该值在中国西北部比较典型（施雅风，2005）。图 5-7 中坡度扰动 $\Delta\alpha = \pm1°$。可以看到模拟结果对坡度的敏感性总是负值（即坡度增大厚度减小），且随着坡度的升高敏感性的绝对量值逐渐减小。说明在对比较平坦的冰川做厚度模拟时，计算结果更易受坡度误差的影响。另外，τ_y 的增大会减弱模拟结果对坡度的敏感性，但影响甚微。

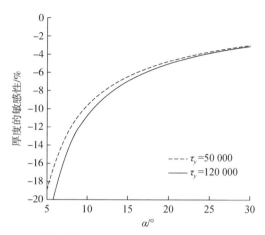

图 5-7　EM 模拟厚度结果敏感性（$\Delta\alpha = \pm 1°$）随 α 的变化曲线

图 5-8 中屈服应力扰动 $\Delta\tau_y = \pm 10\text{kPa}$。可以看到模拟结果对 τ_y 的敏感性总是正值（τ_y 增大则地形对冰的承载力增强），且随着 τ_y 升高逐渐减小，说明越是针对 τ_y 量值较小的冰川越要注意对 τ_y 值的选择。

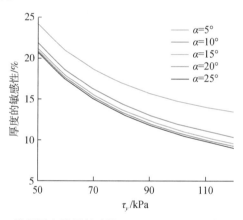

图 5-8　EM 模拟厚度结果敏感性（$\Delta\tau_y = \pm 10\text{kPa}$）随 τ_y 的变化曲线

5.2　老虎沟 12 号冰川温度和运动速度模拟

冰川内部的温度分布主要受冰流变、内部水文和底部滑动条件的控制，深入研究冰川的热状况，是利用动力学模型模拟预测冰川对气候变化响应的基础。本节采用一阶近似热-动力耦合冰川流动模型，开展老虎沟 12 号冰川诊断模拟数值实验，将数值模拟结果与实测的冰川流速和冰川温度曲线模型进行比较，以此研究不同热表面边界条件对模拟结果的影响。在此基础上，研究探讨了平流热、应变热和底部滑动对老虎沟 12 号冰川温度场模拟的影响。由于大部分的野外观测，如气温、冰川表面流速、冰温和探地雷达测量，主要集中在冰川的东支（图 5-9），所以本书的数值模拟试验以冰川东支为主。

(a) 祁连山老虎沟12号冰川及其位置

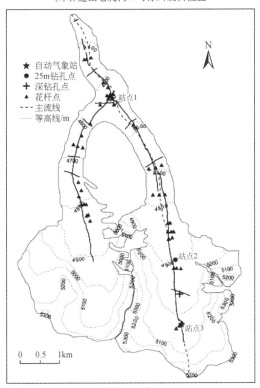

(b) 观测布设示意图

图 5-9 祁连山老虎沟 12 号冰川及其位置图和观测布设示意图

粗实线为 GPR 测线；细虚线为等高线（m）

5.2.1 数据来源

（1）冰川形态

在 2009 年和 2014 年的 7～8 月，有关学者使用 pulseEKKO PRO 型探地雷达（GPR）在老虎沟 12 号冰川开展了两期冰下地形测量。两期 GPR 测量的中心频率分别为 100MHz（2009 年）和 50MHz（2014 年），王玉哲等（2016）介绍了 GPR 数据的获取和处理过程。

老虎沟 12 号冰川东支的平均厚度约为 190m，最大厚度位于海拔 4864m 处，约为 261m；老虎沟 12 号冰川表面平均坡度为 0.08°，较为平缓，而在主流线中部冰床处存在下洼地形［图 5-10（a）］。为了在二维冰流模型中考虑槽谷对冰川流动的侧向效应，通过冰川宽度来参数化侧向拉力。基于老虎沟 12 号冰川上的横向 GPR 断面测量，采用幂函数对冰川槽谷形态进行参数化。

$$z = aW(z)^b \tag{5-8}$$

式中，z 和 $W(z)$ 分别为距横断面最低点的垂直和水平距离；a 和 b 分别为冰川槽谷谷底的平缓度和边坡的陡峭度（Svensson，1959）。老虎沟 12 号冰川的 b 值范围为 0.8～1.6，表示其槽谷形态呈"V"形（王玉哲等，2016）。作为冰流模型的输入，在计算冰川宽度 W 时忽略了其余的支冰川［图 5-9（b），图 5-10（b）］。

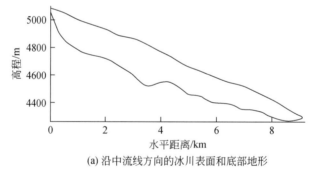

(a) 沿中流线方向的冰川表面和底部地形

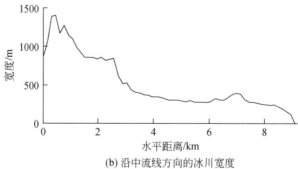

(b) 沿中流线方向的冰川宽度

图 5-10　沿中流线方向的冰川表面和底部地形和沿中流线方向的冰川宽度

（2）冰川表面流速

本书通过定期测量布设于老虎沟 12 号冰川的花杆位置，计算得到冰川表面运动速度。花杆分布于海拔 4355 ~ 4990m 内，在冰川中流线上的位置为 0.6 ~ 7.9km（图 5-11）。本书采用南方测绘灵锐 S82 GPS 系统测量花杆位置，运行模式为 RTK（real time kinematic）固定解方案（Liu et al.，2011），其定位精度为厘米级，计算得到的冰川表面流速误差小于 1m/a。因为冰裂隙、表面河、天气和后勤补给等原因，在一个完整的物质平衡年内测量所有的花杆位置是不可能的，已获得的冰川表面流速数据包括 2008/2009 年和 2009/2010 年的年均值、2008 年 6 月 17 日至 8 月 30 日的夏季流速值，以及 2010 年 2 月 1 日至 5 月 28 日的冬季流速值。

图 5-11 展示了沿中流线实测的冰川表面运动速度。在积累区上部（0 ~ 1.2km）和消融区下部（6.5 ~ 9.0km）冰川运动速度较小（小于 17m/a）；在海拔 4700 ~ 4775m 内（4.0 ~ 5.0km）存在一个快速冰流区，运动速度大于 30m/a，而在此处夏季平均运动速度比年均运动速度快约 6m/a；冬季运动速度的测量主要集中在冰川末端，小于 10m/a，这表明老虎沟 12 号冰川的运动速度存在显著的年内变化。

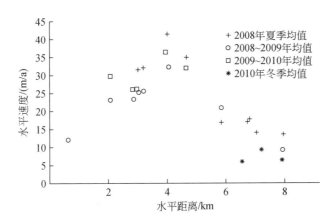

图 5-11　沿中流线方向实测的冰川表面水平流速

（3）冰川表面气温

在老虎沟 12 号冰川上安装有两台自动气象观测站（AWS），其中一个位于消融区［站点 1，图 5-9（b）］，海拔为 4550m；另一个位于积累区［站点 3，图 5-9（b）］，海拔为 5040m。根据 2010 ~ 2013 年的连续气象观测表明，站点 1 和站点 3 的年均气温分别为 −9.2℃和−12.2℃，据此可计算得到气温垂直递减率，约为−0.0061℃/m，由此插值得到沿冰川表面的温度分布。

（4）冰川钻孔温度

2009 年和 2010 年的 8 月，在老虎沟 12 号冰川上钻取了 3 个 25m 深的浅孔，其中一个位于消融区上部［站点 2，海拔 4900m，图 5-9（b）］，另外两个位置接近于自动气象站位置（站点 1 和站点 3）。采用热敏电阻导线测量浅孔温度，导线上的探头间距不等，范围在 0.5 ~ 5m，探头测量精度为±0.05℃（Liu et al.，2009）。图 5-12（a）~（c）展示了

2010~2011年的完整年钻孔温度测量数据，可看到在20~25m深度范围内，冰温年均变化幅度小于±0.4℃。在3m深度以下，3个钻孔的温度都随深度而升高，但位于站点1和站点2处的钻孔温度曲线呈线性增加，而在站点3处的钻孔温度曲线呈上凸形状。位于站点1、站点2和站点3处的20m深年均钻孔温度值比其表面的年均气温值分别高5.5℃、3.0℃和9.5℃，虽然站点3所处的海拔大于消融区的站点1和站点2，但是在5m深度以下，站点3的钻孔温度大于站点1和站点2，造成站点3钻孔温度高的原因在于粒雪层内的融水冻结后释放潜热，对冰川浅层起到加热作用。

2011年10月，在老虎沟12号冰川消融区上部［海拔4971m，图5-9（b）］钻取了一支深冰芯，20天后采用热敏电阻导线测量了上部110m深度范围内的温度［图5-12（d）］，导线上布设有50个温度探头，在0~20m深度范围内，探头间距为0.5m，而在20~110m深度范围内，探头间距为10m。从图5-12（d）中可以看到，在9~30m深度范围内，温度曲线接近于线性，温度梯度为+0.1℃/m；在30m深度以下，冰温与深度也表现出线性关系，但温度梯度较小，大约为+0.034℃/m。

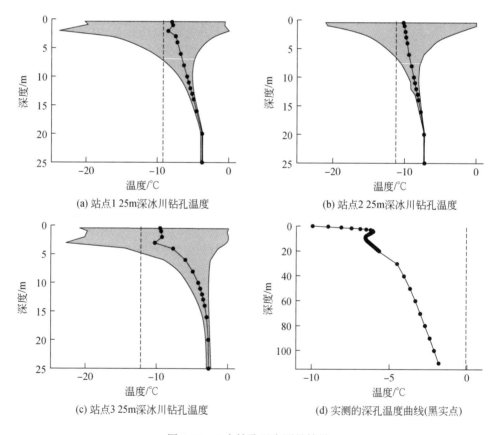

(a) 站点1 25m深冰川钻孔温度

(b) 站点2 25m深冰川钻孔温度

(c) 站点3 25m深冰川钻孔温度

(d) 实测的深孔温度曲线(黑实点)

图5-12　4个钻孔温度测量结果

实点表示2010~2011年年均冰温；阴影表示冰温的年内浮动范围；

虚线表示该站点处的年均气温；点连线表示压力融点

5.2.2 模型介绍

(1) 模型架构

本书使用了二维高阶流带冰川流动模型，即 4.2.2 小节所介绍高阶冰流模型的二维形式（忽略 y 向分量），利用冰川宽度对侧向拉力进行参数化，并假设老虎沟 12 号冰川处于热稳定状态，采用二维热传输方程计算其冰川温度场［式（4-8）的二维形式］。

(2) 边界条件

冰川底部边界条件采用 Coulomb 摩擦定律［式（4-9）］来定义。对于冰川温度模型，表面边界条件设为 Dirichlet 型，即表面温度 T_{sbc} 为给定值。在一些研究中（Zhang et al.，2013），热表面边界条件设为年均气温（T_{air}），即 $T_{sbc}=T_{air}$，但最近的研究表明，这会引起模拟的运动速度偏低（Sugiyama et al.，2014），而且模拟得到的冰温比实际值要低（Meierbachtol et al.，2015）。Meierbachtol 等（2015）建议将 T_{sbc} 设为一定深度（15～20m）的雪或冰的温度，在该深度雪或冰的温度年际变化非常小，由此可以用来代替年均冰川表面温度，采用冰川浅层温度可以把融水的再冻结释放潜热和冬季雪的热隔绝效应包含进冰川温度模型中（Cuffey and Paterson，2010；Huang et al.，1982）。实际上年均气温近似为 15～20m 深度的雪或冰温的条件（$T_{dep}=T_{air}$），仅仅在干冷的粒雪区可以成立，而在有融水冻结出现的冰川带内，$T_{dep}>T_{air}$ 是存在的，如老虎沟 12 号冰川。在本书中，设积累区内的 T_{sbc} 为 20m 深处的钻孔温度（站点 3），而在消融区内，采用一个简单的参数化方案设定 T_{sbc}（Lüthi and Funk，2001；Gilbert et al.，2010）：

$$T_{sbc}=\begin{cases}T_{20m}，& 在积累区 \\ T_{air}+c，& 在消融区\end{cases} \tag{5-9}$$

式中，c 为调整参数，包含了表面能量平衡和稳态温度的共同效应（Gilbert et al.，2010）。公式（4-12a）作为参考实验（E-ref）的热表面边界条件，并与其他两组数值实验 E-air 和 E-ref 作比较，其热表面边界条件分别设为 $T_{sbc}=T_{air}$ 和 $T_{sbc}=T_{20m}$。

在冰岩界面处，温度模型采用 Neumann 型边界条件，即

$$\frac{\partial T}{\partial z}=-\frac{G}{k} \tag{5-10}$$

式中，G 为地热通量，假定地热通量为常数，在模型中空间分布均一。本书假设地热通量为 40mW/m²，该值为祁连山西段敦德冰帽的实测值（Huang，1999）。

(3) 数值方法

为了数值计算方便，采用地形跟随坐标转换系统：

$$\zeta=\frac{z-b(x)}{H(x)} \tag{5-11}$$

式中，b 为冰床高程。经过坐标转换，将冰川表面 $H(x)$ 映射为 $\zeta=1$，冰床 $b(x)$ 映射为 $\zeta=0$。本书将老虎沟 12 号冰川的纵向剖面划分为 61（水平方向）×41（垂直方向）网格，根据二阶中心差分对式（5-6）进行离散化，对于冰温模型［式（5-8）］，水平平流项采用一阶迎风差分，扩散项和垂直平流项采用中心差分。在 MATLAB 中，通过 Picard 子空间

迭代方法计算获得速度场和温度（de Smedt et al.，2010）。

5.2.3 模型的敏感性实验

为了了解老虎沟12号冰川目前的热状态，本书假定冰川处于热稳定状态，采用二维一阶流带模型开展了一系列热动力耦合的诊断模拟实验。首先，本书通过模拟速度场和冰温场，考察了模型对参数的敏感性，这些参数包括冰床几何参数λ_{max}和m_{max}、有效压力比φ、含水量ω、地热通量G、槽谷形态指数b以及热表面边界条件参数c。本书通过模型模拟结果与实测深孔温度曲线和实测速度的比较，研究了不同热表面边界条件（E-ref、E-air、E-20m）对模拟结果的影响。本书还开展了另外四组实验（E-advZ、E-advX、E-strain、E-slip），考察平流热传输，应变热和底部滑动对老虎沟12号冰川温度场和流动特征的影响。

为了考察模型参数（λ_{max}、m_{max}、φ、ω、G、b、c）对冰川流速和暖冰区（TIZ）模拟的影响，本书开展了一系列敏感性实验，具体做法是将一个参数值在一定范围内变动，而保持其他参数值不变。

摩擦定律参数λ_{max}和m_{max}描述了冰床凸起的几何形态（Gagliardini et al.，2007），它们对模拟结果的影响比较小。如图5-13（a）和图5-13（b）所示，模拟的冰川运动速度和TIZ随λ_{max}增大而增大，随m_{max}减小而增大，但是当$m_{max}<0.2$时，模拟速度有非常大的增加。当有效压力比$\varphi>0.3$时，模拟结果对该参数不敏感 [图5-13（c）]。由于假定流动定律因子A与冰内含水量ω无关，所以ω不直接影响冰流速的模拟，但是ω影响温度场，间接影响了A值和冰流速 [图5-13（d）]。从图5-14（d）中可以看出，冰内含水量增大导致TIZ增大，含水量从1%增加到3%，在水平距离为$3.5\sim5.8$km范围内的暖冰厚度几乎增加一倍。此外，本书也测试了模型对地热通量的敏感性 [图5-13（e）和图5-14（e）]，地热通量越大使模拟的TIZ范围越大，但对冰流速模拟的影响较小。与Zhang（2013）的研究相似，本书的模拟结果受冰川槽谷形态的影响很大，这反映在槽谷形态指数b值上，较大的b值意味着槽谷形态越平缓，对冰川流动施加的侧向拉力就越小 [图5-13（f）和图5-14（f）]。

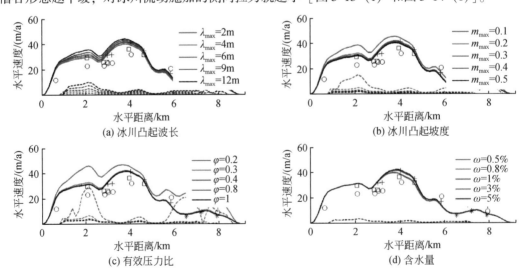

(a) 冰川凸起波长　　　　　　　　(b) 冰川凸起坡度

(c) 有效压力比　　　　　　　　　(d) 含水量

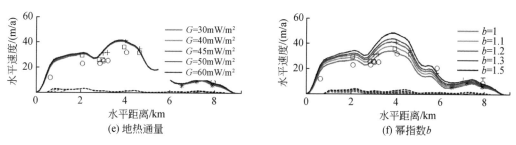

图 5-13　模型模拟的冰川流速对参数的敏感性

实线和虚线分别表示模拟的表面和底部流速；符号表示实测的水平流速（同图 5-11）

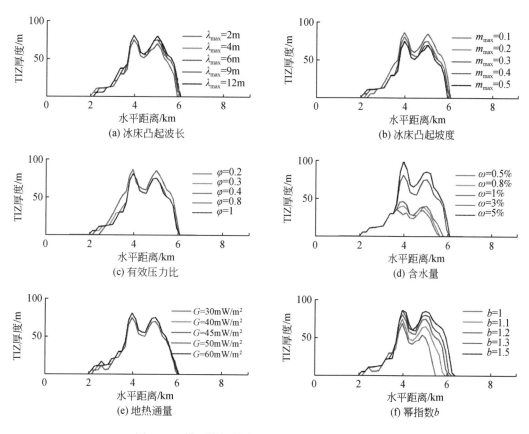

图 5-14　模型模拟的冰川暖冰厚度对参数的敏感性

为了确定调整参数 c 值，将 c 值从 0℃ 增加到 6℃，步长为 0.2℃，并将模拟的冰川温度曲线与实测的浅孔温度曲线（站点 1 和站点 2）比较，以此选择使模拟与实测的 20m 深温度吻合较好的 c 值。如图 5-9（b）所示，站点 1 位于汇合区的中部，该处西支冰川汇合于主冰川，所以在站点 1 处，很难找到一个 c 值能够使模拟与实测的结果有较好的匹配 ［图 5-15（a）］，本书通过比较站点 2 处的实测与模拟的温度曲线来确定 c 值 ［c=1.6℃，图 5-15（b）］。

根据以上敏感性实验，选择 λ_{max}=4m、m_{max}=0.3、φ=1、ω=3%、G=40mW/m²、b=1.2、c=1.6℃ 作为诊断性参考实验（E-ref）的参数设定。

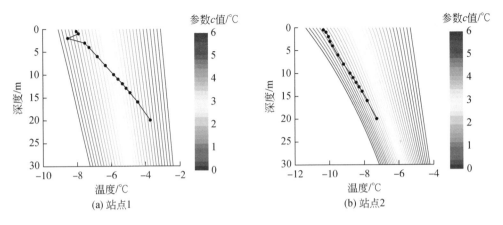

图 5-15　参数 c 的确定

通过敏感性实验，比较模拟和实测的20m深钻孔温度来确定最合适的 c 值；参数 c 值变动的步长为 0.2℃

5.2.4　模拟实验结果和讨论

（1）模拟与实测结果比较

首先利用参考实验 E-ref 模拟了冰川水平流速场和温度场 ［图 5-16（a）和（c）］，然后将模拟结果与实测的冰川表面运动速度和深孔温度曲线做比较 ［图 5-16（b）和（d）］。从冰川源头到水平距离4.8km 范围内，模拟的冰川表面运动速度与实测值大致相符，但是在水平距离 4.8km 的下游，本书的模拟结果总是低估冰川表面运动速度，在所有敏感性实验中，也可看到对水平流速的低估（图 5-13）。原因可能是本书所用的二维模型忽略了西支冰川的汇流，也有可能是汇合区的冰川底部滑动很大，而模型并没有捕捉到。为了验证以上猜测，本书进行了另外两组实验，即 E-W 和 E-WS。在实验 E-W 中，将水平距离5.8 ~ 7.3km 范围内的冰川宽度都增加450m，以此来粗略考虑西支冰川的汇流作用。在实验 EWS中，除了与实验 E-W 一样增加冰川宽度之外，在水平距离 5.8 ~ 7.3km 范围内，相对于参考实验 E-ref，摩擦定律中的参数 λ_{max} 和 m_{max} 分别增加200% 和减小60%，以此来加大底部滑动（图 5-17）。可以清楚地看到，本书猜想的两个因素（冰川汇流和局部底部滑动）对模拟结果的影响不可忽略，而汇合区内的底部滑动对模拟结果影响更大，这说明在冰川模拟研究中需要考虑支冰川的汇流作用和滑动参数的空间变化性。

在水平距离 1.1 ~ 6.4km 范围内，模型模拟出冰川底部存在暖冰区，上覆为冷冰 ［图 5-16（c）］。此外，本书还比较了模拟与实测的100m 冰温曲线 ［图 5-16（d）］。本书采用的二维模型忽略了 y 方向上的冰流通量和热通量，所以模拟结果很难与实测值完全吻合。如图 5-16（d）所示，在深度 20 ~ 40m 和深度 80 ~ 90m 范围内，模拟与实测的冰温曲线拟合较好；在深度 50 ~ 70m 内，模型高估了冰川温度，但在深度 100 ~ 110m 内，模拟低估了冰川温度，但差异不超过 0.5℃。因为在 110m 深度以下没有实测值，所以无法比较冰岩界面处模拟的冰川底部温度。

（2）热表面边界条件的选择

为了研究不同热表面边界条件对冰川热动力耦合场模拟的影响，本书设计了三组数值实验（E-air、E-20m、E-ref）。在实验 E-air 和 E-20m 中，设其热表面边界条件为 $T_{sbc}=T_{air}$ 和 $T_{sbc}=T_{20m}$。E-ref 为参考实验，在积累区表面边界条件设为 $T_{sbc}=T_{20m}$，在消融区内设 $T_{sbc}=T_{air}+c$（$c=1.6℃$）。

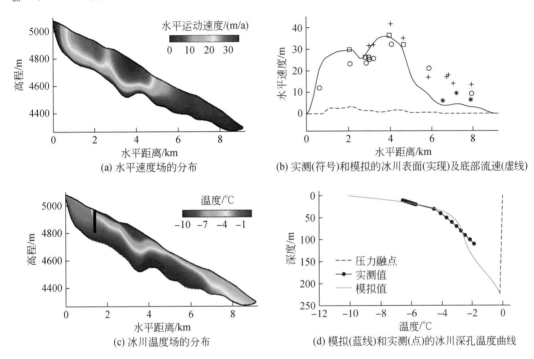

(a) 水平速度场的分布

(b) 实测(符号)和模拟的冰川表面(实现)及底部流速(虚线)

(c) 冰川温度场的分布

(d) 模拟(蓝线)和实测(点)的冰川深孔温度曲线

图 5-16　比较模拟与实测的冰川水平流速和冰川温度

图（c）中蓝色虚线表示冷暖冰交界面（CTS）的位置，黑色棒表示冰川深钻孔的位置；图（d）中点连线表示压力融点

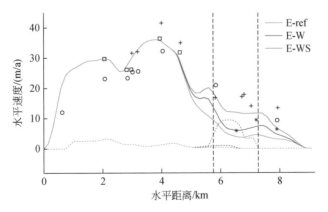

图 5-17　实验 E-ref、E-W 和 E-WS 模拟的冰川水平流速

符号表示实测的冰川表面水平流速（同图 5-3）。在垂直虚线表示的范围内，实验 E-W 和 E-WS 的冰川宽度增加了 450m，而在实验 E-WS 中，还通过调整摩擦定律参数，增强了底部滑动

图 5-18 展示了三组实验模拟结果的比较，可以看到模拟的冰川温度对表面温度的设定非常敏感。实验 E-air 模拟的老虎沟 12 号冰川完全是冷冰川，冰温场的平均温度比参考实验 E-ref 低 5.3℃，冰川表面运动速度降低了大概 10m/a［图 5-18（b）］。与实验 E-ref相比，实验 E-20m 在消融区设定的冰川表面温度更高，模拟的冰川平均温度高约 1.5℃［图 5-18（a）］，在水平距离 2.1～5.9km 范围内的暖冰厚度更大［图 5-18（c）］，模拟的冰川流速快，约为 1.5m/a［图 5-18（b）］。本书比较了三组实验模拟的深孔温度曲线，并与实测值比较［图 5-18（d）］。三组实验中，实验 E-ref 模拟的结果最好。实验 E-20m模拟的结果与 E-ref 相似，但是在深度 80m 以上模拟的冰川温度更暖一些。不出所料，实验 E-air 模拟的冰川温度曲线不真实，比任何深度的实测冰温都冷。

以上实验说明选择不同热表面边界条件对冰川动力学模拟的影响非常大。对于老虎沟12 号冰川，大部分的积累和消融都集中在夏季（Sun et al.，2012），夏季产生的融水渗浸入粒雪中，或注入冰川竖井中，当气温降低时，这些被冰川"捕获"的融水会冻结并释放出大量潜热，该过程会显著增加冰川浅层的温度（图 5-12）。所以与实验 E-air 相比，E-ref 和 E-20m 的热表面边界条件更好地考虑了积累区融水冻结释放潜热的效应，所以模拟的冰川温度场和流速场更准确。

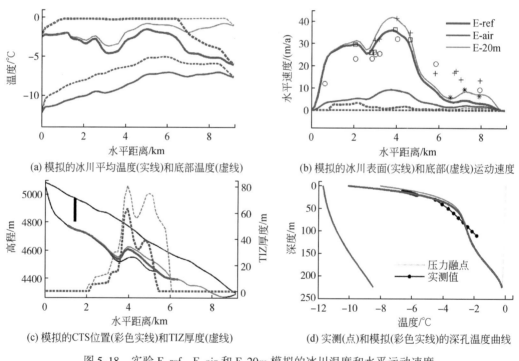

(a) 模拟的冰川平均温度(实线)和底部温度(虚线)　　　　(b) 模拟的冰川表面(实线)和底部(虚线)运动速度

(c) 模拟的CTS位置(彩色实线)和TIZ厚度(虚线)　　　　(d) 实测(点)和模拟(彩色实线)的深孔温度曲线

图 5-18　实验 E-ref、E-air 和 E-20m 模拟的冰川温度和水平运动速度

（b）中符号表示实测的冰川表面水平流速（同图 5-3）；（c）中黑色棒表示冰川深钻孔的位置；
（d）中点连线表示压力融点

（3）平流热、应变热和底部滑动的作用

为了评估平流热和应变热对老虎沟 12 号冰川热动力耦合模拟的贡献，本书开展了三组实验，即 E-advZ、E-advX 和 E-strain，它们分别忽略了垂直平流热项、水平平流热项和应变热项。此外，为了考察 Coulomb 摩擦定律模拟的底部滑动对老虎沟 12 号冰川热状态和流动特征的影响，本书做了另外一组实验 E-slip，设定底部不允许滑动（$u_b = 0$）。

图 5-19 和图 5-20 比较了实验 E-advZ、E-advX、E-strain 和 E-slip 与参考实验 E-ref 模拟的冰川流速和冰川温度结果。实验 E-advZ 忽略了垂直平流热，意味着冰川表面较冷的冰不能输送到老虎沟 12 号冰川的内部，所以相比于其他实验，E-advZ 模拟的冰川温度更暖 [图 5-19（a）和（c）]，流动速度更快 [图 5-19（b）]。在水平距离 1.3km 前后，实验 E-advX 模拟的冰川平均列温度有不连续的转变 [图 5-19（a）]，这与设置的不连续热表面边界条件有关系。相比于参考实验 E-ref，E-advX 模拟的冰川温度场冷约为 2.7℃，运动速度更小。根据热表面边界条件的设置和 20m 浅孔温度的观测，积累区表层温度比消融区更高，然而 E-advX 忽略了水平平流热，所以积累区较暖的冰无法输送到冰川下游，使得模拟的冰川温度更低，暖冰仅仅出现在 3 个不连续的格点处 [图 5-19（c）]。本书观察到应变热对冰川热状态的影响非常大，如果忽略应变热（E-strain），模拟的老虎沟 12 号冰川完全变成冷冰川，相比 E-ref 模拟的平均温度降低约 0.9℃，冰川运动速度也降低 [图 5-20（b）]。有些研究表明底部滑动可以显著影响冰川的热状况和运动场（Wilson et al.，2013；Zhang T et al.，2015），但在本书中，有无底部滑动对冰川温度场的影响较小，这可能是因为模拟的冰川底部滑动过小。本书还比较了实验 E-advZ、E-advX、E-strain、E-slip 和 E-ref 模拟的与实测的深孔温度曲线 [图 5-19（d）和图 5-20（d）]，温度曲线间的差异可以用上述描述来解释。

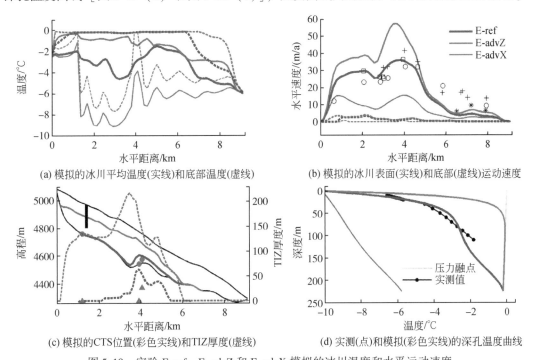

(a) 模拟的冰川平均温度(实线)和底部温度(虚线)

(b) 模拟的冰川表面(实线)和底部(虚线)运动速度

(c) 模拟的CTS位置(彩色实线)和TIZ厚度(虚线)

(d) 实测(点)和模拟(彩色实线)的深孔温度曲线

图 5-19　实验 E-ref、E-advZ 和 E-advX 模拟的冰川温度和水平运动速度
(b) 中符号表示实测的冰川表面水平流速（同图 5-3）；(c) 中黑色棒表示冰川深钻孔的位置；
(d) 中点连线表示压力融点

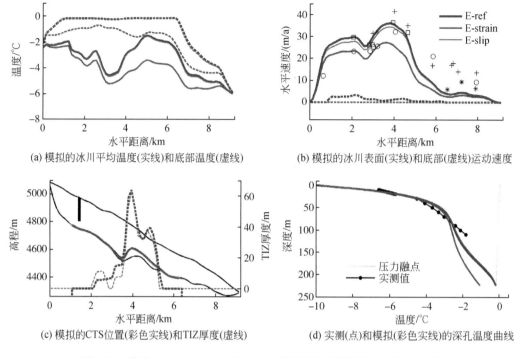

(a) 模拟的冰川平均温度(实线)和底部温度(虚线)   (b) 模拟的冰川表面(实线)和底部(虚线)运动速度

(c) 模拟的CTS位置(彩色实线)和TIZ厚度(虚线)   (d) 实测(点)和模拟(彩色实线)的深孔温度曲线

图 5-20   实验 E-ref、E-strain 和 E-slip 模拟的冰川温度和水平运动速度
（b）中符号表示实测的冰川表面水平流速（同图 5-3）；（c）中黑色棒表示冰川深钻孔的位置；
（d）中点连线表示压力融点

（4）模型的局限性

本书采用的二维一阶流带模型通过冰川宽度对侧向拉力进行了参数化，虽然可以包含老虎沟 12 号冰川的部分三维特征，但是模型还不能完全描述 y 向的冰川流动，也不能描述支冰川的汇流。本书对老虎沟 12 号冰川槽谷形态的定量描述是通过幂函数拟合该冰川上的几条 GPR 横测线获得的，但是真实的冰川槽谷形态非常复杂，且具有空间变化性，所以模型中关于均一槽谷形态的假定不可避免地使模拟结果产生偏差。本书采用的 Coulomb 摩擦定律描述了底部拉力和底部滑动速度之间的物理关系，但是仍然有些参数（如 λ_{max} 和 m_{max}）需要根据实测的冰川表面流速进行调整设定。模型中假定地热通量在空间上不变，这也会带来很大的不确定性，因为在复杂的高山地形区地热通量具有非常大的空间异质性。未来的模型会进一步得到改进，会将水热物理过程包含进来计算暖冰层中的含水量。

因为野外实测的浅孔温度太少，本书仅根据 3 个浅孔温度数据对温度模型中的表面边界条件进行了简单的参数化，而该热表面边界条件只是粗略估计了融水的再冻结热，该模型目前尚不能模拟冰川浅层水热传输的物理过程（Wilson and Flowers, 2013；Gilbert et al., 2012）。本书的模型假定冰川温度处于稳定状态，忽略了过去气候和冰川变化的瞬变效应，这可能对冰川温度曲线形状有较大影响（Gilbert et al., 2015；Lüthi et al., 2015）。

5.3 冬克玛底冰川温度和运动速度模拟

本书使用与模拟老虎沟 12 号冰川同样的冰川流动模型对小冬克玛底冰川的速度场和温度场进行了模拟，获取了冰川在当前输入参数下主流线剖面的速度和温度分布，并采用基于干涉雷达（INSAR）数据反演的表面流速数据对模拟结果进行验证。地形参数敏感性分析表明，冰川形态会在很大程度上影响冰川的流速。速度模拟结果表明，冰川的流速与冰温、冰川形态及上游冰流补给方式均存在较大联系，冰面速度随着冰面坡度增大而增大。模拟冰温时，本节直接选用冰川表面年均气温作为上边界条件，有别于 5.2 节中的参数化方案。其结果表明，冰温最高处位于冰川末端靠上位置冰体的下层，这一区域最容易受到地热与气温的影响，也是最容易产生冰下融水的位置，是冰川受到地热流影响最显著的地方。

5.3.1 数据来源

（1）冰川形态

使用 pulse EKKO Pro 探地雷达测定冰川厚度（图 5-21），数据处理采用共中点法（CMP），测定的雷达波速为 0.17m/s，冰川的半宽通过遥感影像结合实际调查标定获取（图 5-22）。

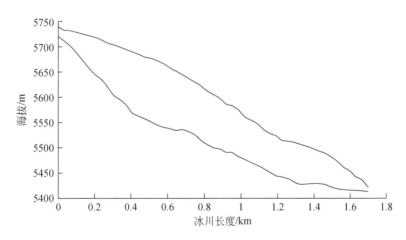

图 5-21 冰川 GPR 厚度剖面

（2）冰川表面温度

本书根据冰川表面平衡线附近的一套冰川环境监测仪器和降水观测自动气象站 T200B 和安多气象站的气象资料插值了气象站间的海拔气温梯度，拟合函数，随即获取海拔高于冰面气象站位置的气温梯度数据（图 5-23）。所用安多气象站（海拔 5200m）的年均温为 1.2℃，冰面 5600m 处采用了 2008 年的年均温–9.5℃（张健等，2013）。

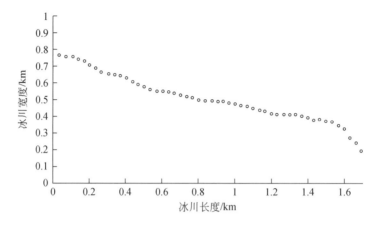

图 5-22　冰川沿主流线宽度

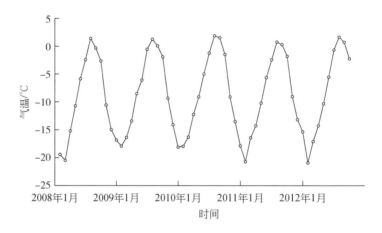

图 5-23　冰川表面海拔 5600m 处气象站在 2008~2012 年的气温变化

拟合的气温梯度一维函数为 $y=-0.0267x+140.3$，模型海拔梯度上的温度可通过该函数获取。

（3）地热数据设置依据

虽然本书没有获取冰温资料，但通过探地雷达数据发现冰内反射较干净，除了接近冰面存在一部分粒雪反射外，冰川内部和底部均没有发现暖冰与冰内融水反射（图 5-24），说明冰内温度较低，而研究区又位于青藏高原北部，海拔较高，在很大程度上受到极端气候的影响。因此，可以确定底部冰温没有达到压融点，通过模型标定，当底部热流小于 $6.8mW/m^2$ 时，冰体没有压融发生。根据雷达反射图像，本书设定的地热流值为 $4.8mW/m^2$。

（4）冰川表面流速

本书将干涉雷达（InSAR）反演计算的冰川主流线流速作为实测速度，来验证模拟结果的可靠性。

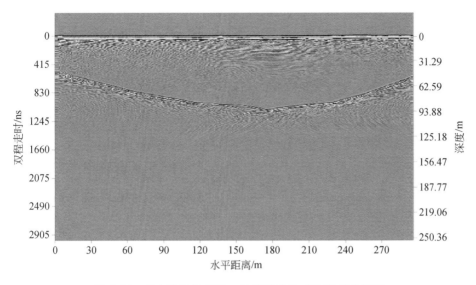

图 5-24　在大约海拔 5500m 处利用 GPR 获取的雷达剖面

5.3.2　结果与讨论

（1）敏感性分析

底部坡度和崎岖度的描述参数分别设置为 $m=0.2$、$\lambda=2$，在敏感性分析中分别改变其中一个来比较两者对速度的影响。

从对 m_{max} 的分析结果可以看出，随着 m_{max} 的增大，冰川表面流速逐渐减小，这说明冰川底部粗糙介质的起伏越大，冰岩处的冰面流速越低。对于底部冻结的冰层，冰岩界面的起伏会影响冰层斜向下的重力分量，进而改变表面流速。从对 λ_{max} 的分析结果可以看出，表面流速随 λ_{max} 的增大而增大，这说明冰岩在单位距离内的起伏越少，冰川的表面流速越大。λ_{max} 也反映了冰岩界面的粗糙度。两个参数的敏感性分析表明冰川流速对参数 m_{max} 和 λ_{max} 均较敏感，这也说明基岩形态在很大程度上影响着冰川的流动（图 5-25）。这一点证明了底部滑动对整个冰流运动有较大影响。

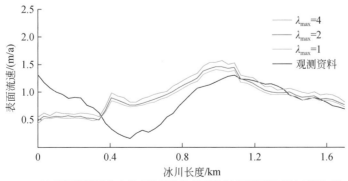

(a) 不同粗糙度的小冬克玛底冰川表面运动速度模拟结果与实测对比

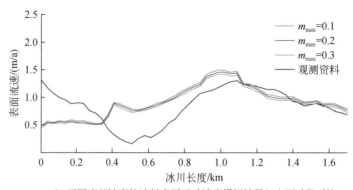

(b) 不同底部坡度的冰川表面运动速度模拟结果与实测过程对比

图 5-25　参数变化下的敏感性分析

　　从模拟的精度来说，冰川上半部分的模拟较差，产生这种情况的原因很可能与冰川厚度剖面的测量位置有关。从小冬克玛底的 GPR 测线位置可以看出，测线上部的冰流补给并非来自测线的上游位置，而是来自西北方向的大冬克玛底冰川，这就使得在冰川海拔5650～5750m 位置的冰流补给为侧向冰流。虽然模拟结果显示上游的冰川流速不大，但上游冰流很可能在与测厚剖面不同的方向存在较大的冰流速度，这种补给方式改变了测定冰川剖面形态下的流速分布，其原因可能是模拟结果和 InSAR 反演结果不同。

　　（2）模拟结果

　　图 5-26（a）为模拟的冰川速度场，从模拟结果可以看出，冰川在海拔为 5500～5600m 处的冰流速度最大，InSAR 资料也验证了这一结果，该结果符合表面流速在平衡线位置最大的特点。从整条冰川的冰流补给关系上可以看出，冰川从高海拔向低海拔的宽度和厚度均逐渐变小，冰面的消融量也从高海拔到低海拔逐渐变大，假设相同的冰量补给会导致海拔 5600m 以下冰川剖面较窄区域具有更大的冰流速度。海拔 5600m 以下的冰川剖面较其他位置不但具有较小的冰流横截面，而且还具有较大的冰面和冰床坡度，这可能是导致此位置的表面速度较大的原因。对一般冰川来说，最大的表面速度大都分布在平衡线附近，这主要是因为平衡线是整条冰川多年物质平衡积累和消融的分界区。因此在平衡线附近的冰川表面坡度变化最明显，这也表明表面流速的大小和冰面坡度成正比，而模拟速度最大的位置也是分布在冰川表面坡度最大的位置。本书的模拟结果并不和通常的理论矛盾。在冰面海拔 5650m 以上和冰面海拔 5500m 以下的位置，冰川表面坡度较缓，因此表面流速较小。

　　图 5-26（b）为模拟的冰川温度场，由于冰川输入的表面温度为冰川的年均温度，因此模拟结果实际上是冰川的年均温度场。由于冬克玛底冰川的年均温较低，年均温度作为模拟输入等于忽略了冰川的消融季，而冰川末端的变化主要受消融期的影响。因此在这一点上冰川末端位置的温度模拟结果会存在一定误差。一方面夏季的消融会导致冰川的形态发生变化，另一方面靠近末端位置的地热流也会在一定程度上受到夏季温度的影响。从整条冰川的温度分布上可以看出，冰川消融区的冰下位置是整条冰川温度最高的区域，这主要是由于冰川表面温度较低，而这个位置的冰体在最大程度上受到冰下地热流的影响。而

这个位置也是冰川融水容易汇集的区域，因此在很多冰川的消融区冰下位置均存在冰下河道，因此这个位置在夏季也最容易发生较大程度的冰厚减薄。

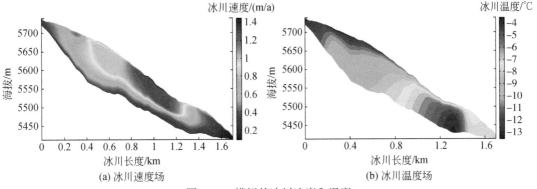

图 5-26 模拟的冰川速度和温度

通过对冰川速度和温度的模拟可以看出，冰川变化是一个复杂的过程，冰川的整体形态和冰体温度决定了冰川的运动特征，冰川的底部形态和冰体受力导致的冰川裂隙等在空间和时间上改变着冰川的水文分布特征，影响着冰川的流速和消融。表面气温不仅影响冰川的消融，还会影响冰体的流变塑性，因此气温是影响冰川变化的根本性因素。

（3）尚存问题

仍然存在以下问题：①模型没有考虑底部速度边界条件，根据雷达数据，而是直接将底部速度设置为 0，而末端位置在消融季可能存在滑动，因此末端位置的速度和温度结果存在误差；②模拟的仅仅是在 GPR 获取的冰川横剖面下的冰川流线速度和温度分布，这仅在一定程度上反映了二维剖面上的年平均速度和温度；③冰流运动是一个复杂的问题，三维模型较二维模型能够更好地反映冰川流速的空间分布，参数收集和模型运行是现有研究的瓶颈问题；④实际发生的较大侧向冰流补给会对冰川的流速产生影响，模拟没有考虑这部分影响；⑤模型中对气温梯度和底部地热流的输入值的设定还较简单，在未来还需进一步校正。

第 6 章　中国西北地区冰川变化及其影响评估

水资源是制约我国西北地区尤其是干旱地区社会经济发展和维系生态安全的关键要素。冰川融水在西北水资源构成中占有重要地位，不仅是重要的水资源，而且对河川径流具有"削峰填谷"作用，是许多河流得以持续和不断流的重要保障。20 世纪 80 年代以来，山地冰川加速消融退缩，造成水资源和水循环深刻变化，引起人们广泛关注。本章基于两次中国冰川编目资料、遥感影像和地形图提取的不同时期冰川变化资料、冰川定位观测和冰川考察资料，以及文献资料的综合分析，结合动力学模式敏感性试验结果，对阿尔泰山、天山、祁连山地区冰川的现状、近期变化、未来趋势及其对水资源影响进行深入分析。

6.1　阿尔泰山地区冰川变化及其对水资源的影响

6.1.1　冰川概况

阿尔泰山山脉斜跨中国、哈萨克斯坦、俄罗斯、蒙古 4 国，绵延 2000 余千米。根据世界冰川编目（Randolph Glacier Inventory，RGI）第五版数据，整个阿尔泰山共发育冰川 2243 条，冰川面积为 1135km²。中国境内阿尔泰山为阿尔泰山的中段南坡，西北延伸至俄罗斯境内，东至蒙古西部，南邻准噶尔盆地，山体长 500 余千米，最高峰为友谊峰（海拔 4374m）。与我国其他地区冰川所受的季风气候影响不同，该区是中国纬度最高、末端海拔最低的冰川分布区，在气候上受西风带与北冰洋气团交替影响。阿尔泰山是额尔齐斯河和乌伦古河水系的径流形成与汇集区，该区是阿勒泰地区乃至北疆地区的水资源战略储备区。阿尔泰山地区气候变化十分显著，气温增幅最快，冰川、积雪、冻土变化及其水文效应表现突出。水资源的变化不仅威胁到绿洲区的可持续发展，并且会引发我国与邻国之间水资源利益分配。

根据第二次中国冰川编目，中国境内的阿尔泰山目前发育冰川 273 条，冰川面积为 178.8km²，单条冰川平均面积为 0.65km²，低于中国冰川平均面积（1.07km²）。其中面积小于或等于 2km² 的冰川共有 257 条，总面积为 89.1km²，占总数量和总面积的 94.1% 和 49.8%；面积介于 2~10km² 的冰川共有 15 条，总面积为 64.2km²，占总数量和总面积的 5.5% 和 35.9%；面积大于 10km² 的冰川仅有 1 条，即喀纳斯冰川（25.5km²）。可见，该区冰川数量和面积均以小冰川为主。

阿尔泰山地区冰川分属额尔齐斯河水系、科布多河水系和乌伦古河。其中，额尔齐斯河水系包括哈巴河、布尔津河、克兰河、喀拉额尔齐斯河、喀依尔特河。阿尔泰山各流域冰川分布极不均匀，主要分布在布尔津河流域，其余各流域冰川分布很少。布尔津河流域冰川面积和数量分别为 165.8km² 和 236 条，占比分别为 88.5%、83.1%，单条冰川平均面积为 0.7km²；其次为哈巴河流域，面积和数量分别为 10.3km² 和 23 条，占比分别为 5.7%、8.4%；喀拉额尔齐斯河流域、喀依尔特河、科布多河以及大青河流域仅分布有少量小冰川，见表 6-1。

表 6-1　中国境内阿尔泰山各水系冰川分布*

三级流域	四级流域	冰川数量		冰川面积	
		数量/条	占比/%	面积/km²	占比/%
额尔齐斯河	哈巴河	23	8.1	10.3	5.5
	布尔津河	236	83.1	165.8	88.5
	克兰河	0	0	0	0
	喀拉额尔齐斯河	1	0.4	0.15	0.1
	喀依尔特河	8	2.8	1.54	0.8
	合计	268	94.4	177.8	94.9
科布多河	科布多河	4	1.4	0.8	0.4
乌伦古河	大青河	1	0.3	0.2	0.1
拉斯特河	拉斯特河	11	3.9	8.5	4.6

*基于第二次中国冰川编目资料。

需要说明的是，第一次中国冰川编目将中国境内萨吾尔山北坡的冰川纳入阿尔泰山区，南坡的冰川纳入天山区，而在第二次冰川编目时将其单独列出。萨吾尔山目前共发育有冰川 14 条，面积为 10.13km²。其中面积大于 2km² 的只有一条，即木斯岛冰川（怀保娟等，2015）。第二次冰川编目显示萨吾尔山北坡共有冰川 11 条，面积 8.5km²。为方便统计，本书也将萨吾尔山北坡的冰川（拉斯特河流域）包括在内。

阿尔泰山地区缺乏具有长时间监测序列的冰川。本书根据乌源 1 号冰川预测结果，对中国境内阿尔泰山现有冰川进行敏感性分析，结果显示，在 RCP4.5 排放情景下，有 261 条冰川可能比乌源 1 号冰川变化、消失得快，分别占阿尔泰山冰川现有数目和面积的 91.9% 和 44.4%。这些可能消失的冰川无论从数量还是面积上看，集中分布在布尔津河、哈巴河、额尔齐斯河和拉斯特河流域，其中布尔津河消失的冰川数目最多，面积最大。2090 年之后，剩余的 24 条冰川基本上分布在布尔津河流域，其他地区的高山之巅零星分布着数条冰川。这些可能消失的冰川具有面积较乌源 1 号冰川小，顶端海拔较乌源 1 号冰川低等特点，它们在阿尔泰山和各水系的分布见图 6-1 和表 6-2。

事实上，阿尔泰山地区冰川海拔较低，与天山冰川相比，对气候变化更为敏感，消失也更快。有学者基于区域气候模式和物质平衡模型开展的预测研究表明，在 RCP4.5 的升温情景下，面积在 5km² 以下的冰川将于 21 世纪末全部消失，仅存 4 条较大的冰川（Zhang et al.，2016），这一结果较通过乌源 1 号冰川敏感性分析得出的冰川变化速度要快。说明本书得出的到 2090 年阿尔泰山地区有 256 条冰川消失的结论很可能是消失冰川数量的下限，实际消失的冰川将会更多。

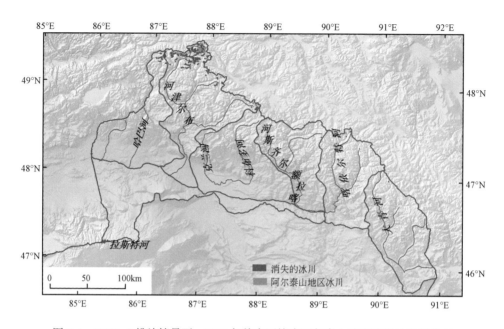

图 6-1　RCP4.5 排放情景下，2090 年前中国境内阿尔泰山消失冰川的空间分布

表 6-2　RCP4.5 排放情景下，2090 年前阿尔泰山不同流域冰川消失情况

流域	总条数/条	总面积/km²	消失的条数/条	消失的条数比例/%	消失冰川的面积/km²
哈巴河	23	10.3	21	91.3	3.6
布尔津河	236	165.8	216	91.5	71.5
克兰河	0	0	0	0	0.0
喀拉额尔齐斯河	1	0.2	1	100	0.2
喀依尔特河	8	1.5	8	100	1.5
科布多河	4	0.8	4	100	0.8
大青河	1	0.2	1	100	0.2
拉斯特河（萨吾尔山北坡）	11	8.5	10	90.9	5.3

6.1.2　冰川近期变化

第一次中国冰川编目资料显示，1960 年阿尔泰山中国境内共发育冰川 403 条，面积为 280km²，冰储量为 16km³，单条冰川的平均面积为 0.68km²，整个山脉冰川覆盖度为 0.97%（刘潮海等，2000）。考虑到一次编目中面积计算采用涤纶薄膜坐标纸量算，但该方法误差较大（0~5%），通过 GIS 软件对原有结果进行了修正，结果显示，1960 年阿尔泰山共有冰川 389 条，面积为 283.39km²，平均冰川面积约为 0.73km²（姚晓军等，2012）。根据修正后的资料和第二次中国冰川编目资料，在 GIS 技术的支持下，本书对中

国阿尔泰山的冰川变化进行了分析,结果表明,1960～2009 年,中国阿尔泰山冰川面积减少约 104.61km²,减少率为 36.9%,数目减少 116 条(29.8%)。其中,面积小于或等于 1km²的冰川变化最为显著,减少了 87 条,面积减少 26.9km²;面积介于 1～2km²与 2～5km²的冰川在面积和数量方面都有所减少;面积大于 5km²的冰川数量减少了 4 条,面积大于 10km²的冰川数量减少了两条。

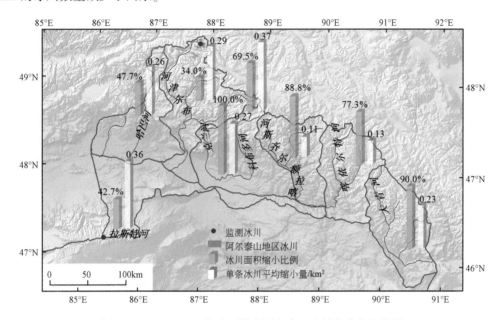

图 6-2 1960～2010 年中国境内阿尔泰山冰川变化空间特征

从空间上看(图 6-2),冰川面积缩小比例从西到东呈现增大的趋势,而单条冰川平均缩小量出现相反的规律。大青河、克兰河、喀拉额尔齐斯河、喀依尔特河具有较高的面积缩小率,这些流域冰川数量非常少且冰川规模小,因而具有较高的相对变化率。布尔津河冰川退缩率较小,但单条冰川平均缩小量较大,该流域冰川数量多,且大规模的冰川也分布在该区。据统计,冰川面积减小了 85.27km²,数目减少了 55 条,因而绝对变化量远超其他流域。绝对变化率紧随其后的是哈巴河流域,冰川面积共减少 0.94km²,数量减少了 13 条。

另外,针对中国境内友谊峰地区 58 条冰川的研究表明,1959～2008 年冰川面积减小了 19.2%,平均每条冰川缩小 0.36km²,共有 10 条冰川消失,平均厚度减薄了 24.1m,储量减小了 2.65km³(白金中等,2012;骆书飞等,2014;Wang et al.,2015b)。

对中国境内萨吾尔山冰川的研究表明,1959～2013 年,萨吾尔山冰川面积由 17.69km²减小为 10.13km²(减小了 42.7%),每条冰川年均减少 0.14km²。其中萨吾尔山北坡的冰川退缩率为 37.6%,南坡退缩率为 72.7%(怀保娟等,2015)。

阿尔泰山地区定位观测的冰川主要有友谊峰喀纳斯冰川和萨吾尔山木斯岛冰川,观测时间均比较短。木斯岛冰川位于中国与哈萨克斯坦的界河乌勒昆乌拉斯图河的源头,面积为 3.2km²,长度为 3.9km,海拔介于 3122～3823m。中国科学院天山冰川观测试验站对该冰川的观测始于 2014 年。雷达测厚数据显示，冰舌区域冰川最大厚度值介于 110～124m，平均厚度和冰储量分别为 61m 和 0.195km³。2015 年 6 月至 2015 年 9 月的观测表明，冰川末端消融量为 3316mm，日均消融量为 36mm，2015 年夏季物质平衡为 –1292mm w.e.。1977～2013 年冰川末端退缩约为 269m，退缩率为 7.3m/a。37 年间冰川面积退缩约 0.82km²，变化率为 20.7%，冰川总体变化较乌源 1 号冰川快（Huai et al.，2015b；怀保娟等，2016）。

位于中国、蒙古、俄罗斯三国交界友谊峰南坡的喀纳斯冰川，是阿尔泰山地区面积最大的冰川，面积为 26.7km²，海拔介于 2472～4309m，也是我国末端海拔最低的冰川。1980 年的首次考察表明，冰川在 7 月中下旬消融最为强烈，日均最大消融可达 74mm（7 月 24～27 日的日均值）（王立伦等，1985）。2009 年 8 月进行了第二次考察，考察研究发现，冰川在 1960～2006 年面积减小了 4.5km²，变化率为 9.8%，同期末端退缩了 915m，退缩速率为 19.9m/a。由于这一地区冰川的海拔普遍较低，因此对气候变暖十分敏感。第二次考察发现，冰川自 1980 年以来发生了较大变化，积累区粒雪层减薄，粒雪线高度上升至少 30m。冰川下部表面形成了多个消融洞穴，冰川末端出现了巨大冰洞，融水汹涌而出（李忠勤等，2010；王立伦等，1985）。

6.1.3 冰川未来变化及其对水资源的影响

布尔津河流域现有冰川 236 条，冰川总面积为 165.79km²，根据模式敏感性试验，在 RCP4.5 排放情景下，到 2090 年，数量上有 91.5% 的冰川会消失，消失的冰川多为小冰川，消失的面积占目前面积的 40%。布尔津河属融雪和雨水混合补给性河流，以季节性积雪融水补给为主，夏季以降水为辅（贺斌等，2012），其中冰川融水径流量约为 7.7×10⁸m³，仅占总径流量的 7.7%（沈永平等，2013），因此，流域冰川的消失，会削弱冰川对径流的调节功能，但不会对径流总量造成太大影响。

该区其他流域，如哈巴河、哈拉额尔齐斯河、喀依尔特河、科布多河等，冰川发育较少，单条冰川面积也小，到 21 世纪末冰川大都消失殆尽。这些河流大多为冬春季的积雪融水和夏季雨水补给性河流，其特点是冬季降水以积雪形式保存在流域内，为枯水期，径流以地下水为主，流量稳定。年最大流量发生在 5 月下旬和 6 月，水量集中，以春汛的形式出现。随着气候变暖，积雪提前消融，春汛提前且水量增多，并易引发洪水（沈永平等，2007）。尽管冰川的消失可能不会对径流量产生很大影响，但会使得冰川对径流的调节功能丧失，使得径流变差系数增大，洪枯水量悬殊，洪峰流量增大，枯水季延长。

总之，未来由积雪径流变化和冰川消失造成的阿尔泰山地区河流径流年内分配和过程上的改变应予以特别关注。

中国境内萨吾尔山所在的拉斯特河流域，共有冰川 11 条，总面积为 8.5km²，单条冰川平均面积为 0.77km²。预估结果显示，到 2090 年该地区冰川仅剩下木斯岛冰川。该地区属于缺水地区，近年来区内冰川消融加剧，河流径流波动增大，夏季洪灾频发，未来水资源形势会更加恶化，因此通过实施跨流域调水等工程措施，以保证生产生活用水十分必要。

6.2 天山地区冰川变化及对水资源的影响

6.2.1 冰川概况

天山（69°E~95°E，40°N~45°N）是亚洲中部最大的山脉，也是世界上山地冰川数量和规模较大的山系之一。它西起图兰平原，向东穿越哈萨克斯坦和吉尔吉斯斯坦进入中国新疆境内，全长2100km，南北最大宽度达300km，由36条西北-东南走向的山脉组成。根据RGI第五版数据，天山共发育现代冰川14 966条，面积为12 385.48km²，主要分布在托木尔-汗腾格里山汇以及阿克什腊克山汇两大冰川作用中心，形成了楚河、锡尔河、伊犁河和塔里木河等河流。受气候变暖的影响，近50年天山冰川处于加速退缩状态。1961~2012年天山山脉冰川总面积减少2960km²±1030km²（18%±6%），物质损失量达5.4Gt/a±2.8Gt/a（27%±15%）（Farinotti et al.，2015）。

中国境内的天山全长1700km，横亘于新疆维吾尔自治区全境，在国际上被称为东天山，根据第二次中国冰川编目资料，目前有冰川7934条，面积为7179.77km²，分别占天山山脉冰川总数量和总面积的44%和50%，是天山冰川主要的发育地区，冰储量约为756.48km³，折合成水当量约为6808×10⁸m³（邢武成等，2017）。中国天山区冰川分布极不均匀，托木尔汗-腾格里山汇区和哈尔克他乌山发育的冰川虽然数量较少，但冰川面积较大（平均面积为2.35km²），是天山最大的冰川作用中心，其次为依连哈比尔尕山，虽然发育冰川最多，但多为小型冰川，平均面积仅为0.75km²。其他多数山区的冰川规模较小，平均面积不足1km²。从面积等级来看，中国天山冰川以面积小于1.0km²的冰川为主，数量达6805条，占中国天山冰川总数量的85.8%。随着冰川面积等级的增大，冰川数量急剧减少，但面积和储量却呈增加趋势。其中面积介于1.0~10.0km²冰川数量所占比例仅为13.3%，但其面积和冰储量所占比例却达38.2%和20.9%；面积大于或等于10km²的冰川数量仅有69条，但其面积和储量高达2854.2km²和576.2km³，分别占总面积和总储量的39.8%和76.2%。中国天山冰川分属于伊犁河流域、塔里木内流水系、准格尔内流水系和吐鲁番-哈密内流水系（表6-3）。

表6-3　中国境内天山各水系冰川资源分布*

三级流域	四级流域	冰川数量		冰川面积	
		数量/条	占比/%	面积/km²	占比/%
伊犁河	伊犁河	2121	26.7	1554.18	21.6
塔里木内流水系	阿克苏河	773	9.7	1721.75	24.0
	渭干河	878	11.1	1656.97	23.1
	开都河	694	8.8	332.05	4.6
	合计	2345	29.6	3710.77	51.7

续表

三级流域	四级流域	冰川数量		冰川面积	
		数量/条	占比/%	面积/km²	占比/%
准格尔内流水系	伊吾河	97	1.2	56.03	0.8
	博格达北坡	168	2.1	58.06	0.8
	玛纳斯河	1825	23.0	1024.05	14.3
	艾比湖	1000	12.6	598.52	8.3
	合计	3090	38.9	1736.66	24.2
吐鲁番-哈密内流水系	艾丁湖	270	3.4	110.47	1.5
	庙尔沟	108	1.4	67.69	1.0
	合计	378	4.8	178.16	2.5

*基于第二次中国冰川编目资料。

　　李忠勤等（2010）利用高分辨率遥感影像（SPOT-5）与地形图对比等方法，系统研究了中国天山境内1543条冰川的变化特征，结果显示在过去40年，冰川总面积缩小了11.4%，平均每条冰川缩小0.22km²，末端退缩速率为5.25m/a。冰川在不同区域的面积缩减比率为8.8%～34.2%，单条冰川平均缩小0.10～0.42km²，末端平均后退3.5～7.0m/a（图6-3）。

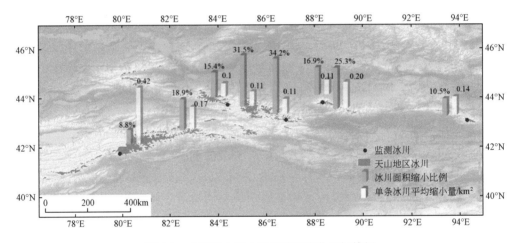

图 6-3　中国境内天山地区冰川变化空间特征

6.2.2　冰川未来变化预估

　　根据 RCP4.5 排放情景下乌源 1 号冰川的动力学模式模拟预测结果，对中国境内天山现有冰川进行敏感性分析试验，结果显示该区共有 5870 条冰川很可能比乌源 1 号冰川变化、消失得快，分别占冰川总数量和总面积的 74.0% 和 21.5%。这些冰川从数量和面积上看，主要集中在伊犁河、吐哈盆地以及准格尔 3 个流域，塔里木河流域数量最少，所占的面积比例也最小。至 2090 年左右，剩余的 2064 条冰川有一半以上分布在塔里木河流域（55.1%），仅有 59 条残存于吐哈盆地的高山之巅，而剩余在准格尔流域的冰川有 76% 集中在玛纳斯河流域，博格达北坡的冰川几乎消失殆尽，仅剩 11 条。伊犁河流域的剩余冰川主要存在于特克斯河上游（56.2%），库克苏河和喀什河流域也有极少量的冰川存在。这类比乌源 1 号冰川变化消失得快的冰川面积小于乌源 1 号冰川，顶端海拔低于乌源 1 号冰川，在天山和各水系的分布见图 6-4 和表 6-4。

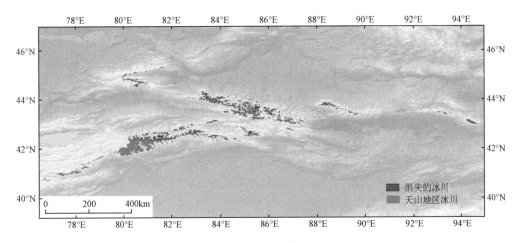

图 6-4　RCP4.5 排放情景下，2090 年左右中国境内天山地区消失冰川的空间分布

表 6-4　RCP4.5 排放情景下，2090 年前中国境内天山地区消失的冰川在不同水系中的情况

流域	总条数/条	总面积/km²	消失的条数/条	消失的条数比例/%	消失冰川的面积/km²
伊犁河	2121	1554.18	1879	88.6	519.8
塔里木	2345	3710.77	1208	51.5	325.5
准格尔	3090	1736.66	2464	79.7	612.6
吐哈盆地	378	178.16	319	84.4	84.5
合计	7934	7179.77	5870	74.0	1542.4

由于天山各水系中的冰川分布和融水径流所占比例不同，冰川变化引发的水资源变化不相同，因此，本节根据冰川特征及其对水资源的重要性，针对塔里木河流域、伊犁河流域、天山北麓诸河和东疆盆地水系 4 个经济地理单元水系的冰川，分别进行研究论述。

6.2.3　塔里木河流域

塔里木盆地为我国最大的内流区，尽管处在塔克拉玛干沙漠北缘，气候干燥，但是山区冰川发育条件优越，冰川数量多、规模大、雪线高、冰舌末端低，形成了以木孜塔格峰、公格尔–慕士塔格山和汗腾格里–托木尔峰为中心的巨型冰川作用中心。据统计，天山山脉在该流域分布的冰川为 2345 条，面积为 3710.77km²，冰储量约为 528.6km³。这些冰川以大型树枝状山谷冰川居多，其中，面积大于 20km² 的冰川有 21 条，占整个天山该面积等级冰川总数量的 56.7%，形成了包括阿克苏河、渭干河、开都河等在内的众多较大河流。1961～2006 年塔里木河流域年平均冰川融水径流量为 144.2×10⁸m³，冰川融水对河流径流的平均补给率为 41.5%，并且与多年平均值相比，冰川融水对河流径流的贡献在 1990 年之后明显增大（高鑫等，2010）。过去 40 年，该区冰川面积减小了 5%～20%，平均每条冰川减少量为 0.42km²，居全国之首。气候变暖已导致该区域水资源增加 20% 以上，但近年来发现冰川消融减少比预期快，径流增加的趋势有所减缓，对气温的依赖性增强，表明许多在海拔低处的冰舌已消失殆尽（李忠勤等，2010）。

该区定位观测的冰川主要有科其喀尔冰川和托木尔峰青冰滩 72 号冰川等。其中青冰滩 72 号冰川位于阿克苏河上游，2008 年面积为 5.8km²，海拔介于 3792～6000m。阿克苏河是目前塔里木河的主要支流，供水量约占塔里木河地表径流量的 70%。根据中国科学院天山冰川观测试验站的观测研究，青冰滩 72 号冰川面积在 1964～2009 年减少了 1.53km²（21.5%），年均减少 0.03km²，同期冰川末端后退 1852m，退缩速率达 41.0m/a。1964～2008 年，冰舌平均减薄 9.59m，至少造成冰储量亏损 14.1×10⁶m³（Wang et al.，2013）。该冰川下部厚度薄，温度高（接近 0℃），表碛厚度与消融关系密切，仅对末端具有一定保护作用。整条冰川的运动补给强烈，冰川表面运动速度高达 70m/a，动力学作用不可忽视。与乌源 1 号冰川相比，青冰滩 72 号冰川的消融和运动补给要强得多，冰川上部冰温低，下部冰温高，达到压融点，具有海洋性冰川的某些特征，对气候变化十分敏感。根据冰川动力学模型模拟预测结果，在 RCP4.5 排放情景下，2012～2020 年，青冰滩 72 号冰川末端快速后退，2050 年之前，变化的主要方式为"冰舌的退缩"，且有不断加速趋势，这将导致冰舌面积、体积及相应冰川径流急剧下降。到 2100 年左右长度仅为 2012 年长度的 60% 左右，面积减小 47%，冰川上部厚度也很薄，雪崩为其主要物质再分配方式，届时冰川会相对稳定（见 4.4.3 小节）。

这一地区开展过实地考察的冰川有 3 条，即青冰滩 74 号冰川（9.55km²）、克其克库孜巴依冰川（42.83km²）和托木尔冰川（310.14km²）。研究发现，1964～2009 年上述 3 条冰川面积的缩小比率分别为 14.7%、4.1% 和 0.3%，末端平均退缩率分别为 30.0m/a、22.9m/a 和 3.0m/a。考察中发现，托木尔冰川相对较低的缩小比率和末端平均退缩率是受到表碛的影响，在表碛覆盖作用下，冰川的变化以厚度减薄为主（Huai et al.，2015a）。该冰川在过去几十年内厚度减薄显著，冰川处于剧烈消融的不稳定状态，冰川下部冰舌的厚度已变得很薄，传统冰川面积-厚度经验公式已经无法适用（李忠勤等，2010）。

通过遥感、地形图对比并结合地面验证的方法研究表明，阿克苏河主要支流的台兰河流域的冰川 1972～2011 年表现出明显退缩趋势，冰川总面积减少了 50.06km²，退缩率为 11.5%，平均单条冰川缩小 0.31km²，冰川总数量从 1972 年的 113 条减少到 2011 年的 109 条，其中，10 条冰川完全消失，3 条冰川分离成 9 条较小的冰川（怀保娟等，2014a）。分布在哈尔克他乌山南北坡的 483 条冰川尽管面积差异很大，最大的在 300km² 以上，退缩也十分显著，冰川总面积由 1964 年的 2267.71km² 缩小到 2003 年的 2067.41km²，缩小了 8.8%，平均每条冰川缩小 0.42km²，末端退缩速率为 6.2m/a（李忠勤等，2010）。

研究表明，托木尔峰地区的冰川在响应气候变化方面有 4 个特征：①消融强烈，尽管该区冰川面积缩小的相对量较小，但每条冰川损失的绝对量大。②大冰川以减薄的形式迅速消融，面积的缩小并不十分明显，原因是冰川末端受表碛覆盖影响较大，延缓了冰川的后退，厚表碛覆盖之上的冰面消融最为强烈，这一结论可以从已观测的冰川厚度均已变得很薄得以证实。③气温升高对海拔相对较低的冰舌有很大影响。复式山谷冰川在这一地区的大冰川中占有绝对优势，其冰舌大都分布在山谷底部，海拔低，消融强烈，对气候变化十分敏感，而其体积一般占整条冰川体积的 70% 以上，是冰川融水径流产生的主体。④尽管冰川表碛对冰川末端的退缩起到了延缓作用，但对于降低整条冰川表面消融的作用十分有限。以前的观点认为，该区冰川属于"托木尔型"冰川，表碛分布广泛，对冰川具有很强的保护作用。通过高分辨率遥感影像解译表明，这一地区冰川表碛覆盖度仅占冰川面积的 14.9%，主要分布在冰川末端。实地观测发现，只有很少一部分表碛厚度超过 6 ~ 10cm，对冰川消融有较强抑制作用，大部分表碛的厚度都很薄，且连续性差，对冰川的消融起着实际上的促进作用。以上特征表明，托木尔峰地区冰川正在剧烈消融，其消融速度比预期快得多。

根据冰川分布特征和消融变化情况，结合对乌源 1 号冰川和青冰滩 72 号冰川变化的模拟预测（详见 4.4.2 小节和 4.4.3 小节），推测将来 70 ~ 80 年，该地区至少有 50% 的冰川可能会消失，这些冰川的面积普遍缩小，缩小的面积约占冰川总面积的 9%。但对于大量发育的复式山谷冰川而言，如果保持目前的升温速率，在未来 20 ~ 30 年冰川仍将强烈消融，末端也会迅速后退，巨大的冰舌会逐渐消融殆尽，冰量急剧减少。到 21 世纪末，尽管仍有少量冰体在高海拔处得以长期存在，但产生的融水将会十分有限。由于我们目前对该区冰川的观测资料系统性不强，时间序列较短，对其未来变化过程，尤其是径流降低拐点出现时间的预测存在着不确定性。

总之，塔里木河流域冰川水资源对该区域水资源来说具有举足轻重的作用，托木尔峰地区的冰川比预期的消融减少要快，目前消融正盛，除非气温有大幅度升高，否则不会出现融水峰值。未来 30 ~ 50 年，如果继续保持升温，冰川融水径流仍会维持一定水平，但是，随着固态水资源量减少，融水径流量对气温变化的敏感性会逐步加大，在低温年，枯水程度加剧。在此之后，大部分冰川固态资源消融殆尽，导致冰川径流锐减，最终处在一个较低的水平。一旦多数冰川消融殆尽，这对该地区水资源将产生灾难性影响。因此，针对该区冰川特征，应该首先是加强冰川和水资源变化观测，以准确掌握未来冰川及其水资源变化过程，其次是通过各种方式提高水资源变化调控和适应能力。

6.2.4 伊犁河流域

伊犁河流域地处西风迎风坡，降水丰沛，是天山降水最丰富的地区，海拔 3000m 以上的高寒山区降水量可达 800 ~ 1000mm，加之高海拔地势，为该区冰川发育提供了有利条件。流域内共发育有冰川 2121 条，面积为 1554.18km²（平均面积为 0.73km²），冰储量为

113.73km^3，与天山其他地区冰川相比，属中等规模，对气候变化也较为敏感。丰沛的降水与高山冰雪融水形成了巩乃斯河、哈什河、特克斯河及其支流库克苏河等河流。估算的河流径流量约为193×10^{8}m^3，其中冰川融水径流量约为37.1×10^{8}m^3，冰川融水补给率为19.2%。研究表明该区冰川退缩处于天山各区域的中等水平，冰川对径流的贡献和影响不容忽略。气候变暖背景下，近50年该区域冰川面积减小了485km^2，单条冰川的平均面积由0.94km^{2}缩减至0.72km^2，有331条冰川完全消失，18条冰川分离成较小的冰川（李忠勤等，2010）。

根据RCP4.5排放情景下乌源1号冰川的预测结果，对伊犁河流域冰川进行的敏感性分析结果表明，在2090年前，该流域可能有88.6%的冰川将消失。随着冰量的不断减少，冰川融水对河流的调节作用日趋减弱，径流变率增大。因此，对于冰雪融水补给比例较少的河流（如巩乃斯河等），其未来水资源的变化主要取决于降水的变化。而对于特克斯河、库克苏河等冰川融水补给较大的河流，短期内由于冰川的强烈消融，径流量将持续增加，长期来看会减少。同时，随着气温升高，积雪消融期提前，春季径流增加。总之，未来冰川变化对伊犁河流域水量的影响有限，但对径流的调节作用会大大削弱。气候变化对积雪径流的影响和造成的后果应该给予特别关注。

6.2.5 天山北麓诸河

天山北麓诸河属准噶尔盆地水系，区内共发育冰川3090条，面积为1736.66km^2，分布在博格达山北坡、天格尔山以及依连哈比尔尕山北坡，成为大小近百条河流的源头。这些河流是包括首府乌鲁木齐市和新疆北部诸多重镇在内的天山北坡经济带的主要水源。估算该区冰川融水年径流量约为16.9×10^{8}m^3，占河川径流总量的13.5%。天山北麓河流按其冰川的融水量可分两类：一类是以小于1km^{2}的小冰川为主，个别冰川面积达到2~5km^2，冰川融水占径流量6.5%~20%的河流，包括博格达山北坡河流、乌鲁木齐河、头屯河、三屯河、塔西河、精河等；另一类系玛纳斯河、霍尔果斯河、安集海河等，流域中发育了许多5km^{2}以上的大冰川，冰川融水占到径流量的35%~53%（谢自楚等，2006）。由气候变化引发的冰川变化对这两类河流的影响在未来有明显差异，需要分别加以分析研究。

该区考察过的冰川较多，研究历史也比较长。定位观测的冰川主要为乌源1号冰川和奎屯河哈希勒根51号冰川。乌源1号冰川的观测始于1959年。1960~2016年，冰川平均物质平衡量为-339mm w.e./a，冰川呈加速退缩趋势，与全球冰川总体变化一致。1960年以来，冰川经历了两次加速消融过程：第一次发生在1985年前后，导致多年平均物质平衡量由1960~1984年的-81mm w.e./a降至1985~1996年的-273mm w.e./a；第二次从1997年开始，更为强烈，致使1997~2016年的多年平均物质平衡量降至-701mm w.e./a，其中2010年冰川物质平衡量跌至-1327mm w.e./a，为有观测资料以来的最低值。2011年以来，冰川物质平衡量表现出波动性变化，在经历2011~2014年的阶段性消融减缓后，再次转入高物质亏损状态。1960~2016年，冰川累积物质平衡量达-19 330mm w.e./a，即假定面积不变的条件下，冰川厚度平均减薄 19.33m 的水当量。与此同时，乌源 1 号冰川末端自观测以来一直呈退缩状态。由于强烈消融，冰川在 1993 年分裂为东、西两支，在分裂之前的 1980~1993 年，冰川末端平均退缩速率为 3.6m w.e./a；1994~2016 年，冰川东、西支平均退缩速率分别为 4.4m w.e./a 和 5.8m w.e./a。2011 年之前，西支退缩速率大于东支，之后两者退缩速率呈现出交替变化特征（Wang L et al.，2014a；Wang P Y，2015a，2016a；姚红兵等，2015）。观测显示，1959~2006 年，由于强烈消融，乌源 1 号冰川融水径流增加了 1.5 倍，并与物质亏损显著相关（Li et al.，2010），之后呈波动稳定状态。

奎屯河哈希勒根 51 号冰川的定位观测始于 1998 年，尽管消融程度没有乌源 1 号冰川大，但消融加速的趋势十分明显。该冰川面积在 1964~2014 年共缩小 0.32km²，缩小率为 21.6%，其中，1964~2000 年、2000~2006 年和 2006~2014 年的缩小速率分别为 0.002km²/a、0.007km²/a 和 0.025km²/a。冰川末端退缩率平均为 3.9m/a，其中 1964~2006 年的平均退缩率为 2m/a，在 1999~2006 年则达到了 5.1m/a，增加了 1.5 倍。冰川厚度在 1964~2010 年平均减薄 10m（0.22m/a），相应的冰川储量减少了 0.024km³（Wang et al.，2016b）。考察发现，与之相邻的 48 号冰川，在末端退缩速率方面与 51 号冰川比较接近，但冰川面积与储量变化率相对较小，分别为 14.4% 和 18.2%，这可能是由于 48 号冰川面积相对较大。该冰川积累区 10m 以下的粒雪层内，在 10 月还存在大量未冻结的冰川融水，表明冰川冷储量低，对气候变暖的抵御力弱（张慧等，2015）。

博格达峰北坡四工河 4 号冰川系本区域多次考察的冰川。考察结果显示，该冰川在 1962~2011 年面积缩小了 0.65km²（19.52%），末端后退 0.44km（13.75%），平均每年后退 9.0m。冰川快速退缩的同时，厚度也不断减薄，雷达观测结果表明，1962~2009 年间冰舌平均减薄 15m，年均减薄 0.32m，冰储量亏损达 14.0×10⁶m³（Wang P Y et al.，2014b）。同样位于博格达峰地区的扇形分流冰川，在 1962~2009 年面积缩小了 11.7%，末端平均退缩速率为 6.3m/a。2009 年的考察发现，冰川末端与 1981 年考察时相比，出现大量冰川湖泊，冰面消融量有增大的趋势（李忠勤等，2010）。

区域尺度上，通过遥感影像和地形图比较，并结合实地验证的方法研究发现，玛纳斯河流域冰川 1972~2013 年冰川面积共减小 159.02km²，减少率为 24.6%，其中，海拔在 3800~4200m 的冰川面积减少最为强烈，冰川末端海拔明显升高，海拔为 3200~3300m 的冰川完全消失。空间上，玛纳斯河主源冰川退缩速度最快，东岸次之，西岸最慢。偏东朝向的冰川退缩面积明显大于其他方向（徐春海等，2016）。

艾比湖流域 446 条冰川面积从 1964 年的 366.32km² 缩减到 2005 年的 312.53km²，缩减率为 14.7%。期间共有 12 条冰川完全消失。冰储量在 1964~2005 年减少了 9.75km³（20.5%），南坡大于北坡（Wang L et al.，2014a）。流域内的 4 个子流域（自东向西依次为奎屯河流域、四棵树河流域、精河流域和博尔塔拉河流域）冰川变化不尽相同，变化率自东向西呈现逐渐降低的趋势，其量值分别为 15.4%、15.3%、15.2% 和 12.6%（Wang L et al.，2014b，2015）。

乌鲁木齐河流域内的 150 条冰川，总面积由 1964 年的 48.67km² 减少到 2005 年的 32.05km²，减少率为 34.1%，平均每条冰川缩小 0.11km²，末端退缩速率为 5.0m/a，是近年来整个天山地区冰川变化最为显著的区域。其中，有 11 条冰川因消融而完全消失（蒙彦聪等，2016）。与其紧邻的头屯河流域，同样也以面积小于 $1km^2$ 的冰川为主，同期冰川面积损失了 31.5%，平均每条冰川缩小 $0.09km^2$，末端退缩速率 4.8m/a（李忠勤等，2010）。

利用 RCP4.5 排放情景下乌源 1 号冰川的预测结果进行敏感性试验表明，天山北麓诸河流域中 80% 的冰川将于 2090 年之前消失殆尽，消失的冰川面积和储量分别占现有冰川面积和储量的 35% 和 18%，届时小于 $2km^2$ 的冰川会消失，大于 $5km^2$ 的冰川仍处在强烈消融之中。

综合分析，气候未来变化对天山北麓地区水资源的影响在不同流域的差别较大。对于以小冰川为主的河流，冰川融水会不断减少直至消失，从而冰川丧失对河流的补给和调节作用；对于以大冰川为主的河流，冰川融水径流仍将保持一定份额，如果气温持续升高，融水甚至有增加的可能，但随着冰川储量降低，消融面积减少，冰川融水最终会快速下降，形成径流减少的拐点。天山北坡经济带是新疆经济文化中心，在目前降水和冰川消融双重增加影响下，近 30 年来动态水资源量有明显增加，但总体缺水的状况不会改变，在不实施外部调水情况下，该区社会经济发展与水资源短缺之间矛盾始终存在，因此，积极应对水资源变化，高效利用水资源，实施"以水布局"战略至关重要。

6.2.6 东疆盆地水系

东疆吐鲁番-哈密盆地属缺水地区。该区地处新疆东部极端干旱区，四周为低山荒漠戈壁，降水稀少，水资源供需矛盾突出。流域内共发育冰川 378 条，面积为 $178.16km^2$，冰储量为 $8.63km^3$。冰川以数量少、规模小为特点，其中，90.2% 的冰川面积不足 $1.0km^2$，处在不断消亡的过程中。冰川类型以冰斗冰川、悬冰川居多。冰川主要分布在哈尔里克山、巴里坤山和博格达山南坡，其中，博格达山南坡冰川规模较小，平均面积只有 $0.45km^2$，但该区也分布了多条由冰崩、雪崩形成的较大冰川，如黑沟 8 号冰川；哈尔里克山发育的冰川面积相对较大（平均为 $1.03km^2$），末端海拔较高（平均在 4000m 以上），冰川温度偏低，如庙尔沟平顶冰川 50m 深度处温度低至 $-8.3℃$（刘亚平等，2006）。山区降水和冰川融水在盆地北缘形成了几十条羽状排列的短小河流，主要有庙尔沟、五道沟、大河沿河、白杨河和阿拉沟等，是吐鲁番、鄯善和哈密等城市的主要水源。由于降水稀少，冰川融水所占河川径流的比例很高，平均在 25% 以上，南坡甚至可达 40%。

该区定位观测冰川为庙尔沟冰帽和榆树沟 6 号冰川，观测分别从 2004 年和 2011 年开始。在 1972～2005 年，庙尔沟冰帽面积由 $3.64km^2$ 缩小到 $3.28km^2$，缩小了 $0.36km^2$（9.9%）。冰川末端最大退缩速率平均为 2.3m/a，2005 年以来，末端最大退缩率平均增至 2.7m/a。物质平衡观测显示，冰帽顶部的消融微弱，从钻取的冰芯资料来看，冰川在最近 20～30 年消融加快。冰帽的厚度在 1982～2007 年减薄了 0～20m，主要发生在冰帽的中下部，顶端减薄不明显。

对榆树沟6号冰川的观测显示，该冰川在1972~2011年厚度平均减薄20m，减薄速率约为0.51m/a。同期，冰川末端退缩254m，退缩速率为6.5m/a。其中，1972~2005年和2005~2011年末端退缩速率分别为6.4m/a和7.0m/a，呈加速趋势（Wang P Y et al.，2015c）。

对博格达峰南坡黑沟8号冰川多次考察表明，该冰川1962~2011年面积由5.76km²减小到5.11km²，缩小了11.29%，同时，冰川长度缩减了0.23km（7.8%）。由于该冰川冰舌狭长，末端海拔低，变化主要发生在冰川末端，以厚度减薄和末端退缩为主。1986~2009年，冰舌平均减薄13m，年均减薄约为0.57m，由此造成的冰量亏损达25.5×10⁶m³（Wang P Y et al.，2012，2016c）。

区域尺度上，利用遥感影像和地形图比较，并结合实地验证的方法，在庙尔沟-伊吾河流域共研究了75条冰川，分布于哈里克山南坡和北坡，其中南坡有50条冰川，北坡有25条冰川，南坡冰川平均面积较北坡略大。75条冰川在1972~2005年面积由98.25km²缩小到87.96km²，损失了10.5%，平均每条冰川缩小0.14km²，末端退缩速率为5.0m/a。有4条冰川在这一时期消失（李忠勤等，2010）。同样的方法运用于博格达南坡的104条冰川中，结果显示，1962~2006年冰川总面积缩小了25.3%，平均每条冰川缩小0.2km²，末端退缩速率为4.5m/a（Li et al.，2016）。

庙尔沟地区冰川变化在天山各区域中相对较小，原因是该区现存冰川平均面积比较大，其中面积在2~10km²的冰川有17条，这些冰川通常末端海拔较高，冰川温度低。但是，整个区域水资源体系脆弱，对冰川融水的依赖性很强，最近20多年的快速变化，表明冰川处在消融急剧增强的阶段。根据哈密水文局的观测资料，在近年气温升高、降水稍有增加的背景下，该地区无冰川融水补给的河流，如头道沟河等，出现了径流量减少的趋势，表明降水的增加未能补偿蒸发的加剧；对于冰川融水补给较少的河流，如故乡河等，径流量在2000年以前是增加的，之后出现了减少或增加减缓的趋势，而且径流的变幅加大，洪枯季节水量悬殊，枯水季节延长，这些很可能缘于冰川调节作用的减弱；对于冰川融水补给较大的河流，如榆树沟河等，径流量虽仍然维持着增加趋势，但增幅已开始减小。这些径流变化过程反映了该区冰川变化对水文、水资源的影响及这种影响的不同阶段，且以冰川水资源的减少为主要特征。

基于乌源1号冰川预测的敏感性试验表明，在RCP4.5排放情景下，未来50~90年，东疆盆地水系流域中有大约84%的冰川趋于消失。但是那些面积大于2km²的冰川（如庙尔沟冰帽），由于海拔高，冰川温度低，变化缓慢，仍将稳定相当长的一段时间，这些冰川对于维系本区目前水系至关重要，亟待强化观测并深入研究其变化。

简而言之，处在吐鲁番盆地水系博格达峰地区的冰川，无论南坡还是北坡都在处于快速退缩减少状态，其对下游的乌鲁木齐市和吐鲁番盆地水资源有重大影响。而处在哈密盆地水系庙尔沟地区的冰川，消融呈增强趋势，对水资源量及年内分配已经造成显著影响。

总之，东疆盆地水系的冰川处在加速消融状态，水资源供给量处在不断恶化之中，这致使未来本区域水资源匮乏，供需矛盾日趋激烈。因此实施跨流域调水，合理分配特色农业和工业用水，是解决水资源短缺的最佳途径。

6.3 祁连山地区冰川变化及其对水资源的影响

6.3.1 冰川概况

祁连山地处青藏高原东北缘，由一系列西北-东南走向的平行山脉与谷地组成，东起乌鞘岭，西至当金山口，南靠柴达木盆地，北临河西走廊，长约800km，宽约300km。整个山区属高原大陆性气候。根据第二次中国冰川目录，目前祁连山共发育冰川2684条，面积为1597.81km^2，分别占中国冰川总数量和总面积的5.5%和3.1%。

祁连山冰川的一个显著特点是冰川规模较小，其中，面积小于1km^{2}的冰川有2300条，占祁连山冰川总数量的85.6%，略高于该面积等级的全国冰川数量所占比例（80%）。随着冰川面积等级的增大，冰川数量急剧减少，面积大于等于10km^{2}的冰川仅有13条，最大的冰川为老虎沟12号冰川（又名透明梦柯冰川，面积为20.42km^2）。整个祁连山区的冰川平均面积仅为0.6km^2，小于天山（0.90km^2）及中国（1.07km^2）冰川的平均面积。

祁连山区冰川分属于东亚内流区的河西内流水系、柴达木内流水系和黄河流域的大通河水系。无论从冰川数量还是冰川面积来看，河西内流水系冰川资源最为丰富，其次是柴达木内流水系，大通河流域最少。在河西内流水系中，约1/3的冰川集中在疏勒河流域，规模相对较大，平均面积为0.77km^2；黑河和党河流域的冰川虽然数量接近，但是冰川规模相差悬殊，党河流域的冰川与整个祁连山区冰川规模接近，平均面积为0.64km^2，黑河流域冰川规模最小，平均面积仅为0.21km^2，见表6-5。

表6-5　祁连山各水系冰川资源分布[*]

三级流域	四级流域	冰川数量		冰川面积	
		数量/条	占比/%	面积/km^2	占比/%
大通河	大通河	68	2.5	20.83	1.3
河西内流水系	石羊河	97	3.6	39.94	2.5
	黑河	375	14.0	78.33	4.9
	北大河	577	21.5	215.27	13.5
	疏勒河	660	24.6	509.87	31.9
	党河	318	11.8	203.77	12.7
	合计	2027	75.5	1047.18	65.5

续表

三级流域	四级流域	冰川数量		冰川面积	
		数量/条	占比/%	面积/km²	占比/%
柴达木内流水系	布哈河–青海湖	24	0.90	10.27	0.6
	哈尔腾河	268	10.0	283.52	17.7
	哈拉湖	108	4.0	78.73	4.9
	鱼卡河–塔塔棱河	179	6.7	155.08	9.7
	巴音郭勒河	10	0.4	2.2	0.1
	合计	589	22.0	529.8	33.2

＊基于第二次中国冰川编目资料。

尽管祁连山区冰川在面积和数量上占全国冰川的比重较小，但由于其发育于中国西部内陆干旱地区，冰川融水仍是河西走廊沿线城市的重要水资源。据统计，整个河西内陆河流域1961～2006 年平均冰川融水径流量为 10.2×10⁹ m³，冰川融水补给比重为 14.1%。其中，西段的疏勒河、党河融水补给比重最高，超过 30%，北大河流域为 22.9%，黑河流域各支流的融水补给比重在 5%～15%，东段的石羊河流域融水补给率低于 10%（高鑫等，2011）。

通过对比第一次和第二次中国冰川编目数据发现，1956～2010 年，祁连山冰川面积共减少 420.81km²。其中，509 条冰川消失，面积为 55.12km²；122 条冰川分离为 262 条，面积由 241.35km² 减少为 193.90km²。冰川在不同区域的缩小比率为 5.5%～48.5%，单条冰川的平均缩小量为 0.05～0.42km²。从空间分布来看（图 6-5），从东到西，冰川面积变化率逐渐减小，位于祁连山东中段南坡的大通河流域冰川面积变化最大，黑河流域位居其次，位于祁连山西段的塔塔棱河冰川面积变化率较小。而单条冰川平均缩小量则出现相反的变化规律，位于祁连山西段的哈尔腾河单条冰川平均缩小量最大，位于东中段的黑河流域和石羊河流域则相对较小。

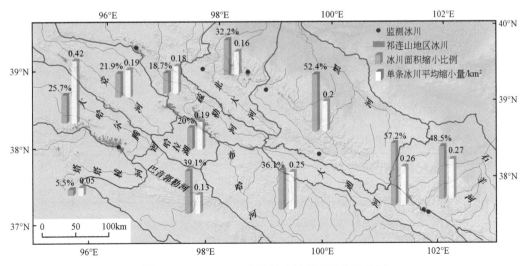

图 6-5　1956～2010 年祁连山冰川变化空间特征

分析表明,哈尔腾河流域冰川规模较大(单条冰川平均面积为1.06km²,位于祁连山区之首),使得该地区冰川的绝对变化量较大;而黑河流域和石羊河流域以小冰川为主,冰川面积相对变化量大,但绝对变化量小。祁连山东中段冰川大规模退缩与气温的快速上升有关,而祁连山西段气温增幅虽较大,但冰川海拔相对较高,固态降水的增加在一定程度上弥补了气温上升造成的冰川物质亏损,使其冰川面积减少率低于祁连山中东段地区。

根据冰川动力学模式对十一冰川的模拟预测研究结果(详见4.4.5小节),对整个祁连山区冰川进行了模式敏感性实验,并将面积小于或等于0.1km²(共计889条,占总数量的33%)的所有冰川纳入消失冰川的范围,统计得到整个祁连山地区有1838条冰川可能比十一冰川变化、消失得快,分别占祁连山冰川总数量和总面积的68.5%和17.0%。主要分布在黑河、北大河、疏勒河、党河等流域。至2040年左右,该区可能残存的846条冰川中约有87.6%集中在祁连山西段的诸流域中,如疏勒河、哈尔腾河、塔塔棱河等。其余的冰川虽然可能零星散落于其他流域的高山顶部,但对水资源的补给和调节作用将不复存在,对此,我们需要有清楚的认识和明确的应对措施。造成这些冰川消融强于十一冰川的因素,主要为该区冰川面积非常小,海拔较十一冰川低等。消失的冰川在祁连山和各水系的分布见图6-6和表6-6。

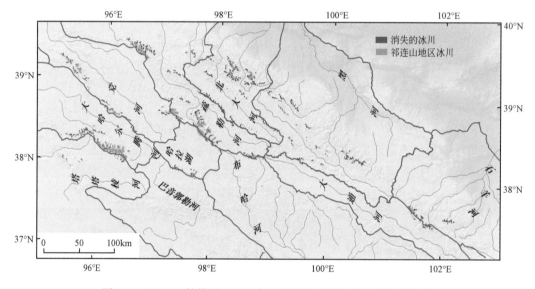

图6-6 RCP4.5情景下,2040年左右祁连山消失的冰川空间分布

表6-6 RCP4.5情景下,2040年左右祁连山地区消失的冰川在不同流域中的情况

流域	总数量/条	总面积/km²	消失的数量/条	消失的数量比例/%	消失冰川的面积/km²
石羊河	97	39.9	74	76.3	12.5
黑河	375	78.3	340	90.7	46.5
北大河	577	215.3	458	79.4	65.8
疏勒河	660	509.9	429	65.0	63.6

流域	总数量/条	总面积/km²	消失的数量/条	消失的数量比例/%	消失冰川的面积/km²
党河	318	203.8	201	63.2	27.3
大通河	68	20.8	60	88.2	10.2
布哈河	24	10.3	18	75.0	2.6
哈尔腾河	268	283.5	110	41.04	19.0
哈拉湖	108	78.73	76	70.4	11.6
塔塔棱河	179	155.1	63	35.2	10.4
巴音郭勒河	10	2.20	9	90.0	1.7

6.3.2 典型流域冰川变化及其对水资源影响

（1）黑河流域

黑河流域是祁连山区现代冰川集中发育地区之一，它东至石羊河水系西大河源头，西以黑山与疏勒河水系为界，上游流域东西几乎横跨整个河西走廊，平均海拔为 3738m，出山口地表径流总水量为 $25.1 \times 10^8 m^3$。黑河流域（包括北大河）目前共有冰川 952 条，面积为 293.6km²，分别占祁连山区冰川总数量和总面积的 35.5% 和 18.4%。该流域冰川规模较小，平均面积仅为 0.30km²。

20 世纪 60 年代开始对位于北大河流域的七一冰川进行过多次考察。该冰川目前面积为 2.698km²，长度为 3.66km，末端海拔为 4310m，最高点海拔为 5145m。观测表明，1956～2005 年冰川面积缩小 6.8%，末端退缩约 140m，年平均退缩速率为 2.86m/a（王宁练等，2010）。2005～2007 年冰舌末端平均每年后退约 5.6m，2007 年 9 月至 2008 年 9 月底冰舌退缩 6.2m，呈加速退缩趋势。冰川运动速度自 20 世纪 60 年代观测以来逐渐减小，最大运动速度由 16.0m/a 减小到 2006～2007 年的 8.3m/a，这表明冰川的厚度减薄了（井哲帆，2007）。20 世纪 70 年代平均物质平衡为 368mm w.e.，80 年代出现负值，均值为 4mm w.e.，2000 年以来呈现出明显的物质亏损，平均物质平衡值为 -495mm w.e.，表明七一冰川出现加速消融的趋势。

2010 年 10 月以来，中国科学院天山冰川观测试验站对黑河上游葫芦沟流域的十一冰川开展定位观测研究。该冰川目前面积为 0.48km²，海拔介于 4320～4775m，分为东、西两支，东支为悬冰川，西支为小型山谷冰川。观测结果显示，十一冰川的最大厚度为 70m，活动层温度为 -8℃，面积由 1956 年的 0.64km² 退缩为 2010 年的 0.54km²，共减少 0.10km²，退缩率为 15.8%。同期冰川末端升高了 50m，由海拔 4270m 上升到 4320m。2003～2010 年该冰川的变化速率为 1956～2003 年的近 6 倍（陈辉等，2013；Chen et al.，2015），加速退缩趋势十分显著。

八一冰川位于黑河流域的源头。资料显示，该冰川最大厚度为 120m，平均厚度为

54m，冰储量为 0.153km³。近 50 年来，面积减小了 0.42km²（王宁练等，2009）。中国科学院天山冰川观测试验站于 2015 年开始对其实施定位观测，初步观测结果表明，该冰川海拔 4550~4600m 处的下部区域消融十分强烈，海拔 4700~4750m 处的中部区域消融最弱，而海拔 4820m 处的顶部区域消融强度又有所增加，末端消融较快，消融强度是冰川顶部的 1.5 倍，冰川中部南侧为冰崖，冰体在消融季节较易崩塌损耗。

区域尺度上，通过对比 1∶5 万地形图和近期遥感影像，对流域内 967 条冰川研究的结果表明，20 世纪 60 年代至 2010 年左右的 50 年，黑河流域（包括北大河流域）冰川面积共减少 130.51km²，退缩率为 36.1%，平均每条冰川面积退缩 0.14km²，其中黑河冰川退缩率较北大河快 16% 左右（颜东海等，2012；怀保娟等，2014b；Huai et al.，2014）。

黑河流域冰川年均融水占河流径流量的 4%~8%（杨针娘，1991；高前兆和杨新源，1985）。中国科学院天山冰川观测试验站以实测数据为基础，以能量平衡模型为模拟手段，获取了黑河葫芦沟子流域 2011 年冰川实际径流 260×10⁴m³，占河川径流量的 18%，如果根据杨针娘（1991）的水量平衡方法和参数，葫芦沟冰川覆盖度 5%，冰川产流占河川径流量值应小于 10%，说明目前冰川单位面积上的产流量较过去有明显增加（很可能源于冰川反照率降低，破碎化加剧等因素），利用过去的冰川径流系数容易低估冰川产流量。然而，冰川消融增加是以冰川固态水资源量的减少为代价的，随着冰川面积的不断减小，融水也会随之迅速减少。

黑河流域和北大河目前共有冰川 952 条，小冰川居多，到 2040 年之前，黑河流域将有 90.7% 的冰川消失殆尽（表 6-6），冰川面积也将消失 59.4% 以上，与此同时，北大河流域也有 79.4% 的冰川不复存在，面积损失率将在 30.6% 以上。届时，流域内冰川将基本丧失对水资源的补给和调节作用。

（2）疏勒河流域

疏勒河流域位于祁连山西段，目前流域内共发育冰川 660 条，面积为 509.87km²，是祁连山地区大冰川发育的集聚区，其中，面积大于 5km² 的冰川有 23 条，占整个祁连山区一半左右，流域内冰川的平均面积为 0.77km²。

该区定位观测的冰川为老虎沟 12 号冰川，位于祁连山西段北坡的大雪山地区，目前面积为 20.4km²，长度为 9.8km，海拔介于 4260~5481m。多期地形图对比研究显示，1957~1993 年面积减小 2.8%（约为 0.62km²），1993~2000 年减小 0.29km²（杜文涛等，2008）。2009 年和 2014 年雷达测厚结果显示，冰川东、西支平均厚度分别为 190m 和 150m（王玉哲等，2016）。1957~1976 年冰川退缩了约 100m，平均退缩率为 5m/a；1976~1985 年冰川末端退缩速率有所减缓，退缩速率约为 1.3m/a；1985~2005 年增至 7m/a（杜文涛等，2008）。2005 年之后退缩速率基本稳定在 14m/a 左右，但其中 2012 年退缩量达到最大，为 30.7m（张明杰等，2013）。由于冰川厚度持续减薄，2008~2009 年冰川运动速度较 1960~1961 年减小 11%（刘宇硕等，2012）。

区域尺度上，通过遥感影像解译方法揭示出老虎沟流域 44 条冰川的变化，发现 1957~2009 年冰川面积的减少呈加速趋势，共减少 11.59%（张明杰等，2013）。利用同样的方法对大雪山地区的冰川研究表明，1957~2010 年该区域冰川面积缩小了 16.0%，平均每条冰川缩小 0.13km², 末端平均退缩 181m (3.4m/a), 冰储量减小了 22.4% (于国斌等, 2014)。根据两次冰川编目对比发现, 近 50 年疏勒河流域冰川面积减少率约为 18.7%, 由于流域内冰川较大, 虽然冰川面积缩小的相对量小, 但每条冰川损失的绝对量较大, 平均为 0.18km²。

根据预估结果 (表 6-6), 疏勒河流域冰川在 2040 年前很可能有 429 条趋于消失, 由于流域内冰川融水补给较高 (30% 以上), 冰川的最终消失会对河流产生灾难性影响。但由于冰川面积较大, 在气温不断升高情况下, 融水径流仍会维持较高水平, 甚至出现一定程度的增加。但从长期来看, 伴随固态水资源量持续减少, 融水径流量对气温变化的敏感性会逐步加大, 在低温年, 枯水程度加剧。当大部分冰川消融殆尽, 便会导致冰川径流锐减甚至消失。未来何时出现融水降低的拐点以及如何应对, 值得重点关注和研究。

(3) 石羊河流域

石羊河流域位于祁连山东段北麓, 乌鞘岭以西。流域内冰川资源较少, 目前仅发育冰川 97 条, 总面积为 39.94km², 分别占祁连山区冰川总数量和总面积的 3.6% 和 2.5%, 单条冰川平均面积为 0.41km², 低于整个祁连山区冰川的平均面积 (0.6km²), 以小冰川为主, 据估算, 流域冰川融水径流量为 $6.1×10^8 m^3$, 融水补给率小于 10% (高鑫等, 2011)。

该区内多次考察的冰川为宁缠河 3 号冰川。该冰川位于石羊河支流西营河上游宁缠河的源头区, 冰川朝向东北, 面积为 1.39km², 平均厚度为 40m, 平均长度为 1.6km, 冰川末端海拔为 4140m, 最高海拔为 4777m。观测结果表明, 1972~2010 年冰川末端退缩约 96.5m (约 6%), 平均每年退缩约 2.5m, 呈加速趋势。1972~1995 年冰川面积减少 4.6%, 1995~2009 年减少 8.9%, 呈加速减少趋势。20 世纪 70 年代以来冰川平均厚度减薄 9.4m (刘宇硕等, 2012)。

区域尺度上, 通过对比第一次和第二次冰川编目资料, 发现过去 50 年, 该流域冰川减小 44 条, 面积减小了 37.3km², 冰川面积退缩率约为 48.5%, 仅次于大通河流域的冰川变化率 (57.2%), 单条冰川平均面积缩小量为 0.27km², 较祁连山多数地区的冰川要高。

根据十一冰川预测结果的敏感性试验分析, 2040 年左右, 石羊河流域 76.3% 的冰川都将消融, 届时冰川将彻底丧失对河水径流的补给和调节作用。

石羊河是河西三大内流河流域中人口数量最多、用水矛盾最突出、水资源对经济社会发展制约性最强的区域。过去 50 年, 流域内冰川的持续缩减, 已经给河水径流造成显著负面影响, 河流水量减少, 到 2040 年左右, 大部分冰川的消失所造成的水资源和生态环境方面的改变, 值得我们进一步深入研究。

第7章 全球冰川时空变化

7.1 引　言

根据世界冰川编目（Randolph Glacier Inventory，RGI）第五版数据，全球共发育山地冰川 212 136 条，总面积达 745 795 km²，单条冰川平均面积为 3.52km²，冰川主要发育于亚洲中部、西南部和阿拉斯加及格陵兰岛 4 个区域，但南极大陆与次南极群岛、格陵兰岛及加拿大北极北部地区冰川面积占比较大。Radić 和 Hock（2010）及 Pfeffer 等（2014）以地理临近度为基础（包括气候、水文、地形的临近），将全球冰川划分为 19 个一级区域及 91 个二级区域。划分原则包括：①所划冰川区必须与公认的冰川范围相似；②冰川区的集合应该包括世界上所有的冰川；③冰川区的界线应该简单并且在世界地图上容易识别。表 7-1 列出了 19 个一级区域名称及其冰川基本信息，目前该分区结果已被包括 IPCC 报告在内的全球冰川研究所广泛使用。

表 7-1　全球 19 个一级区冰川信息

序号	冰川区	数量/条	数量比例/%	总面积/km²	面积比率/%
1	阿拉斯加地区	27 108	12.8	86 725	11.6
2	北美西部地区	15 216	7.2	14 556	2.0
3	加拿大北极北部地区	4 540	2.1	104 999	14.1
4	加拿大北极南部地区	7 422	3.5	40 888	5.5
5	格陵兰岛	20 261	9.5	130 071	17.4
6	冰岛	568	0.3	11 060	1.5
7	斯瓦尔巴群岛和扬马延岛	1 615	0.8	33 959	4.6
8	斯堪的纳维亚半岛	2 668	1.2	2 851	0.4
9	俄罗斯北极地区	1 069	0.5	51 592	6.9
10	亚洲北部	5 151	2.4	2 410	0.3
11	欧洲中部	3 980	1.9	2 076	0.3
12	高加索和中东地区	1 725	0.8	1 295	0.2
13	亚洲中部	54 430	25.7	49 303	6.6
14	亚洲东南部	13 119	6.2	14 734	1.9
15	亚洲西南部	27 988	13.2	33 568	4.5
16	低纬度地区	2 941	1.4	2 346	0.3

序号	冰川区	数量/条	数量比例/%	总面积/km²	面积比率/%
17	南安第斯山区	16 046	7.5	29 333	3.9
18	新西兰岛	3 537	1.7	1 162	0.2
19	南极大陆与次南极群岛	2 752	1.3	132 867	17.8
	总计	212 136	100	745 795	100

表 7-1 显示，亚洲中部地区冰川分布数量最多，占全球冰川总数的 25.7%；其次是亚洲西南部和阿拉斯加地区，分别占 13.2% 和 12.8%；格陵兰岛冰川数量占 9.6%。这 4 个区冰川发育均在 20 000 条以上，合占全球冰川总数量的 61.3%。冰岛冰川数量最小，占比仅为 0.3%。

在面积分布方面，南极大陆与次南极群岛、格陵兰岛及加拿大北极北部地区冰川面积均在 100 000km² 以上，约占全球冰川总面积的 49.3%，其中南极大陆与次南极群岛以 17.8% 的占比居第一位；其次是格陵兰岛，约占 17.4%；最后是加拿大北极北部地区，约占 14.1%。新西兰岛冰川面积最小，占比不到 0.2%。可见，全球冰川数量与面积分布并非一致，两极地区冰川面积普遍偏大，但数量相对较小；中纬度地区冰川数量较多，但面积相对较小。

由于表 7-1 中的分区标准已被世界各国冰川学研究所接受，故本章的研究均采用该分区方法，便于揭示各区域间冰川变化的异同，提升对全球冰川变化的系统性认知。

7.2　全球参照冰川物质平衡变化

7.2.1　资料来源

参照冰川可用于揭示区域尺度冰川的特征及其变化的普遍规律。目前，全球范围有观测记录的冰川数量为 452 条，具有连续长期观测记录的参照冰川有 40 条，观测序列长度均超过了 30 年。从 1967 年起，世界冰川监测服务处（WGMS）每 5 年出版一期《冰川波动》（FOG），以公布全球冰川变化信息，从 1991 年起，又每两年出版一期《冰川物质平衡公报》（GMBB），动态选定 10 条参照冰川作为全球重点观测冰川，进行以物质平衡资料为主的详细报道。2011 年 WGMS 将重点参照冰川增至 17 条。乌源 1 号冰川始终被选为重点观测的参照冰川之一，其不仅是中国冰川的代表，也是中亚内陆干旱区的参照冰川之一。

本节研究选用 WGMS 在全球范围内选定的 40 条参照冰川，以表征全球 19 个冰川区中 10 个区域的冰川物质平衡变化（其中 9 个区域无参照冰川分布）。参照冰川的物质平衡资料均由传统的冰川学观测方法（花杆/雪坑方法）获取，具备观测连续、资料序列长、质量高，能够较好地反映区域冰川物质平衡波动等优点。这些参照冰川主要分布在欧洲及北美洲，亚洲及南美洲分布相对较少。由于各参照冰川起始观测时间不一，为避免因观测时间不同造成研究结果的不确定性，本书选用1980年以来的观测数据，参照冰川信息见表7-2。

表7-2 全球40条参照冰川基本信息

冰川名称	所在国家/地区	起始观测时间	纬度	经度	最高海拔/m	末端海拔/m
辛特艾斯费纳冰川 HINTEREIS F.	奥地利	1953年	46.80°N	10.77°E	3715	2453
KESSELWAND F.	奥地利	1953年	46.84°N	10.79°E	3493	2851
松布利克冰川 STUBACHER SONNBLICK K.	奥地利	1946年	47.13°N	12.6°E	3050	2500
瓦纳克费纳冰川 VERNAGT F.	奥地利	1965年	46.88°N	10.82°E	3619	2802
WURTEN K.	奥地利	1983年	47.04°N	13.01°E	3120	2380
德文冰帽 DEVON ICE CAP NW	加拿大	1961年	75.42°N	83.25°W	1890	0
赫尔姆冰川 HELM	加拿大	1975年	49.96°N	122.99°W	2150	1810
米恩冰帽 MEIGHEN ICE CAP	加拿大	1960年	79.95°N	99.13°E	260	90
南梅尔维尔冰帽 MELVILLE SOUTH ICE CAP	加拿大	1963年	75.40°N	115°E	715	526
佩特冰川 PEYTO	加拿大	1966年	51.66°N	116.56°W	3190	2130
普莱斯冰川 PLACE	加拿大	1965年	50.43°N	122.6°W	2610	1820
白冰川 WHITE	加拿大	1960年	79.45°N	90.70°W	1780	80
格里斯冰川 GRIES	瑞士	1962年	46.44°N	8.34°E	3306	2424
希尔瓦雷塔冰川 SILVRETTA	瑞士	1919年	46.85°N	10.08°E	3075	2470
依查伦诺特冰川 ECHAURREN NORTE	智利	1976年	33.58°S	70.13°W	3880	3650
乌鲁木齐河源1号冰川 URUMQI GLACIER NO.1	中国	1959年	43.12°N	86.82°E	4484	3743
阿根廷艾尔冰川 ARGENTIERE	法国	1976年	45.95°N	6.98°E	3500	1500

续表

冰川名称	所在国家/地区	起始观测时间	纬度	经度	最高海拔/m	末端海拔/m
圣索林冰川 SAINT SORLIN	法国	1957 年	45.16°N	6.16°E	3400	2600
萨仁内斯冰川 SARENNES	法国	1949 年	45.12°N	6.13°E	2960	2848
卡雷萨冰川 CARESER	意大利	1967 年	46.45°N	10.71°E	3275	2910
图尤克苏冰川 TS. TUYUKSUYSKIY	哈萨克斯坦	1957 年	43.05°N	77.08°E	4219	3483
阿尔佛特伯林冰川 ALFOTBREEN	挪威	1963 年	61.75°N	5.65°E	1380	890
安佳柏林冰川 ENGABREEN	挪威	1969 年	66.65°N	13.85°E	1574	89
格拉苏柏林冰川 GRAASUBREEN	挪威	1962 年	61.66°N	8.60°E	2290	1830
海尔斯图古布林冰川 HELLSTUGUBREEN	挪威	1962 年	61.56°N	8.44°E	2229	1482
尼加尔德斯伯林冰川 NIGARDSBREEN	挪威	1962 年	61.72°N	7.13°E	1957	315
REMBESDALSKAAKA	挪威	1963 年	60.54°N	7.37°E	1854	1066
斯托格拉姆伯林冰川 STORBREEN	挪威	1949 年	61.57°N	8.13°E	2102	1400
德加库亚特冰川 DJANKUAT	俄罗斯	1968 年	43.19°N	42.76°E	3780	2710
列伟阿卡特鲁冰川 LEVIY AKTRU	俄罗斯	1977 年	50.08°N	87.69°E	4043	2559
玛丽依阿卡特鲁冰川 MALIY AKTRU	俄罗斯	1962 年	50.05°N	87.75°E	3710	2220
瓦德帕德尼冰川 VODOPADNIY	俄罗斯	1977 年	50.05°N	87.78°E	3552	3052
斯托格雷系尔仑冰川 STORGLACIAEREN	瑞典	1946 年	67.9°N	18.57°E	1720	1140
奥斯塔博拉格伯林冰川 AUSTREBROEGGERBREEN	斯瓦尔巴群岛和扬马延岛	1967 年	78.89°N	11.83°E	600	60
米德特拉文伯林冰川 MIDTRE LOVENBREEN	斯瓦尔巴群岛和扬马延岛	1968 年	78.88°N	12.05°E	650	50
哥伦比亚（2057）冰川 COLUMBIA（2057）	美国	1984 年	47.96°N	121.35°W	1725	1455

冰川名称	所在国家/地区	起始观测时间	纬度	经度	最高海拔/m	末端海拔/m
库尔卡纳冰川 GULKANA	美国	1966 年	63.28°N	145.43°W	2459	1217
莱蒙河冰川 LEMONCREEK	美国	1953 年	58.39°N	134.35°W	1400	825
南喀斯卡特冰川 SOUTH CASCADE	美国	1953 年	48.35°N	121.06°W	2150	1634
沃尔弗林冰川 WOLVERINE	美国	1966 年	60.42°N	148.9°W	1672	436

7.2.2 年际和累积物质平衡变化

将 40 条参照冰川 1980 年以来的物质平衡进行算术平均计算，得到全球参照冰川物质平衡年际和累积变化平均曲线（图 7-1）。

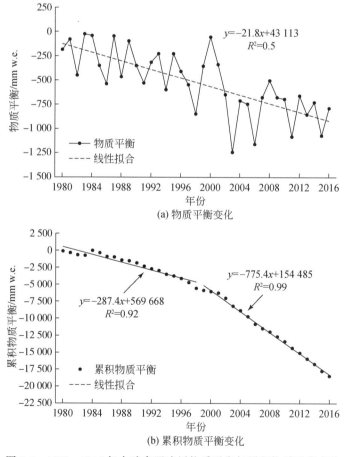

图 7-1　1980～2016 年全球参照冰川物质平衡与累积物质平衡变化

研究表明，1980~2016 年全球参照冰川年均物质平衡均为负值，且整体呈下降趋势，平均值为 –523mm w.e.。其中，1983 年的物质平衡值最大，为 –26mm w.e.；2003 年的物质平衡值最小，为 –1246mm w.e.。

1980~2016 年全球参照冰川累积物质平衡为 –19 343mm w.e.，其变化可以分为 1980~2000 年和 2001~2016 年两个时段，其物质平衡值平均分别为 –322mm w.e.、–786mm w.e.。同时，线性变化趋势线的倾向率在两个时段由 –287 降至 –775。倾向率绝对值增大，表明冰川出现加速消融，因此推断，全球冰川在 2000 年之后出现了加速消融的变化趋势。

从图 7-1 还可以看出，物质平衡在 1997 年之前的波动较小，1997~2003 年的波动较大，之后波动再次减小，表明 1997~2003 年是一个波动期，之后冰川整体开始加速消融。

7.2.3 物质平衡 10 年代际变化

为了研究全球参照冰川物质平衡阶段性变化，以 10 年为间隔，进行年代际计算（图 7-2），结果表明，全球参照冰川物质平衡的年代际平均值呈阶梯下降，冰川消融加速趋势显著。每 10 年，物质平衡值下降 200mm w.e. 左右，尤其是 1990~2010 年的下降最为显著。2010~2016 年物质平衡均值为 4 个年代际中的最低值，达到 –839mm w.e.，约为 1980~1990 年的 4 倍。

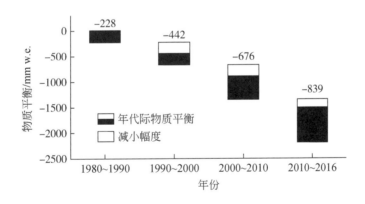

图 7-2 全球参照冰川物质平衡 10 年代际变化

7.2.4 物质平衡空间变化

图 7-3 显示出各冰川区域 1980~2016 年多年平均物质平衡和倾向率变化。分析表明，10 个区域的物质平衡均为负值，区域差异性、纬度和经度地带性特征显著。

区域差异性表现为各区域之间多年平均物质平衡相差较大，10 个区域的平均值为 –470mm w.e.，最小值出现在欧洲中部（–912mm w.e.），最大值出现在斯堪的纳维亚

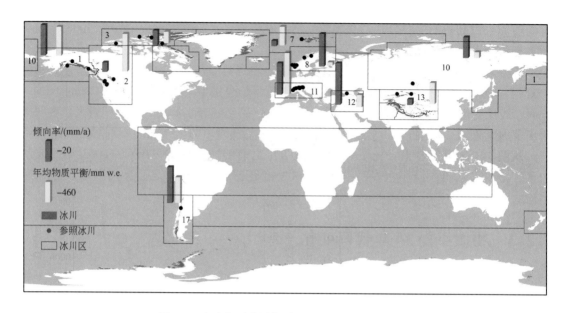

图 7-3　全球参照冰川物质平衡和倾向率空间分布

（-76mm w.e.），两者相差-836mm w.e.。纬度地带性表现为物质亏损从南到北随纬度增加而减小的趋势，具体表现为从北美西部（-909mm w.e.）到阿拉斯加（-585mm w.e.），再到加拿大北极北部（-256mm w.e.），以及欧洲中部（-912mm w.e.）到斯堪的纳维亚半岛（-76mm w.e.）与斯瓦尔巴群岛和扬马延岛（-429mm w.e.），冰川物质亏损呈减少趋势；同样的特征也表现在亚洲中部（-484mm w.e.）到亚洲北部（-139mm w.e.）。经度地带性表现为从高加索和中东（-290mm w.e.）到亚洲中部（-484mm w.e.），从阿拉斯加（-595mm w.e.）到北美西部（-909mm w.e.），以及加拿大北极北部（-256mm w.e.）到斯瓦尔巴岛和扬马延岛（-429mm w.e.），物质亏损呈增大趋势。

物质平衡随时间变化曲线的倾向率是物质平衡下降趋势快慢的反映。图 7-3 显示，全球各个冰川区物质平衡曲线倾向率均呈负值，介于-36 ~ -2，平均值为-19.4，表明各个区域冰川物质平衡表现出不同程度的负增长趋势。其中，冰川消融变化较快是欧洲中部、高加索和中东地区、阿拉斯加地区，较慢是亚洲中部、斯瓦尔巴群岛、扬马延岛和北美西部地区，冰川消融变化最快的是欧洲中部地区，最慢的是亚洲中部。

对比年均物质平衡与倾向率发现，南安第斯山、欧洲中部与阿拉斯加地区的物质平衡和倾向率值均较低，表明物质亏损量大且亏损速度快；高加索与中东和斯堪的纳维亚地区的物质平衡值较低但倾向率较高，表明物质亏损量大，但是亏损的速率低；亚洲北部与加拿大北极北部地区的物质平衡与倾向率均偏低，表明物质亏损幅度和亏损速度均较小；北美西部、亚洲中部与斯瓦尔巴群岛与扬马延岛的物质平衡较高但倾向率却较低，表明物质损耗大，但变化速率相对较低。

7.3　中国境内冰川物质平衡变化及其与全球冰川对比

7.3.1　资料来源

本书选择 6 条中国境内的冰川进行研究，即乌源 1 号冰川、老虎沟 12 号冰川、小冬克玛底冰川、帕隆 94 号冰川、绒布冰川、海螺沟冰川。冰川相关信息见表 7-3。原因是上述冰川具有长期物质平衡观测或恢复资料，便于与国际对比研究。其他一些冰川，如七一冰川、煤矿冰川、十一冰川、青冰滩 72 号冰川、庙尔沟冰帽等尽管有较长时间的物质平衡实测资料和良好代表性，但缺乏完整序列，因此本书未予采用。

表 7-3　中国境内 6 条冰川基本信息

冰川名称	面积 /km²	长度 /km	海拔/m	朝向	冰川类型	物质平衡观测时间	来源
乌源 1 号冰川	1.67	2.0	3743～4484	东北	大陆性冰川	1959～2016 年	中国科学院天山冰川站年报，WGMS
老虎沟 12 号冰川	20.4	9.8	4260～5481	东	极大陆性冰川	2005～2015 年	本书
小冬克玛底冰川	1.76	2.8	5420～5926	西南	极大陆性冰川	1997～2015 年	高红凯等，2011
帕隆 94 号冰川	3.08	2.9	5075～5635	东北	海洋性冰川	2006～2015 年	Yang et al.，2016
海螺沟冰川	24.52	13.1	3900～7556	东	海洋性冰川	—	李宗省等，2009
绒布冰川	152	18	5400～6500	北	大陆性冰川	—	刘伟刚，2010

7.3.2　年际和累积物质平衡变化

将上述 6 条参照冰川物质平衡进行数算平均，得出 1960～2015 年中国境内冰川物质平衡与累积物质平衡变化曲线，如图 7-4 所示。

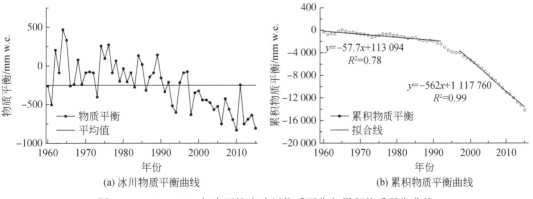

(a) 冰川物质平衡曲线　　　　(b) 累积物质平衡曲线

图 7-4　1960～2015 年中国境内冰川物质平衡与累积物质平衡曲线

如图 7-4 所示，1960～2015 年中国境内冰川物质平衡整体呈明显的下降趋势，平均值为 -253mm w. e. 。1960～2015 年共出现了 11 次正平衡，45 次负平衡，1989 年后没有出现过正平衡值。最大物质平衡值出现在 1964 年（465mm w. e.），最小值出现于 2010 年（-836mm w. e.）。

1960～2015 年中国境内冰川累积物质平衡值为 -14 165mm w. e.，其变化大体上可分 3 个时段：1960～1990 年，累积物质平衡呈波动下降趋势（曲线倾向率为 -58），这一时期物质平衡平均值为 -61mm w. e.；1990～1996 年，累积物质平衡出现了较大波动，物质出现加速亏损；1997～2015 年，物质平衡波动较小，负增长加大（曲线倾向率为 -562），亏损十分显著，平均值降至 -541mm w. e. 。

7.3.3 物质平衡 10 年代际变化

为研究物质平衡阶段性变化，以 10 年为间隔，进行年代际计算（图 7-5）。结果表明，1960～2015 年中国境内冰川各年代际物质平衡变化总体上呈阶梯状递减趋势，1980～1990 年之后的下降趋势尤为显著，物质平衡由 1980～1990 年的 -95mm w. e. 降到 2010～2015 年的 -634mm w. e. 。其中，1990～2000 年和 2000～2010 年两个时段较其前 10 年的减小幅度大，分别为 233mm w. e. 、246mm w. e.；2010～2015 年的减少幅度变小，为 60mm w. e. 。

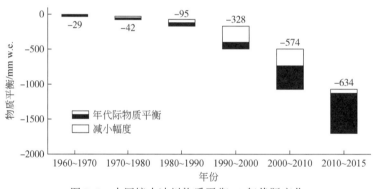

图 7-5　中国境内冰川物质平衡 10 年代际变化

7.3.4 与全球参照冰川物质平衡对比

（1）年际物质平衡比较

图 7-6 反映了 1980～2015 年全球 40 条参照冰川物质平衡标准曲线、中国境内 6 条冰川物质平衡曲线和乌源 1 号冰川物质平衡曲线对比情况。将乌源 1 号冰川加入其中进行比较的原因是该冰川全部为实测资料，与全球其他参照冰川相一致。

对比分析发现，3 条曲线整体呈下降趋势。其中乌源 1 号冰川物质平衡与全球参照冰川平均物质平衡接近，分别为 -481mm w. e. 和 -515mm w. e. 。中国境内冰川的平均值为 -371mm w. e.，高于全球冰川平均值，表明消融程度相对较低。

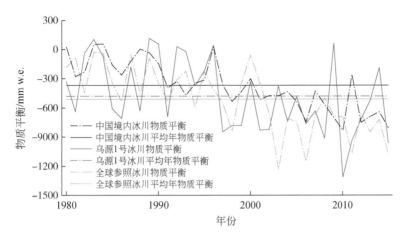

图 7-6　1980～2015 年中国境内冰川物质平衡比较

从图 7-6 看出，2004 年之前，乌源 1 号冰川与全球参照冰川曲线无论在变化幅度还是变化规律上，均十分相似，但在 2004 年之后发生偏离。中国境内冰川曲线与其他两条曲线的对应关系不佳。与多条冰川的平均曲线相比，乌源 1 号冰川物质平衡波动范围较大，最大值出现在 1989 年（106mm w. e.），最小值出现在 2010 年（−1327mm w. e.）。全球参照冰川物质平衡标准曲线中的最大值出现在 1983 年（−26mm w. e.），最小值出现于 2003 年（−1246mm w. e.）；中国境内冰川的物质平衡最大值出现在 1983 年（61mm w. e.），最小值出现在 2010 年（−836mm w. e.），与乌源 1 号冰川相同。

（2）累积物质平衡比较

图 7-7 给出全球 40 条参照冰川物质平衡标准累积曲线、中国境内 6 条冰川物质平衡累积曲线和乌源 1 号冰川物质平衡累积曲线，以及 3 条曲线的对比。从图 7-7 中看出，3 条曲线呈非线性趋势下降，其中乌源 1 号冰川与全球冰川标准曲线的变化十分相似。1980～2015 年乌源 1 号冰川、中国境内冰川和全球参照冰川累积物质平衡分别为−17 306mm w. e. 、−13 370mm w. e. 和−18 547mm w. e.，表明全球冰川累积物质平衡低于乌源 1 号冰川，更低于中国境内冰川。

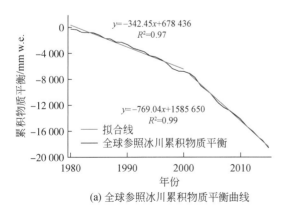

(a) 全球参照冰川累积物质平衡曲线

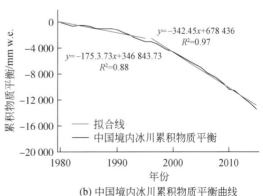

(b) 中国境内冰川累积物质平衡曲线

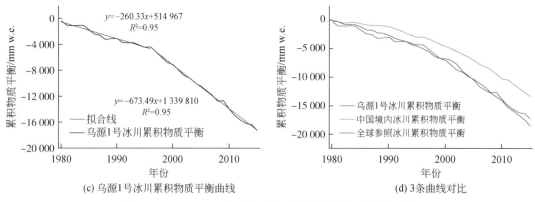

(c) 乌源1号冰川累积物质平衡曲线   (d) 3条曲线对比

图 7-7　1980～2015 年国内外参照冰川累积物质平衡比较

线性趋势倾向率的变化可以反映冰川的加速消融过程。图 7-7 中显示，3 条曲线的线性趋势线倾向率均发生了变化，表明冰川在快速消融的过程中，经历了进一步的加速消融。但是，3 条曲线反映的冰川加速消融的时间节点存在差异，中国境内冰川和乌源 1 号冰川的节点出现在 1996 年左右，而全球冰川的时间节点在 2000 年左右，较中国境内冰川略晚。

（3）10 年代际物质平衡比较

图 7-8 给出了 1980 年以来全球参照冰川、乌源 1 号冰川和中国境内冰川物质平衡 10 年代际变化。从图 7-8 看出，三者在 4 个年代际均呈阶梯递减趋势，表明物质亏损逐步加快。其中 1980～1990 年乌源 1 号冰川的物质平衡 10 年代际值低于中国境内冰川和全球参照冰川的。1990～2000 年三者相差不大，2000 年之后，全球参照冰川的消融明显加快，年代际变化明显快于乌源 1 号冰川和中国境内冰川的变化。

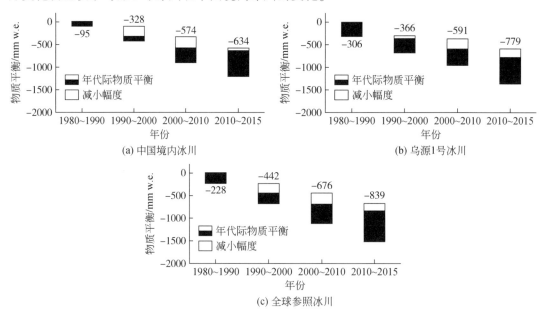

图 7-8　1980～2015 年全球与中国境内冰川 10 年代际物质平衡比较

（4）物质平衡差异性分析

从上述对比研究中发现，中国境内冰川与全球参照冰川的物质平衡相比，具有两方面差异：一方面是在数值和变化的倾向率上，前者均高于后者，尤其是在 2000 年之后，表明中国境内冰川无论在消融强度还是在消融加速度方面均弱于全球参照冰川的平均值。推测其原因很可能是中国冰川多为大陆性冰川（冷冰川），深处大陆腹地，而发育在全球范围的冰川多为海洋性冰川（温冰川）。与海洋性冰川相比，大陆性冰川对气候变化响应的敏感性相对较低，变化较为缓慢。另一方面是中国境内冰川加速消融的拐点出现在 1996 年左右，早于全球参照冰川出现拐点的时间（2000 年左右），推测原因可能是中国冰川多处在中低纬度高海拔区，响应气候变化时间较早，但其机理尚需深入研究。

7.3.5 冰川加速消融机理

从前述研究中看到，全球山地冰川在最近 30 年来出现了加速消融趋势，对此，本书以乌源 1 号冰川为例，对加速消融的机理和主要控制要素进行过深入的研究探讨（李忠勤等，2011b）。结果表明，造成冰川物质加速损失的原因有 3 个，即正积温增大、冰温升高和冰面反照率降低。近年来，通过对海洋性冰川的观测研究，发现冰川的破碎化也是造成冰川物质加速亏损的一个重要原因，以下分别阐述。

（1）正积温增大

冰川消融与消融期大气温度直接相关，这可以通过正积温（PDD：日平均气温在融点以上的总和）很好地描述。乌源 1 号冰川 1959～2008 年物质平衡与年正积温呈负线性相关，表明正积温增大是导致冰川加速消融的关键影响因素。

另外，冰川物质平衡通常与降水量呈正相关关系。乌源 1 号冰川区 1987～2008 年年均降水量增加到 502mm，夏季和冬季降水分别增长了 21.1% 和 10.8%。然而，降水的增加并没有扭转该冰川物质的加速亏损，其原因还是正积温增大。因为正积温增大的结果可使降水的雪雨比降低，从而导致冰川的加速消融。

（2）冰温升高

冰川冰体温度反映了冰川的冷储与冰川融化过程密切关系。根据物质/能量平衡原理，消融期用来将冰面加热到 0℃ 的能量越少，则用于冰川消融的能量就越多。另外，较低的冰体温度能加速雪的积累及冰川表面融水的再冻结。事实上，冰温高的冰川对气候变化的响应较冰温低的冰川更敏感。例如，海洋性冰川对气候的变化远比大陆性冰川敏感，根本原因在于海洋性冰川冰体温度高，接近融点。在乌源 1 号冰川海拔 3840m 高度上于 1986 年、2001 年、2006 年和 2012 年进行过冰川钻孔温度观测，对比 4 个冰温曲线发现，该处冰川活动层深度大约为 10m，气温的季节变化对活动层以下冰温影响很小。1986～2001 年，活动层下界冰温增加了 0.9℃（0.06℃/a），2001～2006 年增加了 0.4℃（0.08℃/a），2006～2012 年增加 0.2℃（0.04℃/a），说明冰川有加速升温趋势。根据该处数值模拟研究结果，活动层冰温如果增加 0.5℃，冰川表面消融会增加 10% 左右。冰体温度升高，其对气候变化的敏感性增加，同样幅度的气温升高，会引起更多的物质亏损。

因此，冰川冰体温度的升高，在冰川加速消融过程中扮演着重要角色，它是气温升高的累积效应。

（3）冰面反照率下降

冰川消融的主要能量来源是太阳的短波辐射。因此，冰川表面的反照率很大程度上决定了冰川消融的能量。据观测，在乌源 1 号冰川消融区，裸冰的反照率在 0.09~0.24，积累区雪或粒雪反照率介于 0.5~0.64，其值均远低于纯冰或雪的反照率。乌源 1 号冰川自 1962 年以来消融区面积平均增加约 16%。消融区面积增大，表明冰川整体反照率在减小，由此造成冰川表面消融强度的增加。同时，研究表明，乌源 1 号冰川表面反照率降低的另一重要原因是受到冰尘（cryoconite）和矿物粉尘富集的影响。通过显微镜和有机质检测分析发现，冰尘中含有高浓度的有机物质和冰藻，这些深颜色的生物有机质在升温环境中能够快速生长并且大量繁殖，从而降低冰面反照率（Takeuchi and Li，2008）。同时，冰川消融加剧，包含的矿物粉尘大量析出并聚集，也对反照率降低起到促进作用，冰面反照率的降低，加剧了冰川的消融和物质的亏损。

（4）冰川破碎化

冰川的破碎化是由冰川强烈消融引起的，在海洋性冰川上极为显著。近年来随着气温不断升高，在大陆性冰川上也出现破碎化趋势。冰川破碎化一方面导致冰川的有效消融面积增大，使消融量增加，另一方面冰面融水更容易进入冰川内部，将热量带入冰内，加剧冰川消融。这不仅成为海洋性冰川，也是所有冰川产生加速消融的原因之一，但这一机理尚需进一步定量研究。

综合分析表明，上述机理和因素适用于诠释全球大多山地冰川的加速消融退缩。简而言之，一是消融期气温升高，直接造成冰川消融量增加。当气温上升到一定程度后，尽管降水有增加，也不会使得冰川物质亏损有所改变。二是冰川冰体温度的上升减少了加热冰川表面温度达到消融点所需的热量和再冻结下渗水量，提高了冰川对气候变暖的敏感性。三是冰川消融区面积不断增加导致冰川表面反照率降低的正反馈机制。低反照率的产生主要由冰川表面冰尘和矿物粉尘增加所致，冰尘对气温十分敏感，随气温的升高而大量产生。四是冰川的破碎化加剧。破碎的冰面一方面导致冰川有效消融面积增大，使消融量增加，另一方面冰面融水更容易进入冰川内部，将热量带入冰内，加剧冰川消融。

7.4 全球不同区域参照冰川物质平衡变化及其影响因素

7.4.1 高加索与中东地区

如图 7-9 所示，1980~2016 年高加索和中东地区年物质平衡与累积物质平衡变化均呈现下降趋势，且下降速率较其他区域快（倾向率为-29）。在 37 年的观测记录中，正平衡出现 14 次，负平衡为 23 次，最大正平衡值为 1540mm w. e.，出现在 1987 年；最小负平衡值为-2010mm w. e.，出现在 2007 年。

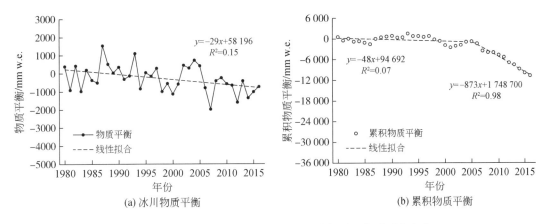

图 7-9　高加索与中东地区冰川物质平衡与累积物质平衡变化

冰川累积物质平衡为 -10 740mm w.e.，其变化大体上可分为两个时段：1980～2004 年时段波动较大，平均值为 -48mm w.e.；2005～2016 年时段波动较小，平均值为 -794mm w.e.。两个时段的倾向率由 -48 降至 -873，表明冰川出现加速消融。

引发高加索地区物质平衡快速降低的原因是，1993～1994 年后夏季消融显著增加，同期冬季降水量上升幅度不大（Stokes et al.，2006）。此外，1985～2000 年冰川表碛增加，裸冰面积减少了 10%，冰川反照率下降。21 世纪初期，冰川积累期降水显著上升，且气温低于 90 年代均值，导致冰川于 2000～2005 年出现正物质平衡，在 2004 年出现正平衡极大值。2005 年后，降水增幅降低，气温上升显著，冰川物质亏损加剧。另外，研究表明北大西洋涛动与该区域冰川日尺度消融显著相关，黑海暖平流及相关强暖雨客观上导致了冰川消融的加剧（Shahgedanova et al.，2007）。

7.4.2　南安第斯地区

如图 7-10 所示，1980～2016 年南安第斯地区物质平衡与累积物质平衡变化均呈现下降趋势（倾向率为 -36）。年物质平衡波动幅度较大，介于 -4280～3700mm w.e.，平均值为 -493mm w.e.，最大正平衡值出现在 1983 年，最小负平衡值出现在 1999 年。在 37 年的观测记录中，出现了 12 次正平衡，25 次负平衡。

冰川累积物质平衡为 -18 234mm w.e.，其变化大体上可分为 3 个时段：1980～1997 年时段波动较大，平均值为 -328mm w.e.；1998～2009 年时段呈相对稳定状态，倾向率由 -218 增至 1.8；2010～2016 年时段物质平衡出现快速下降，平均值跌至 -1676mm w.e.，倾向率由 1.8 降至 -1451，表明冰川出现加速消融。

研究表明，智利中部零温层高度的上升致使该区绝大部分冰川处于消融状态（Bown et al.，2008）。降水是该区物质平衡过程的主控因素，而其次为气温（Masiokas et al.，2016）。

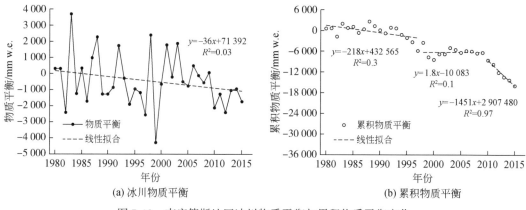

(a) 冰川物质平衡　　　　　　　　　　　　(b) 累积物质平衡

图 7-10　南安第斯地区冰川物质平衡与累积物质平衡变化

7.4.3　斯堪的纳维亚地区

如图 7-11 所示，1980 ~ 2016 年斯堪的纳维亚地区物质平衡与累积物质平衡变化均呈下降趋势（倾向率为 -22）。在 37 年的观测记录中，正平衡出现了 18 次，负平衡出现了 19 次。最大正平衡值为 1878mm w.e.，出现于 1989 年；最小负平衡值为 -2025mm w.e.，出现在 2006 年。

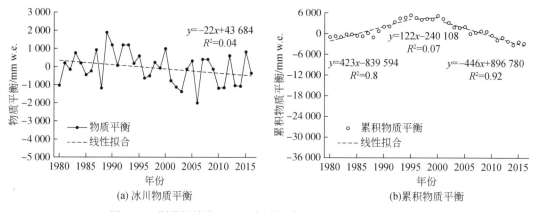

(a) 冰川物质平衡　　　　　　　　　　　　(b)累积物质平衡

图 7-11　斯堪的纳维亚地区冰川物质平衡与累积物质平衡变化

冰川累积物质平衡为 -2828mm w.e.，其变化大体可分为 3 个时段：1980 ~ 1995 年时段呈上升趋势，平均值为 324mm w.e.；1996 ~ 2000 年时段波动较大，倾向率由 423 降至 122，平均值为 -16mm w.e.；2001 ~ 2016 年时段波动较大，倾向率由 122 降至 -446，平均值为 -408mm w.e.，表明冰川消融速率增大。

20 世纪 80 年代后西风带的持续增强与夏季海流变冷共同作用使斯堪的纳维亚半岛冰川出现了短期的前进，消融减缓（Pojhola and Rogers，1997）。1989 ~ 1995 年该区所有监测冰川进入一个短暂的物质盈余期。整个 20 世纪该区大陆性冰川均处于退缩状态，而海洋性冰川存在阶段性的前进与退缩。受气温上升的影响，21 世纪以来挪威所有监测冰川均处于物质亏损状态（Andreassen et al.，2005）。另有研究发现，北大西洋涛动与北极涛动是影响该区域冰川物质平衡变化的重要环流因子（Fealy and Sweeney，2005）。

7.4.4　欧洲中部地区

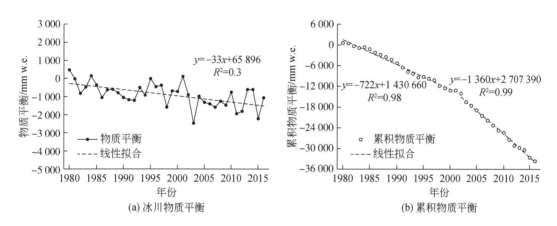

图 7-12　欧洲中部地区冰川物质平衡与累积物质平衡变化

如图 7-12 所示，1980～2016 年欧洲中部地区物质平衡与累积物质平衡均呈现下降趋势（倾向率为-33）。年物质平衡介于-2479～441mm w.e.，平均值为-912mm w.e.，最大正平衡值出现在 1980 年，最小负平衡值出现在 2003 年。在 37 年间的观测记录中，仅出现了 3 次正平衡，负平衡出现 34 次。

冰川累积物质平衡为-33 730mm w.e.，其变化大体上可分为两个时段：1980～2001 年时段波动较大，平均值为-601mm w.e.；2002～2016 年时段下降趋势显著，倾向率由-722 降至-1360，平均值为-1367mm w.e.。

阿尔卑斯山冰川自 19 世纪 40 年代以来的加速消融可归因于夏季太阳辐射的增强，同时辐射也对气温与冰川消融间的关系有显著的影响（Huss et al.，2009）。消融期的延长与气温的升高，是造成冰川物质持续亏损的主要原因，每年的 10 月至次年 5 月的降水与 6～9 月的气温是影响冰川年内物质平衡过程的主要因素（Carturan et al.，2016）。另有研究表明，撒哈拉沙漠灰尘与黑炭使该区域冰川消融增加了 15%～19%，平均年物质平衡相应减少 280～490mm w.e.（Gabbi et al.，2015）。

7.4.5　阿拉斯加地区

如图 7-13 所示，1980～2016 年阿拉斯加地区物质平衡与累积物质平衡均呈现下降趋势（倾向率为-29）。年物质平衡介于-1787～780mm w.e.，最大正平衡值出现在 1981 年，最小负平衡值出现在 2004 年，平均值为-585mm w.e.。37 年间正平衡出现了 9 次，负平衡出现了 28 次。

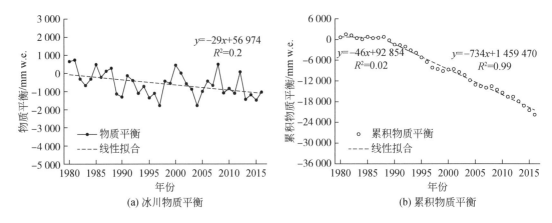

图 7-13　阿拉斯加地区冰川物质平衡与累积物质平衡变化

冰川累积物质平衡为-21 632mm w. e. ，其变化大体上可以分为两个时段：1980~1988 年呈相对稳定状态，平均值为527mm w. e. ；1989~2016 年时段显著下降，倾向率由-46 降至-734，平均值为-799mm w. e. 。

受降水增加与气温上升的双重影响，20 世纪 70 年代中期以来该区冰川出现一定幅度的物质增加。但自90 年代初期以来，冰川物质出现持续亏损，气温成为影响该区冰川物质收支的主控因素（Arendt，2011）。另有研究表明，该区冰川物质平衡主要受东北太平洋暖湿气流的影响，物质平衡与太平洋年代际震荡显著相关（Zemp et al.，2015）。

7.4.6　亚洲北部地区

如图 7-14 所示，1980~2012 年亚洲北部地区物质平衡与累积物质平衡均呈下降趋势（倾向率为-14）。该区域年物质平衡介于-1110~480mm w. e. ，最大正平衡值出现在 2009 年，最小负平衡值出现在 1998 年，正平衡出现了 13 次，负平衡出现了 20 次。

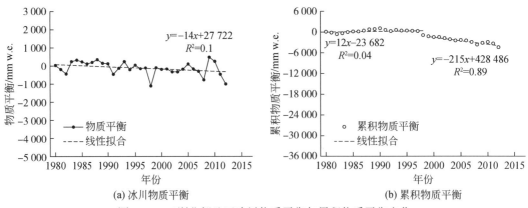

图 7-14　亚洲北部地区冰川物质平衡与累积物质平衡变化

冰川累积物质平衡为 -4580mm w.e.，其变化大体上可以分为两个时段：1980~1998 年时段波动较小，平均值为 -58mm w.e.；1999~2012 年时段出现小幅下降，倾向率由 12 降至 -215，平均值为 -249mm w.e.。

气温上升趋势较降水显著，气温是导致该区冰川物质平衡总体上处于下降态势的主要原因。此外，受区域大气环流过程的影响，春、冬季降水增加显著，导致冬平衡呈上升趋势，因而物质平衡总体波动较小，相对平稳 (Surazakov and et al, 2007；Narozhniy and Zemtsov, 2011)。

7.4.7   加拿大北极北部地区

如图 7-15 所示，1980~2016 年加拿大北极北部地区物质平衡与累积物质平衡均呈下降趋势 (倾向率为 -13)。该区域年物质平衡介于 -1080~163mm w.e.，最大正平衡值出现在 2004 年，最小负平衡值出现在 2011 年，正平衡出现了 5 次，负平衡出现了 32 次。

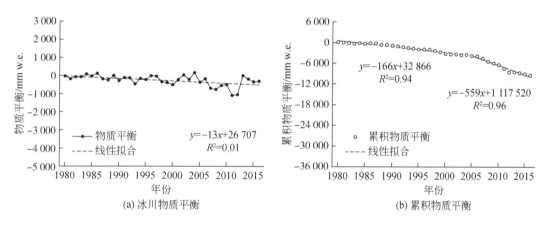

图 7-15   加拿大北极北部地区冰川物质平衡与累积物质平衡变化

冰川累积物质平衡为 -9487mm w.e.，其变化大体上可分为两个时段：1980~2004 年时段波动较小，平均值为 -142mm w.e.；2004~2016 年时段出现快速下降，倾向率由 -166 跌至 -559，平均值为 -494mm w.e.。

研究表明，7 月平均气温是影响加拿大北极北部冰川物质平衡的主控因子。1987 年以来受环北极涡旋位移与强度减弱的影响，该区气温上升显著，年物质平衡趋向于负值。夏季气温变化是影响该区冰川物质平衡年际波动的主要因子 (Gardner and Sharp., 2007)。

7.4.8   北美西部

如图 7-16 所示，1980~2016 年北美西部地区物质平衡与累积物质平衡均呈下降趋势，较其他区域慢 (倾向率为 -10)。年物质平衡介于 -2583~914mm w.e.，最大正平衡值出现在 1999 年，最小负平衡值出现在 2015 年，正平衡出现了 4 次，负平衡出现了 33 次。冰川累积物质平衡为−33 648mm w.e.，倾向率为−894，90 年代后年际波动增大。

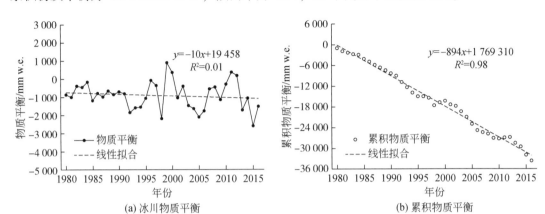

(a) 冰川物质平衡 (b) 累积物质平衡

图 7-16　北美西部地区冰川物质平衡与累积物质平衡变化

1977 年后夏季气温上升与冬季降雨比重增大使得该区冰川物质平衡出现持续亏损。另有研究表明，该区冰川物质平衡与太平洋年代际震荡显著相关（Criscitiello et al.，2010；Moore et al.，2001）。

7.4.9　亚洲中部地区

如图 7-17 所示，1980～2016 年亚洲中部地区物质平衡与累积物质平衡总体上呈下降趋势（倾向率为−2），下降速率相对较低。该区域年物质平衡介于−1160～287mm w.e.，最大正平衡值出现在 1993 年，最小负平衡值出现在 1997 年，正物质平衡出现了两次，负平衡为 35 次。

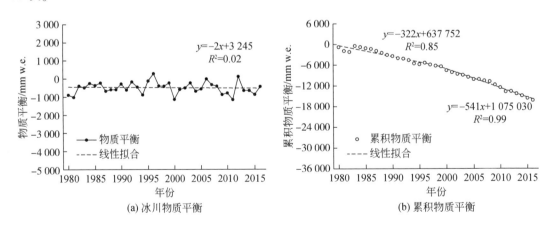

(a) 冰川物质平衡 (b) 累积物质平衡

图 7-17　亚洲中部地区冰川物质平衡与累积物质平衡变化

冰川累积物质平衡为−17 891mm w.e.，其变化大体上分为两个时段：1980～1997 时段年波动较小，平均值为–421mm w. e. ；1998~2016年时段波动较大，倾向率由–322降至–541，平均值为–543mm w. e. ，表明冰川出现了加速消融。

1997年以来消融期内正积温增大、冰温升高及冰面反照率下降，是导致该区冰川出现加速消融主要原因（李忠勤，2011a）。图尤克苏冰川物质平衡的研究表明，在降水增加背景下，全球变暖仍是冰川物质平衡亏损的主导因素（kononova et al.，2015）。

7.4.10　斯瓦尔巴群岛和扬马延岛地区

如图7-18所示，1980~2015年斯瓦尔巴群岛和扬马延岛地区物质平衡与累积物质平衡均呈下降趋势（倾向率为–6），下降速率较其他区域低。年物质平衡介于–1059~230mm w. e.，最大与最小物质平衡值分别出现在1987年与2003年，正平衡出现了3次，负平衡出现了33次。冰川累积物质平衡为–15 432mm w. e.，倾向率为–441，无显著的阶段性波动。

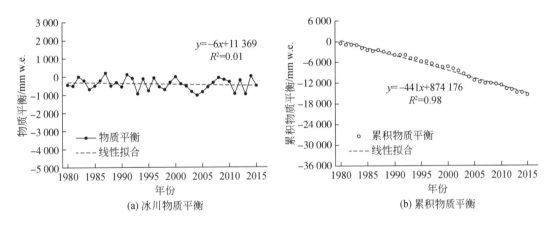

图7-18　斯瓦尔巴群岛和扬马延岛地区冰川物质平衡与累积物质平衡变化

斯瓦尔巴群岛和扬马延岛地区是20世纪全球升温幅度较大的区域之一。近年来北大西洋暖流势力持续增强，导致该区增温趋势显著，冰川物质出现持续亏损（Hanssen-Bauer et al.，2005）。

7.4.11　中国西部地区

图7-19给出了中国境内冰川包括乌源1号冰川、帕隆94号冰川、老虎沟12号冰川、小冬克玛底冰川、绒布冰川和海螺沟冰川20世纪60年代以来的物质平衡与累积物质平衡曲线。从中可以看出，中国境内冰川物质平衡变化整体上均呈下降趋势，但各冰川变化趋势与波动幅度存在差异。其中海洋性冰川（帕隆94号冰川和海螺沟冰川）的物质平衡波动幅度和下降速率最大，其次为亚大陆性冰川（乌源1号冰川）和极大陆性冰川（小冬克玛底冰川和老虎沟12号冰川）。

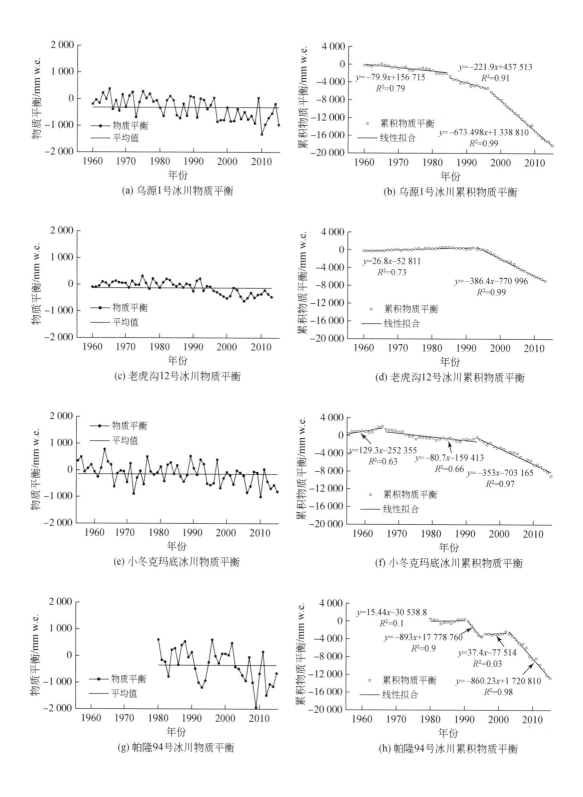

(a) 乌源1号冰川物质平衡

(b) 乌源1号冰川累积物质平衡

(c) 老虎沟12号冰川物质平衡

(d) 老虎沟12号冰川累积物质平衡

(e) 小冬克玛底冰川物质平衡

(f) 小冬克玛底冰川累积物质平衡

(g) 帕隆94号冰川物质平衡

(h) 帕隆94号冰川累积物质平衡

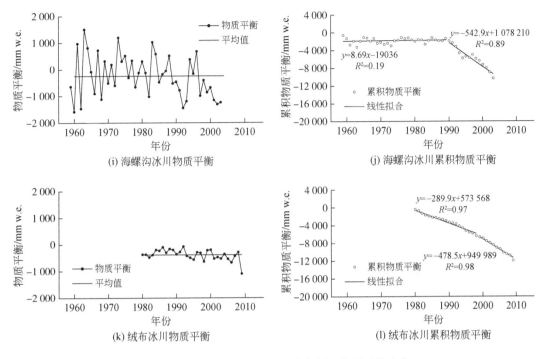

图 7-19　中国境内冰川物质平衡与累积物质平衡变化

冰川累积物质平衡倾向率阶段性变化明显，说明冰川均经历了加速消融变化。而加速消融过程均出现在 1990~2000 年，这段时间也是物质平衡波动变化较大的一个时期。帕隆 94 号冰川物质平衡由于受青藏高原短期"冷湿"气候变化影响，出现了 1996~2002 年的相对稳定期。1997 年之后，由于气温升高，冰川出现显著加速消融趋势。

7.5　全球冰川末端变化

冰川末端进退（长度变化）是反映冰川变化的重要监测指标之一，是冰川对气候变化的综合及滞后的响应。由第 4 章可知，冰川长度变化与冰川面积和体积变化有密切关系。当气候变暖，冰川物质损失增加，冰川体积缩小，长度和面积也会随之缩小，而减小的过程由冰川冰量分布等因素决定。

7.5.1　资料来源

冰川末端变化资料来自 3 个方面：①冰川末端位置直接测量，可以追溯到 19 世纪（WGMS，2008a）；②利用遥感方法测量冰川长度，该方法使末端变化数据库获得很大扩展；③依据文献中标注日期的数据，进行冰川末端变化的反推和重建。国际冰川监测工作始于 1894 年，之后进行了冰川变化信息的定期出版和发布。20 世纪 80 年代以来，世界冰川监测服务处（WGMS）开始建立冰川变化数据库，并以电子版的形式提供数据（Hoelzle and Trindler，1998）。为获得全球各个区域的资料，WGMS 确立了 36 个国家通信员，负责各个国家资料的收集、整编和提交工作。目前的 WGMS 冰川数据库最大限度扩展了数据信息，包含实地测量获得的冰川末端变化和文献重建数据，共有冰川 42 000 条左右，其中约 2000 条冰川有较详细的描述和 19 世纪以来的末端变化资料。完整的数据集可以从 WGMS 的官方网站（http：//www.wgms.ch）下载获取。

WGMS 定期开展全球冰川变化评估工作，中国是 WGMS 主要贡献国之一，可共享 WGMS 所有数据库，参与 WGMS 各种冰川变化评估工作。本节的工作主要源自不同国家（包括中国）WGMS 通讯员共同完成的《21 世纪早期全球冰川史无前例退缩》（Zemp et al.，2015）和 WGMS 定期出版物《冰川波动》（FOG）、《冰川物质平衡通报》（GMBB）及《全球冰川变化通报》（GGCB）。

7.5.2 山地冰川 1535 年以来末端变化

图 7-20（a）系基于 WGMS 冰川末端变化数据库绘制的全球 19 个区山地冰川 1535～2013 年冰川末端变化情况，反映了 1535～2013 年全球各区域冰川末端年均变化的累积量，其计算以 1950 年的冰川末端位置为参考（假定为 0km），横坐标代表了冰川从 2.5km 的末端前进量（深蓝色）到 -1.6km 的退缩量（深红色）的变化范围。不难看出，累积末端变化存在明显的阶段性特征，从 16 世纪中期到 20 世纪初，全球范围内冰川普遍前进，但之后开始逐渐退缩，并在 21 世纪初达到了有记录以来的最大退缩量。需要说明的是，由于在新西兰岛和南极地区相关考察研究较少，无法对其进行深入的定量分析。20 世纪 20 年代及 70 年代的欧洲阿尔卑斯山地区、90 年代的斯堪的纳维亚半岛也曾出现过冰川的短暂前进，但由于其前进幅度未达到先前最大前进量，故在图 7-20 中无法反映。

图 7-20（b）反映了 1535～2013 年末端前进冰川在所有冰川中所占比例的变化。横坐标代表前进冰川比例（大为深蓝色，小为白色），样本数小于 6 的情形标注为深灰色。其统计依据 WGMS 所有可用末端变化数据（包括观测的和重建的），为消除冰川崩解和跃动对本研究的影响，剔除了绝对变化量超过 210m/a 的单条冰川变化数据。需要说明的是，尽管再次前进的冰川数量在区域空间及年代际尺度上都有越来越明显的趋势，但只局限于有限的统计样本（绝大部分年份中样本数小于 36%）。欧洲阿尔卑斯山 1965～1985 年统计的前进冰川比例为 32%～70%。20 世纪 90 年代，斯堪的纳维亚半岛前进冰川比例为 42%～66%。由于冰川末端变化存在对气候变化响应的滞后，因而在同一年内个别冰川并没有表现出再次前进的迹象。1850 年之前（大约 30% 的前进冰川发生在 19 世纪 30 年代及 40 年代）和 1975 年左右出现了全球范围内的冰川前进，相比较而言，20 世纪 30 年代及 40 年代和 21 世纪初前进冰川比例则只有 10% 左右。研究表明，低纬度地区自 17 世纪晚期以来就出现了持续的冰川退缩，直到 20 世纪初也一直没有观测到前进冰川。

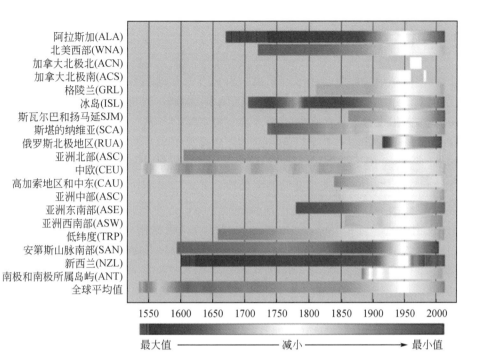

(a) 冰川末端年平均变化累积量的定性描述

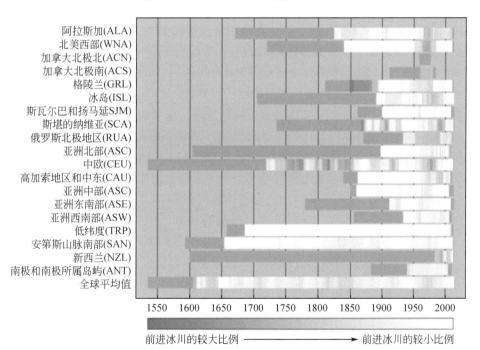

(b) 前进冰川比例的定性分析

图 7-20 1535～2010 年冰川末端变化

冰川变化数据来源于 WGMS

7.5.3 中国冰川末端变化

中国境内的冰川总体上自小冰期结束以来一直处在退缩状态，20 世纪 70 年代出现过短暂的稳定或前进，之后又开始退缩（施雅风等，2006），目前退缩速率达到历史最快。由于中国境内冰川末端变化的资料很少，且时段不统一，难以开展系统性分析。在此，本书通过查询文献资料，对西北地区和青藏高原地区冰川的末端变化进行简单阐述。

中国西北地区的冰川主要分布在阿尔泰山、天山和祁连山山脉，与这些地区面积绝对变化率相似，阿尔泰山冰川末端退缩速率最快，其次是天山地区，相比之下，祁连山地区冰川末端退缩速率最慢。阿尔泰山共有两条监测冰川，木斯岛冰川在 1977~2013 年退缩268.2m，年均退缩率为 7.3m/a（怀保娟等，2016）。喀纳斯冰川在 1960~2006 年退缩了915m，年均退缩速率为 19.5m/a。天山山脉的 1543 条冰川从 20 世纪 60 年代到 21 世纪初，末端退缩速率为 5.25m/a，末端平均后退量为 3.5~7.0m/a（李忠勤，2011b；王璞玉等，2012）。根据中国科学院天山冰川观测试验站观测资料，1980 年以来，天山乌源 1号冰川末端退缩速率总体呈加快趋势。由于强烈消融，乌源 1 号冰川在 1993 年分裂为东、西两支。监测结果表明，在冰川分裂之前的 1980~1993 年，冰川末端平均退缩速率为3.6m/a；1994~2016 年，东、西支冰川平均退缩速率分别为 4.4m/a、5.8m/a。2011 年之前，西支退缩速率大于东支，之后两者退缩速率呈现出交替变化特征。2016 年，东、西支退缩速率分别为 6.3m/a、7.2m/a，其中西支退缩速率为 1993 年乌源 1 号冰川分裂以来的最大值。通过对祁连西段大雪山和党河南山 539 条冰川的研究，得到 1957~2010 年末端平均退缩为 181m，退缩速率为 3.4m/a。1966~2010 年党河南山冰川末端平均退缩为159m，退缩速率为 3.6m/a（孙美平等，2015；陈辉等，2013）。

青藏高原不同区域近几十年来冰川进退幅度不同，在青藏高原中部的普若岗日冰原变化幅度较小，向东和向南冰川变化幅度显著增大，在南部的绒布冰川和东南部的海螺沟冰川变化幅度最大，显示出青藏高原冰川末端变化对气候变化响应的敏感性在边缘山区较中腹地区更为敏感，冰川末端退缩速率的空间差异性总体上表现为外缘的海洋性冰川比内陆的大陆性冰川大（蒲健辰等，2004）。昆仑山的冰川在 1970 年之前表现为前进，之后开始持续退缩，1990 年左右退缩到 1967 年冰川末端的位置，1976~2010 年冰川退缩速率为12.5%/a（李成秀等，2014；姜珊，2012）。帕米尔高原的冰川自 1963 年以来末端持续退缩，尽管在 1976 年之后退缩幅度有所减缓，但退缩距离仍在加大。1972~2000 年，研究区共有 4 条冰川完全消融，10 条冰川前进，2000~2011 年，研究区共有 16 条冰川前进（曾磊等，2013）。1968~2009 年，喀喇昆仑山的冰川总体上处于退缩状态，41 年间前进冰川共有 55 条，1990~2001 年部分冰川退缩约 81m，退缩速率为 6.7m/a（冯童等，2015）。横断山、念青唐古拉山以及喜马拉雅山的冰川在监测期间均处于退缩状态。其中，横断山脉的退缩幅度最大，1970~2005 年冰川末端退缩了 1366m，退缩速率为 37.9m/a（康世昌等，2007）。念青唐古拉山 1970~1999 年拉弄冰川末端退缩了 285m，平均年退缩量 9.8m/a；1999~2003 年拉弄冰川退缩 13m，平均年退缩量 3.3m/a（张堂堂等，2004）。

7.6　全球冰川面积变化

冰川面积的变化是反映冰川变化的另一重要监测指标，也是冰川对气候变化的综合及滞后的响应。冰川面积数据主要来自卫星、航空和地面上的观测，重复这些测量可得到其变化信息。历史上的冰川地形图、照片等均被用来提取冰川面积和形态信息。尽管世界冰川编目提供了全球冰川面积的分布信息，但由于缺乏多期数据而无法对其变化进行系统评估。本节在有关全球冰川面积变化方面文献数据查阅、分析与归纳基础上，对过去 50 年来全球冰川面积变化分析阐述。

7.6.1　总体变化

许多学者对全球不同冰川区冰川面积的变化特征进行过分析总结（Sharp et al.，2013；Krumwiede et al.，2013；Cullen et al.，2013）。本节基于文献资料，并结合 IPCC 第五次报告中有关全球 19 条冰川区域冰川面积变化资料，在尽可能选择相同时间段的数据下，绘制了全球 16 个区域自 1950 年以来冰川面积变化分布图（图 7-21）。全球统计范围内的冰川面积总体上处于退缩状态，但各区域间存在差异。冰川面积变化在空间上表现出一定的纬度地带性，大体上从赤道到两极退缩幅度与速率呈减少趋势。

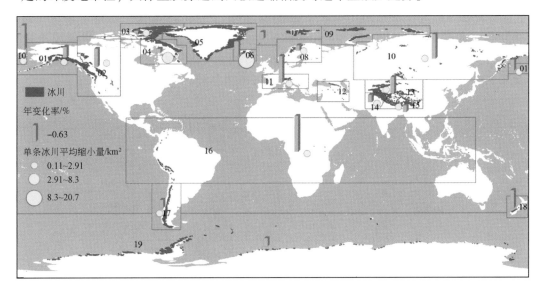

图 7-21　全球 16 个区域 1950 年以来冰川面积变化

面积变化率的区域特征表现如下：赤道低纬度地区的最大；欧洲中部、亚洲北部与阿拉斯加、亚洲中部、新西兰地区和北美西部次之；南安第斯山、亚洲西南部略微偏低；高纬度地区南极大陆与次南极群岛、斯瓦尔巴群岛和扬马延岛、斯堪的纳维亚、冰岛、加拿大北极南部冰川变化率相对较低；加拿大北极北部地区冰川面积的变化率最低。其中，与相同纬度其他区域相比，阿拉斯加地区偏高，而亚洲中部、亚洲西南部及亚洲东南部地区偏低，可能与阿拉斯加地区受北太平洋暖流影响而亚洲区受大陆性气候控制有关。

单条冰川变化量的区域特征表现如下：冰岛地区的缩小量最大，加拿大北极区次之；南美安第斯山地区、阿拉斯加与低纬度地区冰川的缩小幅度也相对较高；斯堪的纳维亚地区与亚洲西南部冰川的变化幅度居中；北美西部、欧洲中部与亚洲北部冰川的缩小量相对较低；亚洲中部冰川的缩小量最低。分析表明，不同区域冰川面积变化率和单条冰川变化量与冰川规模有密切的关系，冰川规模大的区域，冰川变化率小，但单个冰川变化量大，反之亦然。这说明无论大冰川还是小冰川，均对气候变化有着敏感的响应，大冰川变化的绝对量大，相对量小，小冰川变化的相对量大，绝对量小，表现方式上有所不同。

7.6.2　全球不同区域冰川分布及变化

根据第 5 版 Randolph 世界冰川编目资料，采用 10^n（$n=0$，1，2，3）冰川面积分类指标，对全球 19 个区域冰川基本信息进行统计。根据文献资料，对各个区域近几十年来冰川的面积变化进行分析阐述，旨在揭示全球不同区域冰川及其变化情况。需要说明的是，由于格陵兰岛、高加索和中东地区、俄罗斯北极地区缺乏研究资料，故本书未对这些区域的冰川变化予以评述。

（1）阿拉斯加地区

阿拉斯加地区现存冰川 27 108 条，总面积为 86 725km²。如图 7-22 所示为该区面积等级分布。面积最大的冰川是 Seward Glacier，达 3363km²。该区冰川平均末端海拔为 1337m。总体上该区冰川数量以面积小于 1km² 的冰川为主，约占该区冰川总数的 79%；面积介于 100～1000km² 的冰川分布最多，约占该区冰川总量的 41%。

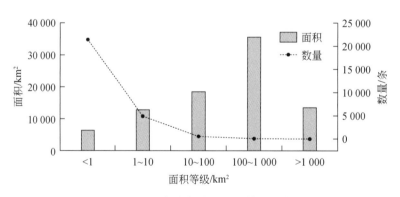

图 7-22　阿拉斯加冰川面积等级分布

研究表明 1952～2007 年阿拉斯加楚加奇山脉冰川面积减小了约 23%，年均减少约 0.42%（Lambrecht and Kuhn，2007）。

（2）北美西部地区

北美西部地区现存冰川 15 216 条，总面积为 14 556km²，图 7-24 为该区面积等级分布。单条冰川的最大面积为470km²。该区冰川平均末端海拔1917m，冰川主要分布在美国和加拿大北太平洋沿岸。总体上该区冰川数量以面积小于1km²的冰川为主，约占该区冰川总数的86%；面积介于1~10km²的冰川分布最多，约占该区冰川面积总量的47%。

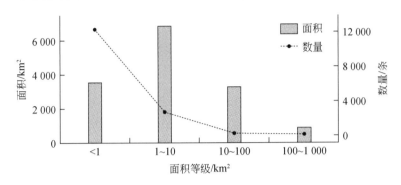

图 7-23 北美西部地区冰川面积等级分布

1958~1998年美国北喀斯特山冰川面积减小8.2km²±0.1km²，面积变化率为7%（0.18%/a）（Granshaw and Fountain，2006）。1985~2006年加拿大落基山脉冰川面积减小16.7%，年均变化率为-0.8%；1966~2006年美国温德河岭冰川面积由45.9km²±1.6km²减小为28.6km²±0.4km²，面积变化率为37.7%；1959~2007年加拿大育空区域冰川面积减小了约21.9%，年均变化率为-0.46%（Tennant et al.，2012）。基于地形图与遥感影像，Bolch（2010）等发现1985~2005年加拿大落基山冰川面积减小了约21.9%，年均变化率为0.46%。Jiskoot 等（2009）利用 Landsat 7 与 ASTER 影像对加拿大克列孟梭冰原变化进行了研究，结果表明1985~2001年该冰原面积减小了13.4%，年均变化率为-0.84%。同期暹芭组地区冰川面积减少了28.9%（1.81%/a）。Debeer 和 Sharp（2007）通过航测地形图与遥感影像对落基山、哥伦比亚山与海岸山脉冰川变化进行了研究，结果表明1951~2001年落基山冰川面积减小了约15%，面积减少了6.0km²±0.7km²；1952~2001年哥伦比亚山冰川面积减少了19.9km²，年均变化率为0.1%；1964~2002年海岸山脉冰川面积减小了120km²，面积变化率为0.13%。

（3）加拿大北极北部地区

加拿大北极北部地区现存冰川4540条，总面积为104 999km²，图7-24为该区面积等级分布。该区单条冰川的最大面积为3085km²，冰川平均末端海拔为488m。总体上该区冰川数量以面积小于1km²和1~10km²的冰川为主，分别占该区冰川总数量的39%与40%；面积介于100~1000km²的冰川最多，约占该区冰川面积总量的42%。

1960~2000年伊丽莎白女王群岛、北埃尔斯米尔山、阿加西岛、阿克塞尔/米恩/梅尔维尔山、威尔士亲王岛、南埃尔斯米尔山、德文岛的冰川面积分别减小了约2.7%、3.4%、1.3%、1.7%、0.9%、5.9%与4%（Sharp et al.，2013）。

（4）加拿大北极南部地区

加拿大北极南部地区现存冰川7422条，总面积为40 888km²，图7-25为该区面积等级分布。Barnes Ice Cap South Dome N Slope 为面积最大的冰川，达3363km²。该区冰川平

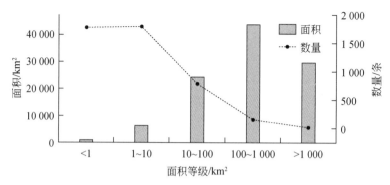

图 7-24　加拿大北极北部地区的冰川面积等级分布

均末端海拔为 680m。总体上该区冰川数量以面积小于 1km² 和 1 ~ 10km² 的冰川为主，分别占该区冰川总数量的 59% 与 33%；面积介于 100 ~ 1000km² 的冰川分布最多，约占该区冰川面积总量的 32%。

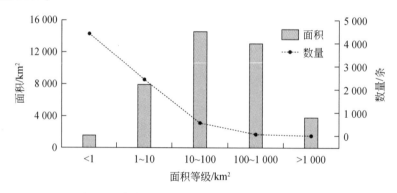

图 7-25　加拿大北极南部地区冰川面积等级分布

　　1959 ~ 2001 年拜洛特岛冰川面积减少 253km²，年均变化率为 0.12%（Dowdeswell et al.，2007）。1958 ~ 2006 年巴尼斯冰帽、彭尼冰帽、Terra Nivea 与 Grinnel Ice Cap 的冰川面积分别减少了约 0.048%、0.046%、0.33% 与 0.26%（Sharp et al.，2013）。1975 ~ 2000 年巴芬岛冰川面积减小了 302km²，年均减小 0.16%（Paul and Svoboda，2009）。

　　（5）格陵兰岛

　　格陵兰岛现存冰川 20 261 条，总面积为 130 071km²，图 7-26 为该区面积等级分布。该区单条冰川的最大面积为 7538km²，冰川平均末端海拔为 782m。总体上该区冰川数量以面积小于 1km² 的冰川为主，占该区冰川总数量的 66%；面积介于 10 ~ 100km² 与 100 ~ 1000km² 的冰川在该区冰川面积总量中所占的比例分别为 33%、29%。

　　（6）冰岛

　　冰岛现存冰川 568 条，总面积为 11 060km²，图 7-27 为该区面积等级分布。该区单条冰川最大面积为 1561km²，冰川平均末端海拔为 837m。总体上该区冰川数量以面积小于 1km² 的冰川为主，约占该区冰川总数量的 63%；大冰川分布较多，面积大于 1000km² 的冰川在该区冰川面积总量中所占的比例达 46%。

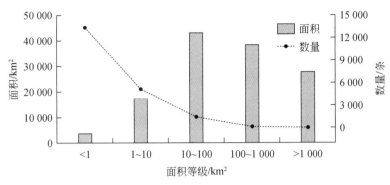

图 7-26　格陵兰岛冰川面积等级分布

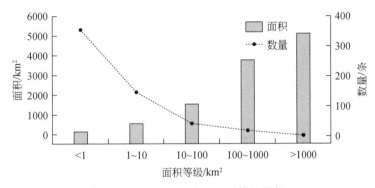

图 7-27　冰岛地区冰川面积等级分布

1998～2011 年冰岛 4 个冰盖面积共减小了约 7.6%，年均减小 0.58%（Jóhannesson et al.，2013）。

（7）斯瓦尔巴群岛和扬马延岛

斯瓦尔巴群岛和扬马延岛现存冰川 1615 条，总面积为 33 959km²，图 7-28 为该区面积等级分布。Austfonna Brevellbreen 为该区面积最大的冰川，达 3363km²。该区冰川平均末端海拔为 209m。总体上该区冰川数量以面积小于 1km² 与 1～10km² 的冰川为主，约占该区冰川总数量的 78%；面积介于 100～1000km² 的冰川分布最多，占该区冰川面积总量的 57%。

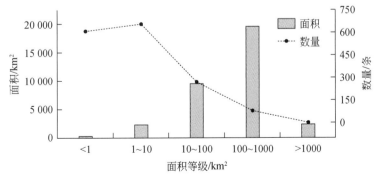

图 7-28　斯瓦尔巴群岛和扬马延岛地区冰川面积等级分布

1990～2008 年斯瓦尔巴岛地区面积大于 1km² 的冰川面积共减小了约 4.6%，平均每年减小 0.26%（König et al.，2013）。

（8）斯堪的纳维亚半岛

斯堪的纳维亚半岛现存冰川 2668 条，总面积为 2851km²，图 7-29 为该区面积等级分布。该区单条冰川最大面积为 57km²，冰川平均末端海拔为 1191m。总体上该区冰川面积相对较小，数量也相对较少。面积介于 1～10km² 的冰川分布最多，约占该区冰川面积总量的 52%；而冰川数量主要以面积小于 1km² 的冰川为主，约占冰川总数量的 78%。

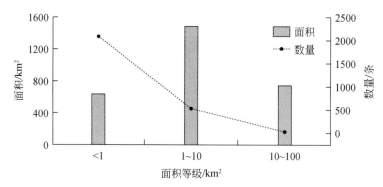

图 7-29　斯堪的纳维亚半岛地区冰川面积等级分布

Paul 等（2011）利用 Landsat 7 遥感影像与地形图数据分析了 Jostedalbreen 地区冰川 1966～2006 年的面积变化特征，结果表明该时段内冰川面积减小了 9%，年均减少 0.23%。1963～2005 年 Jotunheimen 山脉的冰川面积减小了 28.5km²，年均减小 0.33%（Andreassen et al.，2008）。1968～1999 年 Svartisen 冰川面积减少了 5.59km²，年均减少 0.04%（Paul and Andreassen，2009）。

（9）俄罗斯北极地区

俄罗斯北极地区现存冰川 1069 条，总面积为 51 592km²，图 7-30 为该区面积等级分布。Severny Island Ice Cap（Severny Island）为面积最大的冰川，达 1412.73km²，该区冰川平均末端海拔为 117m。该区冰川数量以面积为 1～10km² 的冰川为主，小冰川（小于 1km²）的数量相对较少；面积为 100～1000km² 冰川分布最多，约占该区总面积的 65%。

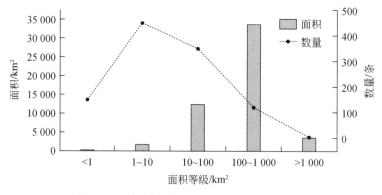

图 7-30　俄罗斯北极地区冰川面积等级分布

（10）亚洲北部地区

亚洲北部地区现存冰川 5151 条，总面积为 2410km^2，图 7-31 为该区面积等级分布。SU5E17701002 Toll Ice Cap 为面积最大的冰川，达 48km^2，该区冰川平均末端海拔为 2020m。该区冰川数量以面积小于 1km^2 的冰川为主，约占总数量的 91%；面积以 1～10km^2 的冰川为主，约占总面积的 46%。

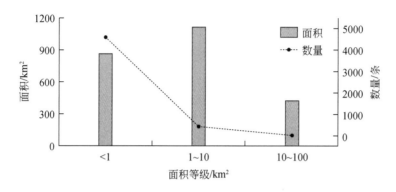

图 7-31　亚洲北部地区冰川面积等级分布

1953～2000 年乌拉尔山冰川面积减小了 22.3%，年均减小 0.51%（Shahgedanova et al.，2012）。1995～2010 年俄罗斯柯达山脉冰川面积减小了 40.2%，年均减小 2.68%（Stokes et al.，2013）。阿尔泰丘亚里奇斯山 1952～2004 年冰川面积减小了 19.7%，年均减小 0.38%（Shahgedanova et al.，2012）。阿尔泰山 1952～2008 年冰川面积减小了 80.7km^2，年均减小 0.18%（Narozhniy and Zemtsov，2011）。

（11）欧洲中部

欧洲中部现存冰川 3980 条，总面积为 2076km^2，图 7-32 为该区面积等级分布。该区单条冰川的最大面积为 82km^2，冰川平均末端海拔为 2800m。该区冰川数量以面积小于 1km^2 的冰川为主，约占冰川总数量的 90%；49.6% 的冰川面积介于 1～10km^2。

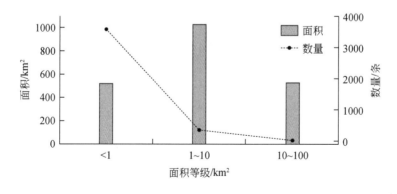

图 7-32　欧洲中部冰川面积等级分布

1969～1998 年奥地利阿尔卑斯山冰川面积由 567km^2 缩减为 471km^2，面积变化率为

16.9%（Lambrecht and Kuhn，2007）。基于冰川编目与激光雷达数据，Lambrecht 和 Kuhn（2007）的研究结果表明，奥地利 Ötztaler 阿尔卑斯山冰川面积减小了 10.5km²，面积变化率为 10.2%。瑞典阿尔卑斯山 1973～1999 年冰川面积缩减了 16.1%（0.62%/a）（Paul et al.，2004）。西班牙比利牛斯山脉 1982～2001 年冰川面积缩减严重，达 52.3%（2.75%/a）（Trueba et al.，2008）。1975～2005 年意大利奥斯塔谷冰川面积缩减了 44.3km²，面积变化率为 27%，年均变化率为 0.9%（Diolaiuti et al.，2012）。1983～2006 年意大利南蒂罗尔地区冰川面积亏损了约 31.6%，年均减少 1.37%（Knoll and Kerschner，2009）。1992～1999 年伦巴底地区冰川面积减小了约 10.8%，年均减少 1.54%（Citterio et al.，2007）。

（12）高加索和中东地区

高加索和中东地区现存冰川 1725 条，总面积为 1295km²，图 7-33 为该区面积等级分布。SU5T09105247 为面积最大的冰川，达 1413km²，该区冰川平均末端海拔为 3027m。冰川数量及面积均以面积为 1～10km² 的冰川为主。

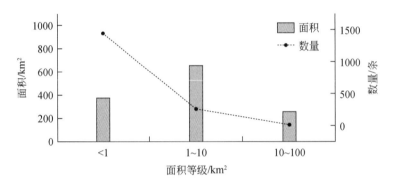

图 7-33　高加索和中东地区冰川面积等级分布

（13）亚洲中部

亚洲中部地区现存冰川 54 430 条，总面积为 49 303km²，图 7-34 为该区面积等级分布。单条冰川的最大面积为 476km²。该区冰川平均末端海拔为 4705m。该区冰川数量分布众多，冰川面积主要分布在面积小于 1km²、1～10km² 与 10～100km² 3 个面积等级中。

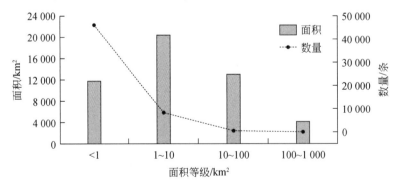

图 7-34　亚洲中部地区冰川面积等级分布

1960~2009 年 Munkh Khairkhan 山脉冰川面积减少了 30%，冰川平衡线高度上升了 22m（Krumwiede et al.，2013）；1989~2009 年 Tavan Bogd 山脉冰川面积减少了 4.2%。1963~2010 年中国冰川面积减少了 15.7%，年均减少 0.33%（Tian et al.，2016）。1997~2003 年 Akshiirak 山脉冰川面积缩减了约 8.6%；1981~2003 年 Ala Archa 山脉冰川面积减小约 10.6%（Aizen et al.，2007）。Bolch（2007）对 1955~1999 年北天山（Malaja Almatinka、Bolshaja Almatinka、Levyj Talgar、Turgen、Upper Chon-Kemin、Chon-Aksu）冰川面积信息进行了提取，结果表明研究时段内该区冰川退缩率为 32.6%。

（14）亚洲东南部

亚洲东南部现存冰川 13 119 条，总面积为 14 734km²，图 7-35 为该区面积等级分布。面积最大的冰川是雅弄（Yanong）冰川，达 180km²。该区冰川平均末端海拔为 5105m，冰川主要分布在喜马拉雅山。总体上该区冰川数量以面积小于 1km² 的冰川为主，约占该区冰川总数量的 79%；面积介于 1~10km² 的冰川分布最多，约占该区冰川面积总量的 46%。

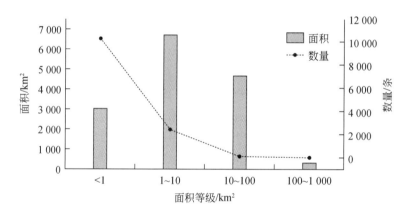

图 7-35　亚洲东南部地区冰川面积等级分布

1962~2004 年喜马拉雅山 10 个流域平均冰川面积变化率为 15.8%，年均减小 0.38%（Kulkarni et al.，2011）。Schmidt 等（2012）基于 Corona、SPOT 与 Landsat 影像，分析了 Kang Yatze 地区 1969~2010 年的冰川面积变化，结果表明 1969~2010 年冰川面积减小了 13.8km²，年均减小 0.35%。1968~2006 年 Gharwal Himalaya 冰川面积减小了 27.4km²，年均减小 0.12%（Bhambri et al.，2011）。

（15）亚洲西南部

亚洲西南部现存冰川 27 988 条，总面积为 33 568km²，图 7-36 为该区面积等级分布。面积最大的冰川是 Siachen Glacier 冰川，达 1078km²。该区冰川平均末端海拔为 5013m，冰川主要分布在昆布喜马拉雅。总体上该区冰川数量以面积小于 1km² 的冰川为主，约占该区冰川总数量的 84%；面积介于 1~10km² 的冰川分布最多，约占该区冰川面积总量的 33%。

1976~2006 年昆布喜马拉雅冰川面积减小了 501.9km²，年均减小 0.52%（Pan et al.，

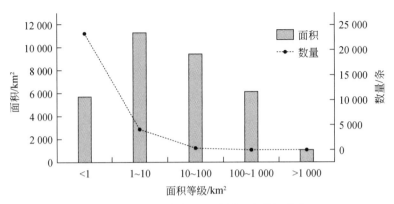

图 7-36　亚洲西南部地区冰川面积等级分布

2012)。Bolch 等（2010）基于 Corona KH4、Landsat TM 与 ASTER 影像，分析了 1962~2005 年昆布喜马拉雅冰川的面积变化，结果表明冰川面积减小了 4.87km²，年均减小0.12%。Salerno 等（2008）分析了 1962~2001 年萨加玛塔国家公园冰川的面积变化，结果表明该区冰川面积减小了 19.3km²，年均减小 0.13%。

（16）低纬度地区

低纬度地区现存冰川 2941 条，总面积为 2346km²，图 7-37 为该区面积等级分布。单条冰川的最大面积为 12.5km²。该区冰川平均末端海拔为 4923m，冰川主要分布在科迪勒拉山系。总体上该区冰川数量以面积小于 1km² 的冰川为主，约占该区冰川总数量的 98%；面积介于 1~10km² 的冰川分布最多，约占该区冰川面积总量的 70%。

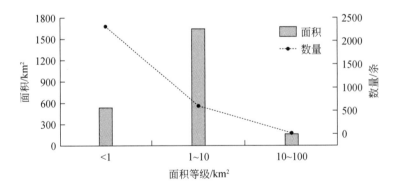

图 7-37　低纬度地区冰川面积等级分布

1955~2003 年科迪勒拉山科罗普纳峰冰川面积减小了 66.3km²，年均减小 1.125%（Silverio and Jaquet，2012）。Baraer 等（2012）分析了布兰卡山脉 1970~2009 年的冰川面积变化特征，结果表明 1970~2009 冰川面积减小了 53.2km²，年均减小 0.72%。Salzmann等（2013）基于冰川编目、ASTER DEM、Landsat TM 和地形图，分析了科迪勒拉山系卡诺塔地区 1985~2006 年的冰川面积变化，结果表明 1985~2006 年该区冰川面积减小了147km²，年均减小 1.58%。

1985～2009 年 Quelcaya 冰帽面积减小了 12.9km²，年均减小了 0.96%（Salzmann et al.，2013）。Klein 和 Kincaid（2006）基于 IKONOS 遥感影像，分析了 1942～2002 年 Puncack Jaya 冰川的面积变化，结果表明 1942～2002 年该区冰川面积减小了 78.3%，年均减小了 1.3%。Ceballos 等（2006）基于地形图和遥感影像，分析了 1959～2002 年哥伦比亚 6 个山脉的冰川面积变化，结果表明 1959～2002 年该区冰川面积减小了 48.1%，年均减小 1.18%。Racoviteanu 等（2008）基于地形图与 SPOT5 影像数据，分析了 1970～2003 年科迪勒拉山系布兰卡冰川的面积变化，结果表明 1975～2003 年冰川面积减小了 153.7km²，年均减小了 0.68%。Cullen 等（2013）基于地形图与遥感影像分析了 1962～2001 年 Kilimandscharo 冰川的面积变化，结果表明 1962～2001 年冰川面积减小了 5.6km²，年均减小 1.55%。

（17）南安第斯山地区

南安第斯山地区共发育有冰川 16 046 条，总面积为 29 334km²。图 7-38 为该面积等级分布。单条冰川的最大面积为 1235km²。该区冰川平均末端海拔为 1775m，冰川主要分布在巴塔哥尼亚。总体上该区冰川数量以面积小于 1km² 的冰川为主，约占该区冰川总数量的 83%；面积介于 10～1000km² 的冰川分布最多，约占该区冰川面积总量的 41%。

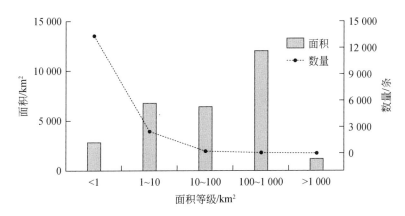

图 7-38　南安第斯山地区冰川面积等级分布

基于立体像对、影像资料与 SRTM 数据，Bown 等（2008）研究发现 1995～2003 年智利阿空加瓜流域冰川面积减小 19.9%，年均变化率为 0.49%。对航空相片与 Landsat ETM+影像资料分析显示，1979～2001 年北巴塔哥尼亚冰原冰川面积减小约 3.4%，年均变化率为 0.15%（Davies and Glasser，2012）。

（18）新西兰岛

新西兰岛共发育有冰川 3537 条，总面积为 1162km²。图 7-39 为该区面积等级分布。面积最大的冰川是 Tasman 冰川，面积为 95km²。该区冰川平均末端海拔为 1723m，冰川主要分布在南阿尔卑斯山。冰川面积与数量均以面积小于 1km² 的冰川为主，分别占冰川总数量与总面积的 95%、40%。

1978～2002 年新西兰南阿尔卑斯山冰川面积减小约 16.6%（Gjermundsen et al.，2011）。

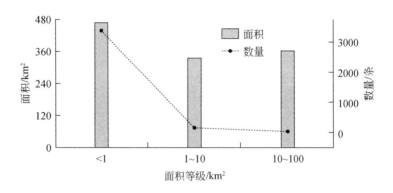

图 7-39　新西兰地区冰川面积等级分布

（19）南极大陆与次南极群岛

南极大陆与次南极群岛共发育有冰川 2752 条，总面积为 132 867km²。图 7-40 为该区面积等级分布。面积最大的冰川是 Carney Island IC 冰川，达 6004.8km²。该区冰川平均末端海拔为 139m，冰川主要分布在克尔格伦岛和乔治王岛。总体上该区冰川数量以面积小于 1km² 的冰川为主，约占该区冰川总数量的 60%；面积大于 1000km² 的冰川分布最多，约占该区冰川面积总量的 60%。

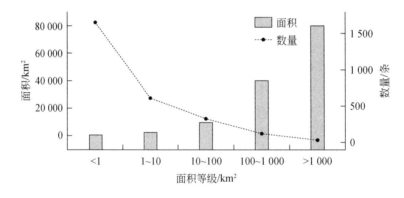

图 7-40　南极大陆与次南极群岛地区冰川面积等级分布

利用历史资料与卫星影像对印度洋克革伦群岛的冰川面积变化特征进行了提取，结果表明，1963 ~ 2001 年该群岛冰川面积由 703km² 减至 552km²，缩减比例达 21%，平均每年缩小 0.55%（Berthier et al，2009）。1956 ~ 1995 年南极乔治王岛冰川面积减小 7%（Rückamp et al.，2011）。

（20）中国境内

根据第二次中国冰川编目，中国境内现存 48 571 条冰川，面积为 51 766.08km²，平均面积约为 1km²。中国境内以面积小于 1km² 的冰川为主，占到中国境内冰川总数量的 81.4%，共计 39 552 条。其中面积介于 1 ~ 50km² 冰川数量所占比例仅为 18.4%，但其面积所占比例高达 65.7%。大型冰川分布相对较少，其中面积大于 50km² 的冰川仅有 73 条，但冰川面积高达 7644.94km²，占冰川总面积的 14.7%。大型冰川虽然数量少，但其在水资源总量中占有重要地位。面积大于 100km² 冰川共 22 条，总面积为 3977.91km²，占冰川总面积的 7.7%，面积最大的冰川是音苏盖提冰川（359.05km²）。中国冰川地域分布范围极为广阔，其中昆仑山冰川数量最多（8922 条）且面积最大（11 524.13km²），其数量和面积分别占全国冰川总数量与总面积的 18.4% 和 22.3%。其次是天山、念青唐古拉山、喜马拉雅山和喀喇昆仑山。这 5 个地区共有冰川 35 104 条，面积达 41 072.75km²，约占中国冰川总数量与总面积的 72.3%、79.3%。

通过对第一次和第二次中国冰川编目资料的对比分析表明，受全球气候变暖影响，近 50 年来中国冰川普遍呈加速退缩的态势，面积缩小了 18% 左右，年均面积缩小 243.7km²。其中阿尔泰山冰川变化最为显著，冰川面积缩小了约 35.78%；其次为祁连山，冰川面积缩小了约 30.4%；天山、青藏高原西南部的冈底斯山与东南部横断山冰川面积缩减也较为显著，面积缩减率分别为 20.4%、27.7% 与 26.1%；阿玛尼卿山、念青唐古拉山与喜马拉雅山的冰川面积退缩率相差较小，介于 17.1% ~ 18.9%；喀喇昆仑山与帕米尔高原的冰川面积退缩相对较低，分为 13.6% 与 10.6%；青藏高原腹地的羌塘高原、唐古拉山与昆仑山冰川退缩率较低，均低于 8%；羌塘高原冰川面积退缩率最低，仅为 4.1%，属冰川变化幅度最小的区域。

受区域气候环境、冰川类型、规模、海拔分布等因素的影响，各区域冰川对气候变化的响应方式存在差异。近 50 年来气温升高是中国西部冰川加速消融的主要原因之一。青藏高原受西风和南亚季风的共同影响，区域气候类型多样，气候变化差异较大。升温剧烈和降水减少是青藏高原东北部和南部地区冰川快速退缩的关键驱动因素，如冈底斯山、横断山脉、祁连山等。青藏高原西北和中部，主要包括喀喇昆仑山、羌塘高原和昆仑山等，升温趋势缓慢，同时冰川对气候变化的动力响应相对较为迟缓，导致该地区冰川处于相对稳定状态。

第8章 结论与展望

8.1 山地冰川变化关键过程和模拟研究架构

8.1.1 冰川物质平衡和动力过程

本书系统阐述的冰川物质平衡和动力过程是冰川响应气候的两个关键过程：第一个过程是由冰川表面能量变化引起的冰川物质平衡（由积累和消融引起的物质收支）变化，即物质/能量平衡过程；第二个过程是由冰川物质平衡和冰川流变参数变化共同引起的冰川几何形态（面积、长度、厚度、体积等）的变化，这一过程与冰川运动密切相关，被称为冰川动力学过程。本书始终围绕上述两个关键过程，以冰川动力过程为主线，由冰川变化的物理机制入手，以物质平衡模式的结果为驱动，从力学和热学范畴来描述和模拟冰川变化，开展由气候变化–冰川物质平衡变化–冰川动力学响应–冰川形态体积变化（冰川融水资源变化）–冰川变化控制因素的系统研究。

8.1.2 冰川动力过程研究路线

本书将地理学上不同类型和不同特征的冰川进行冰川物理学参数化表述，并获取冰川参数；同时将冰面气象要素（包括能量）作为冰川物质平衡模型的驱动，计算物质平衡参数（未来）；根据热学模型得到热学参数（变化）。将上述参数转为动力学参数，进而应用于冰川热动力学模式中，从而实现对冰川几何形态变化的模拟预测，揭示冰川变化的过程、机理和控制要素。在参照冰川研究基础上，建立由参照冰川到区域冰川的尺度转换方案，这解决了包括冰川底部形态模拟等关键问题，实现了区域尺度冰川变化模拟和评估。

8.1.3 动力学模式所需参数和获取方法

针对自主研发的山地冰川动力学模式架构和参数需求，以野外综合观测与遥感技术相结合为基础，制订了一套冰川物质平衡模式和动力学模式所需的参数方案。输入数据包括冰川区自动气象站测得的气象数据、野外测量的冰川表面形态、冰雷达测量的厚度分布（表–底地形）等；验证数据包括花杆/雪坑法的物质平衡、钻孔测量的冰体温度、遥感方法获取的表面运动速度、野外测量的末端变化、面积变化、体积变化、表面高程变化等。

8.1.4　动力学模型重点解决的科学问题

在前期研究基础上，以冰川动力学模式为手段，以全球山地冰川为研究对象，开展了冰川动力过程、冰川变化模拟预测研究，重点解决以下问题：①山地冰川变化动态过程和消亡时间；②山地冰川的变化和控制因素及其在不同类型、形态和特征冰川上的异同；③降水对冰川变化的影响；④不同地区冰川径流变化，以及是否存在径流拐点等；⑤不同地区冰川变化对水文、水资源影响评估。

8.2　冰川物质平衡的观测与模拟

8.2.1　简化物质/能量平衡模式

本书介绍了物质平衡的观测计算方法，包括传统冰川学方法（花杆/雪坑法）和大地测量法，计算方法有等高线法和等值线法。系统介绍了 3 种常用冰川物质平衡模式，包括度日模型、简化能量平衡模型和全分量能量平衡模型。简化能量平衡模型，相对于全分量能量平衡模型没有苛刻的数据要求，较为简单，可操作性强；相对于度日模型，考虑到了辐射因素，不会因过度简化而存在理论隐患，不仅有着更好的适用性和推广性，而且兼顾理论性与实用性的简化方案。在此基础上，本书改良了简化能量平衡模型，建立了几种能量形式的总和与温度的关系，设定了 3 种方案对冰反照率参数进行率定，同时简化了内补给计算，使其更适用于山区流域尺度的应用研究。

8.2.2　中国境内参照冰川物质平衡观测、模拟与重建

本书通过基于简化能量平衡原理的物质平衡模型模拟研究了乌源 1 号冰川、奎屯河哈希勒根 51 号冰川、庙尔沟冰帽和十一冰川的物质平衡，为冰川动力过程模拟和冰川变化预测奠定了基础。基于度日模型，恢复了过去 50 年来祁连山老虎沟 12 号冰川的物质平衡变化序列。利用 HBV 模型，对小冬克玛底冰川 1955～2008 年的物质平衡进行模拟重建。这些长序列物质平衡曲线的建立，为研究山地冰川消融变化过程提供了宝贵资料。通过野外观测，揭示了云南玉龙雪山白水一号冰川的物质平衡特征，这对于我国季风海洋性冰川的研究具有十分重要的意义。

8.2.3　北极地区参照冰川物质平衡观测和计算方案

首次公布了北极斯瓦尔巴岛 Austre Lovénbreen 冰川 2005 年以来的物质平衡序列，结果显示，物质平衡变化显著，且有向负平衡发展趋势，物质平衡范围为 -1050～

80mm w. e. ，平均值为-363mm w. e. 。通过综合对比等高线和等值线物质平衡计算结果，提出了物质平衡计算方案和野外观测改进方案。例如，对于等值线分布混乱或明显不符合规律的区域，通过加补花杆，进行物质平衡等值线模式的校正与确定，对已有的花杆数据采取时间序列修正以及空间序列修正，并通过模型或其他间接方式对观测结果进行一定程度的修正等。

8.3 冰川物质平衡观测新方法和关键影响因子

8.3.1 地面三维激光扫描仪在物质平衡观测中的应用

利用传统冰川学方法（花杆/雪坑法）测量冰川物质平衡难度大，产生的误差会随时间而累积。本书第 3 章介绍了首次将 Rigel VZ®-6000 地面三维激光扫描仪用于乌源 1 号冰川月尺度的物质平衡监测，其获取的冰面高程变化值与花杆/雪坑法获取的相应同名点的高程变化值具有高度的一致性，相关系数达 0.85（通过了 0.001 的显著性检验），说明其在冰川物质平衡监测中具有很大的潜力。作为一种高新测量技术，地面三维激光扫描仪具有高时空分辨率、高精度、无接触、复杂地形观测、省时省力和机动灵活等特点。Rigel VZ®-6000 能够提供远达 6000m 的超长测量距离，获取点云数据的速度每秒高达 30 万点，大大缩短了野外作业时间并减少了野外工作量。另外，冰川物质平衡的传统观测法对冰川表面地形复杂区（冰面地势陡峭、冰裂隙）和冰崩等难以实现定量观测，而扫描仪能获取整条冰川表面的精细地形特征，由此获取的整条冰川物质平衡是对传统花杆/雪坑法的有益补充。

8.3.2 物质平衡的关键影响因子

（1）冰川反照率

冰川反照率的大小决定了冰川表面吸收太阳辐射能的多少，它是冰川物质/能量平衡过程的关键参数。利用高分辨率遥感影像反演冰川表面反照率，可为大尺度冰川物质平衡模型反照率参数化提供重要手段。该反演过程尽可能将所有影响地表反照率与遥感信号间关系的重要过程考虑在内，并首次应用于 Landsat 8 卫星，其反演精度较高，可以用来反映大范围、长时间序列的冰川反照率时空变化特征。乌源 1 号冰川的遥感反演反照率研究表明，消融早期，冰川表面反照率值很高，平均在 0.7 以上，空间变化不明显。随着消融的进行，反照率逐渐降低，至消融中后期降至最低，在 0.3 左右，空间上呈现随海拔升高而增大的趋势，且平衡线附近增速最快。冰川反照率的这种时空分布格局除了受入射辐射（云量、太阳高度角）的影响外，冰川表层特征（积雪、裸冰、吸光性物质的含量等）是决定其变化的主要因素。

（2）吸光性物质

吸光性物质系通过改变冰面的反照率来影响冰川物质平衡，其中冰面生物有机质（冰尘）、矿物粉尘、黑碳等吸光性物质的影响最大。全球不同区域雪冰中吸光性物质含量的时空分布差异性显著，其中亚洲高海拔地区冰川雪冰中黑碳平均浓度为 47ng/g，与北极地区和美国西部高山区的黑碳浓度相当，但远低于中国北部等重工业区积雪中的浓度值；青藏高原雪冰中黑碳的浓度主要取决于冰川的海拔（海拔越高，黑碳浓度越低）、上风区黑碳的排放、降水和表面消融程度等。随着雪冰的消融，黑碳能够在雪冰表层发生富集，加剧冰川消融。根据计算，亚洲高海拔冰川区雪冰中黑碳的辐射强迫为 $4 \sim 16\,W/m^2$，冬季值较小，为 $3 \sim 11\,W/m^2$。由黑碳导致的冰面反照率降低了 $0.04 \sim 0.06$，年平均辐射强迫为 $5.7\,W/m^2$。在青藏高原中部的扎当冰川，粒雪中黑碳对降低冰川表面反照率的贡献最大，辐射强迫为 $6.3\,W/m^2$。乌源 1 号冰川和祁连山七一冰川夏季消融期裸冰表面大部分被冰尘所覆盖，冰尘数量与冰川消融区表面反照率之间存在显著的负相关关系，对冰川表面反照率降低产生显著影响。吸光性物质对冰川消融的影响主要通过改变物质/能量平衡模型中的辐射参量加以定量评估，这方面的研究目前尚不成熟，计算结果在各冰川上的差异较大，但有证据表明由吸光性物质（包括人类排放的增加和冰川消融导致的富集）造成的冰川消融，在有些区域甚至达到了冰川消融量的一半以上。

（3）大气 0℃层高度

根据气温的垂直递减率，当地面气温大于 0℃ 时在自由大气中存在着温度为 0℃ 的等温面。这一等温面高度（即 0℃ 层高度或冰冻层高度）的变化直接影响着高海拔冰川的消融过程，改变降水的相态与雪冰表面的反照率。大气 0℃ 层高度的升高会使得冰川退缩、积雪减少，进而对区域水文水资源产生影响。基于 WGMS 在高亚洲地区的监测，在阿尔泰山、天山和青藏高原选取了 11 条具有较长物质平衡监测记录的参照冰川，采用 NCEP/NCAR 资料将大气 0℃ 层高度插补到参照冰川位置进行分析。结果表明，祁连山的七一冰川相关系数达到 -0.80，夏季大气 0℃ 层高度每升高 10m 会导致冰川物质平衡减少 $21 \sim 38\,mm$。冰川强烈亏损的年份往往对应着大气 0℃ 层高度的高值。夏季 0℃ 层高度与平衡线高度普遍表现为显著的正相关，但相关系数比物质平衡的略小，大气 0℃ 平衡线高度每升高 10m，平衡线高度会升高 $3.1 \sim 9.8\,m$。

8.4 冰川变化的动力学模拟预测和控制因素

8.4.1 模型构建

本书详细阐述了冰川动力学模式种类、特点和适用性。以全分量冰流模型为基础，构建并阐述了适合于山地冰川变化模拟的冰流模型，包括高阶冰流模型和浅冰近似冰流模型以及描述冰川边界热量传输和底部滑动的附加模块等。对结构相对简单、所需参数少、运用广泛的 SIA 理论一维冰流模型进行了两方面改良：一是针对传统 SIA 模型以冰盖（帽）或冰川主流线为研究对象，缺乏冰川边界条件参量的弱点，通过引入横剖面因子 F，建立了以山谷冰川侧面基岩对冰川的支撑为约束的边界条件参量；二是通过引入底部滑动模块，解决了传统 SIA 模型无法计算冰川底部滑动运动通量的问题。改良之后的 SIA 模型兼具高阶冰流模式功能和参数要求简单、适用性强以及易于与其他研究结果比较等优势。

8.4.2 预测结果

通过 SIA 和高阶冰流模型，对天山乌鲁木齐河源 1 号冰川、托木尔峰青冰滩 72 号冰川、哈密庙尔沟冰帽和祁连山十一冰川这 4 条参照冰川进行了模拟预测，发现在 RCP4.5 排放情景下，到 21 世纪末，只有青冰滩 72 号冰川和庙尔沟冰帽这两条面积大于 $2km^2$ 的冰川存有冰量。4 条冰川的体积、面积和长度的变化过程不同，其中长度变化的波动最大。各种排放情景下，未来山地冰川都会快速消融退缩，升温快的情景，各参数变化也快，但不会改变其变化过程特征。对于一些小冰川来讲，不同升温情景对冰川变化影响很小，原因在于几种情景的升温速率在最初 30 年本身十分接近，并且冰川几何形态的变化主要是冰川对过去几十甚至上百年的气候综合和滞后的响应。即便是气候条件不再继续变化，冰川仍将持续退缩下去，直至其规模与气候状况达到平衡。

8.4.3 控制要素

冰川体积及其变化过程的控制因素主要为物质平衡。物质平衡主要取决于冰川区的气候和地形条件。区域气候及地形地势等决定了该区域冰川总体规模（体积），而区域内部地形条件决定了冰川个体规模。冰川的规模是冰川物质平衡和地形条件的综合反映，而冰川补给高度在所有地形要素中最为重要。

冰川面积和长度的变化过程，以冰川"退缩"和"减薄"两种变化形式的交替为特征，每一次变化形式的改变，都会在面积和长度的变化过程中形成"拐点"。而控制这两种变化形式的主要因素是冰川冰量（厚度）的分布状况。

对中国境内以夏季为积累期的冰川来说，降水增加，对其未来变化的影响作用有限，保护性不强。而对于全球范围以冬季积累、夏季消融为特征的冰川来说，降水的变化对冰川未来变化有明显影响。

8.4.4 其他结论

模拟预测结果表明，同一条冰川面积（长度）与体积的变化显示出明显相关性。因此，可以通过建立某条冰川的面积–体积变化关系，以面积变化来推算体积变化，为提高其精度，最好的方法是引入描述其动力过程的修正参量。如果将一条冰川的面积（长度）–体积变化公式运用到其他冰川，可能会产生较大误差，这有待进一步深入研究。

统计分析表明，对于面积小于 $30km^2$ 的冰川来说，冰川的面积与未来冰量变化存在较为显著的线性关系。在 RCP4.5 情景下，到 2100 年，全球面积小于 $2km^2$ 的冰川都将消融殆尽。面积小于 $10km^2$ 的冰川冰量的余量不足目前的 30%。

8.5　冰川厚度和热–动力学过程模拟

8.5.1　冰川厚度模拟方法

冰川厚度是冰川学中的基本参量，是计算冰川体积（固态水资源量）和开展冰川变化模拟预测不可或缺的参数，但观测难度大。本书的研究基于理想塑性流变理论，引入横剖面形状因子 F，考虑地形影响，仅以冰川表面形态及屈服应力为输入，提出针对大陆性山地冰川的厚度模拟方法（"改良法"），解决了大范围冰川厚度计算这一关键性难题，形成了具有自主知识产权的冰川厚度模拟公式。利用该公式计算出了十一冰川、七一冰川、四工河 4 号冰川、乌源 1 号冰川和青冰滩 72 号冰川的主流线冰厚，与实测数据相比平均偏差仅为 11.8%。另外，该公式在具有绵长冰舌的山谷冰川上的模拟效果远优于国内外传统方法。

8.5.2　冰川运动速度和温度场模拟

基于实测的冰川地形、钻孔温度、冰川表面气象和冰川表面流速等数据，用二维热–动力耦合一阶冰流模型研究模拟了祁连山老虎沟 12 号冰川目前热–动力状态。研究表明，冰川的年均水平运动速度相对较低，不足 $40m/a$，且运动速度有明显季节变化。积累区 20m 深冰体温度高于消融区 20m 深温度，这是因为积累区内产生的融水渗浸入粒雪后再冻结释放潜热，该过程抬升了冰川浅层温度。因此，对冰川热表面边界条件参数化时，积累区不仅是表面气温，而且加入了 20m 深钻孔温度。初步模拟发现，冰川大部分消融区的底部都存在暖冰，上覆有冷冰。水平平流热对该冰川的热状况有非常重要的影响，可以将积累区内温度较高的冰输送到下游的消融区，而垂直平流可以将冰川浅层温度较低的冰输送到冰川内部，使冰川内部温度降低。此外，冰川的应变热对冰川内部热状况的影响较大，而底部滑动对冰川热动力特征影响非常小。

基于同样模型对青藏高原小冬克玛底冰川开展的初步模拟研究表明：①冰层产生的横向重力分量是冰川运动的原始驱动力，而气温、降水、地形、冰床形态等因素在冰川变化中分别起着不同的作用。②模型证实了气温对冰川运动与变化具有决定性的作用。小冬克玛底较低的冬季气温使得冰川表面的活动层深度较浅，很大程度上减小了表面流速，降低了高海拔冰流的损失，使得冰川对气候的响应变慢。③参数敏感性分析表明，冰床形态和坡度在控制冰川运动中具有重要的作用。

8.6 中国西北地区冰川变化及其影响评估

8.6.1 过去的冰川变化

1960~2009 年中国阿尔泰山的冰川总面积减少约 104.61km², 减少率为 36.9%, 数量减少 116 条 (29.8%)。中国境内天山的 1543 条冰川过去 40 年总面积缩小了 11.4%, 平均每条冰川缩小 0.22km², 末端退缩速率为 5.25m/a。冰川在不同区域的缩减比率为 8.8%~34.2%, 单条冰川的平均缩小量为 0.10~0.42km², 末端平均后退量为 3.5~7.0m/a。1956~2010 年, 祁连山冰川面积共减少 420.81km²。其中, 509 条冰川消失, 面积为 55.12km², 冰川在不同区域的缩小比率为 5.5%~48.5%, 单条冰川的平均缩小量为 0.05~0.42km²。

8.6.2 冰川未来变化预估

敏感性试验表明, 在中国阿尔泰山发育的冰川中, 有 261 条很可能比乌源 1 号冰川变化、消失得快, 即在 RCP4.5 排放情景下, 这些冰川会在 2090 年之前全部消融殆尽, 分别占阿尔泰山冰川现有总数量和总面积的 91.9% 和 44.4%, 届时剩余的 23 条冰川基本上分布在布尔津河流域。天山地区的冰川有 5870 条冰川很可能比乌源 1 号冰川变化、消失得快, 分别占冰川总数量和总面积的 74.0% 和 21.5%。在 RCP4.5 排放情景下, 至 2090 年前后, 剩余的 2064 条冰川有一半以上分布在塔里木河流域 (55.1%), 其余主要为玛纳斯河流域, 博格达北坡的冰川几乎消失殆尽。祁连山冰川的敏感性试验表明, 整个祁连山地区有 1838 条冰川可能比十一冰川变化、消失得快, 分别占祁连山冰川总数量和总面积的 68.5% 和 17.0%。在 RCP4.5 排放情景下, 至 2040 年前后, 残存的 846 条冰川约有 87.6% 集中在祁连山西段的诸流域中, 如疏勒河、哈尔腾河、塔塔棱河等, 而东段和中段的冰川基本上消融殆尽。

8.6.3 冰川变化对水资源的影响及对策

托木尔峰地区的冰川比预期的消融减少快, 目前消融正盛, 除非气温有大幅度升高, 否则不会出现融水继续上升。未来融水径流量对气温变化的敏感性会加大, 塔里木河流域中冰川融水比例大, 一旦多数冰川消融殆尽, 会对该地区水资源产生灾难性影响。因此, 应该加强冰川和水资源变化观测, 准确掌握未来冰川及其水资源变化过程, 并通过各种方式提高水资源变化调控和适应能力。

冰川变化对天山北麓地区水资源的影响在不同流域的差别较大。对于以小冰川为主的河流, 如乌鲁木齐河等, 冰川融水会不断减少直至消失, 最终冰川丧失对河流的补给和调节作用。对于以大冰川为主的河流，如玛纳斯河等，冰川融水径流仍将保持一定份额。该区社会经济发展与水资源短缺之间矛盾始终存在，因此，积极应对水资源变化，高效利用水资源，实施"以水布局"战略至关重要。

东疆盆地水系的冰川处在加速消融状态，水资源供给量处在不断恶化之中，致使未来本区域水资源匮乏，供需矛盾日趋激烈。因此，实施跨流域调水，合理分配特色农业和工业用水，是解决水资源短缺的最佳途径。

到 2040 年之前，祁连山黑河流域将有 90.7% 的冰川消失殆尽，冰川面积也将消失 59.4% 以上，与此同时，北大河流域也有 79.4% 的冰川不复存在，面积损失率将在 30.6% 以上。届时，流域内冰川将基本丧失对水资源的补给和调节作用。

2040 年前疏勒河流域冰川很可能有 429 条冰川趋于消失，由于流域内冰川融水补给较高（30% 以上），冰川的最终消失会对河流产生灾难性影响，何时出现融水降低的拐点，以及如何应对，值得重点关注和研究。

过去 50 年，石羊河流域内冰川的持续缩减，已经给河水径流造成负面影响，使得河流水量减少。到 2040 年左右，随着大部分冰川的消失，水资源和生态环境方面的改变，值得我们进一步深入研究。

8.7 全球冰川时空变化

8.7.1 全球参照冰川物质变化

根据世界冰川监测服务处（WGMS）在全球范围内选定的 40 条参照冰川（表征全球 10 个冰川区域）的物质平衡资料研究结果，自 1984 年以来，全球冰川物质均处于持续亏损状态，2000 年以后，呈现加速亏损趋势。亏损程度最大的是欧洲中部和北美西部，最小的为斯堪的纳维亚；亏损速率最快的是高加索和中东地区，最慢的是斯瓦尔巴群岛和扬马延岛地区，具有明显的纬度地带性和经度地带性特征。中国境内冰川与全球参照冰川相比，总体消融速率小，这与全球参照冰川多为海洋性冰川（温冰川）有关。

全球冰川累积物质平衡存在的阶段性变化差异，反映了冰川的加速亏损变化过程。中国境内冰川加速消融变化的拐点相对于全球参照冰川较早，这可能是因为在中国冰川所处的中低纬度高海拔区的气候变化更为显著。研究表明，造成冰川加速消融的原因有 4 个：正积温增大、冰温升高、冰面反照率降低和冰川的破碎化。

8.7.2 全球冰川末端和面积变化

根据 WGMS 资料、文献和实测资料的综合研究结果，全球冰川从 16 世纪中期到 20 世纪初，处在前进或稳定阶段，但之后开始逐渐退缩，并在 21 世纪初达到了有记录以来的最大退缩量。全球山地冰川面积普遍退缩，空间变化上表现出从赤道向两极冰川退缩幅度与速率逐步减少。中国境内的冰川总体上自小冰期结束以来一直处在退缩状态，20 世纪 70 年代出现过短暂的稳定或前进，之后又开始退缩，目前退缩速率达到历史最快。空间上，冈底斯山、阿尔泰山冰川面积缩小幅度较大，喜马拉雅山、唐古拉山、天山、帕米尔高原、横断山、念青唐古拉山和祁连山的冰川变化幅度居中，喀喇昆仑山、阿尔金山、羌塘高原和昆仑山冰川变化幅度最小。

8.8 研究展望

1）基于简化能量平衡原理的物质平衡模式，是对传统度日模型的升级，其不仅对单条冰川物质平衡的模拟具有显著优势，而且可用于流域或区域尺度冰川的模拟研究，而后者对冰川径流的计算更具实用性。目前本书的研究主要集中在单条冰川，仅仅在乌鲁木齐河流域及黑河流域进行了流域尺度的试验研究，其结果也未能包含于本书中。大尺度研究一是缺乏气象参数支持，二是需要结合遥感进行冰面反照率的参数化，这些将是下一步研究的重点。

2）利用单条到同区域多条冰川尺度转换模型，理论上可以模拟研究一定尺度内冰川的变化，具有单条冰川尺度的最高分辨率。但在实际工作中，由于工作量巨大，目前也仅能做到对乌河流域的试验分析，未能在大空间大尺度上展开。本书所开展的大范围冰川未来变化预估系根据敏感性试验得到的分析结果，得到的信息十分有限，继续深入研究，无疑会得到大尺度范围冰川变化过程精细信息。

3）利用地面三维激光扫描仪开展物质平衡观测，对于传统花杆/雪坑法来讲具有革命性进步。但许多问题尚待解决，包括：①将地面三维激光扫描仪数据反演为传统物质平衡数据，以延长观测序列；②建立观测冰川密度数据库，因为密度数据对于体积与质量的转换十分敏感；③建立标准冰川流速测量方法。

4）对老虎沟 12 号冰川和冬克玛底冰川仅仅完成了速度场和温度场的模拟，尚需进一步展开未来几何形态变化的模拟预测研究。

5）冰川观测资料，尤其是长时间尺度冰川物质平衡观测资料匮乏，制约了冰川的模拟研究，在未来需要大力加强。

6）大量冰川消失，将对水文和水资源、河流调节作用、小尺度和大尺度气象状态、生态环境与景观等方面造成重大的影响，需要开展专门研究。

参 考 文 献

白金中,李忠勤,张明军,等.2012.1959-2008年新疆阿尔泰山友谊峰地区冰川变化特征.干旱区地理,
　　35(1):116-124.

曹敏,李忠勤,李慧林.2011.天山托木尔峰地区青冰滩72号冰川表面运动速度特征研究.冰川冻土,
　　33(1):21-29.

陈辉,李忠勤,王璞玉,等.2013.近年来祁连山中段冰川变化.干旱区研究,30(4):588-593.

陈记祖,秦翔,吴锦奎,等.2014.祁连山老虎沟12号冰川表面能量和物质平衡模拟.冰川冻土,36(1):
　　38-47.

崔玉环,叶柏生,王杰,等.2010.乌鲁木齐河源1号冰川度日因子时空变化特征.冰川冻土,32(2):
　　265-274.

杜建括,辛惠娟,何元庆,等.2013.玉龙雪山现代季风温冰川对气候变化的响应.地理科学,33(7):
　　890-986.

杜文涛,秦翔,刘宇硕,等.2008.1958-2005年祁连山老虎沟12号冰川变化特征研究.冰川冻土,30(3):
　　373-379.

冯童,刘时银,许君利,等.2015.1968-2009年叶尔羌河流域冰川变化——基于第一、二次中国冰川编目数
　　据.冰川冻土,37(1):1-13.

高红凯,何晓波,叶柏生,等.2011.1955—2008年冬克玛底河流域冰川径流模拟研究.冰川冻土,33(1):
　　171-181.

高前兆,杨新源.1985.甘肃河西内陆河径流特征与冰川补给//中国科学院兰州冰川冻土研究所集刊,第5
　　号.北京:科学出版社:131-141.

高鑫,叶柏生,张世强,等.2010.1961~2006年塔里木河流域冰川融水变化及其对径流的影响.中国科学:
　　地球科学,40(5):654-665.

高鑫,张世强,叶柏生,等.2011.河西内陆河流域冰川融水近期变化.水科学进展,22(3):344-350.

韩海东.2007.冰川表碛下的冰面消融模拟研究——以科其喀尔冰川为例.兰州:中国科学院寒区旱区环
　　境与工程研究所博士学位论文.

何晓波,叶柏生,丁永建.2009.青藏高原唐古拉山区降水观测误差修正分析.水科学进展,20(3):
　　403-408.

何元庆,姚檀栋,程国栋,等.2001.玉龙山温冰川浅冰芯内气候环境信息的初步剖析.兰州大学学报(自然
　　科学版),37(4):118-124.

贺斌,王国亚,苏宏超,等.2012.新疆阿尔泰山地区极端水文事件对气候变化的响应.冰川冻土,34(4):
　　927-933.

怀保娟,李忠勤,孙美平,等.2014a.近40a来天山台兰河流域冰川资源变化分析.地理科学,34(2):
　　229-236.

怀保娟,李忠勤,孙美平,等.2014b.近50年黑河流域的冰川变化遥感分析.地理学报,69(3):365-377.

怀保娟,李忠勤,王飞腾,等.2015.1959-2013年中国境内萨吾尔山冰川变化特征.冰川冻土,37(5):
　　1141-1149.

怀保娟,李忠勤,王飞腾,等.2016.萨吾尔山木斯岛冰川厚度特征及冰储量估算.地球科学,41(5):
　　757-764.

黄茂桓,周韬,井晓平,等.1994.天山乌鲁木齐河源1号冰川冰体流变的现场观测与试验研究——人工冰
　　洞研究之一.冰川冻土,16(4):289-300.

姜珊. 2012. 基于遥感的东昆仑山冰川和气候变化研究. 兰州:兰州大学硕士学位论文.

井哲帆. 2007. 气候变化背景下中国若干典型冰川的运动及其变化. 兰州:中国科学院寒区旱区环境与工程研究所博士学位论文.

康世昌,陈锋,叶庆华,等. 2007. 1970–2007 年西藏念青唐古拉峰南、北坡冰川显著退缩. 冰川冻土,29(6):869-873.

李成秀. 2014. 昆仑山冰川和积雪变化的遥感监测. 兰州:兰州大学硕士学位论文.

李慧林,李忠勤,秦大河. 2009. 冰川动力学模式基本原理和参数观测指南. 北京:气象出版社.

李慧林,李忠勤,沈永平,等. 2007. 冰川动力学模式及其对中国冰川变化预测的适应性. 冰川冻土,29(2):201-208.

李慧林. 2010. 中国山岳冰川动力学模拟研究——以乌鲁木齐河源 1 号冰川为例. 北京:中国科学院研究生院博士学位论文.

李吉均,苏珍. 1996. 横断山冰川. 北京:科学出版社.

李忠勤,韩添丁,井哲帆,等. 2003. 乌鲁木齐河源区气候变化和 1 号冰川 40 年观测事实. 冰川冻土,25(2):117-123.

李忠勤,李开明,王林. 2010. 新疆冰川近期变化及其对水资源的影响研究. 第四纪研究,30(1):96-106.

李忠勤,王飞腾,朱国才,等. 2007. 天山庙尔沟平顶冰川的基本特征和过去 24 a 间的厚度变化. 冰川冻土,29(1):61-65.

李忠勤. 2005. 天山乌鲁木齐河源 1 号冰川东支顶部出现冰面湖. 冰川冻土,27(1):150-152.

李忠勤. 2011a. 中国冰川定位观测研究 50 年. 北京:气象出版社.

李忠勤. 2011b. 天山乌鲁木齐河源 1 号冰川近期研究与应用. 北京:气象出版社.

李宗省,何元庆,贾文雄,等. 2009. 全球变暖背景下海螺沟冰川近百年的变化. 冰川冻土,31(1):75-81.

刘潮海,施雅风,王宗太,等. 2000. 中国冰川资源及其分布特征:中国冰川目录编制完成. 冰川冻土,22(2):106-112.

刘纯平. 1999. 敦德冰芯中微粒含量与沙尘暴及气候的关系. 冰川冻土,21(1):9-14.

刘伟刚. 2010. 珠穆朗玛峰绒布冰川文气象特征及径流模拟研究. 北京:中国科学院研究生院博士学位论文.

刘亚平,侯书贵,任贾文,等. 2006. 东天山庙儿沟平顶冰川钻孔温度分布特征. 冰川冻土,28(5):668-671.

刘宇硕,秦翔,杜文涛,等. 2010. 祁连山老虎沟 12 号冰川运动特征分析. 冰川冻土,32(3):475-479.

刘宇硕,秦翔,张通,等. 2012. 祁连山东段冷龙岭地区宁缠河 3 号冰川变化研究. 冰川冻土,34(5):1031-1036.

骆书飞,李忠勤,王璞玉,等. 2014. 近 50 年来中国阿尔泰山友谊峰地区冰川储量变化. 干旱区资源与环境,28(5):180-185.

蒙彦聪,李忠勤,徐春海,等. 2016. 中国西部冰川小冰期以来的变化——以天山乌鲁木齐河流域为例. 干旱区地理,39(3):486-494.

蒲健辰,姚檀栋,王宁练,等. 2004. 近百年来青藏高原冰川的进退变化. 冰川冻土,26(5):517-522.

强芳,张明军,王圣杰,等. 2016. 新疆天山托木尔峰地区夏季大气 0℃层高度变化. 水土保持研究,23(1):325-331.

气候变化国家评估报告编写委员会编. 2007. 气候变化国家评估报告. 北京:科学出版社.

秦翔,崔晓庆,杜文涛,等. 2014. 祁连山老虎沟冰芯记录的高山区大气降水变化. 地理学报,69(5):681-689.

沈永平,苏宏超,王国亚,等. 2013. 新疆冰川、积雪对气候变化的响应(I):水文效应. 冰川冻土,35(3):

513-527.

沈永平,王国亚,苏宏超,等.2007.新疆阿尔泰山区克兰河上游水文过程对气候变暖的响应.冰川冻土,
　　29(6):845-854.

施雅风,刘时银,上官冬辉,等.2006.近30a青藏高原气候与冰川变化中的两种特殊现象.气候变化研究
　　进展,2(4):154-160.

施雅风.2005.简明中国冰川目录.上海:上海科学普及出版社.

孙美平,刘时银,姚晓军,等.2015.近50年来祁连山冰川变化——基于中国第一、二次冰川编目数据.地
　　理学报,70(9):1402-1414.

孙维君,李艳,秦翔,等.2013.祁连山老虎沟12号冰川积累区微气象特征.高原气象,32(6):1673-1681.

孙维君,秦翔,任贾文,等.2011.祁连山老虎沟12号冰川积累区消融期能量平衡特征.冰川冻土,33(1):
　　38-46.

王杰.2012.中国西部典型冰川反照率变化特征与参数化模拟.北京:中国科学院研究生院博士学位论文.

王立伦,刘潮海,王平.1985.中国阿尔泰山的现代冰川.地理学报,40(2):142-154.

王宁练,贺建桥,蒲健辰,等.2010.近50年来祁连山七一冰川平衡线高度变化研究.科学通报,55(32):
　　3107-3115.

王宁练,蒲健辰.2009.祁连山八一冰川雷达测厚与冰储量分析.冰川冻土,31(3):431-435.

王宁练,姚檀栋,蒲健辰,等.2006.青藏高原北部马兰冰芯记录的近千年来气候环境变化.中国科学:地球
　　科学,36(8):723-732.

王璞玉,李忠勤,李慧林,等.2012.近50年来天山地区典型冰川厚度及储量变化.地理学报,67(7):
　　929-940.

王璞玉,李忠勤,李慧林,等.2017.天山冰川储量变化和面积变化关系分析研究.冰川冻土,39(1):9-15.

王璞玉,李忠勤,李慧林.2011.气候变暖背景下典型冰川储量变化及其特征——以天山乌鲁木齐河源1号
　　冰川为例.自然资源学报,(7):1189-1198.

王玉哲,任贾文,秦翔,等.2016.祁连山老虎沟12号冰川雷达测厚和冰下地形特征研究.冰川冻土,
　　38(1):28-35.

吴利华,李忠勤,王璞玉,等.2011.天山博格达峰地区四工河4号冰川雷达测厚与冰储量估算.冰川冻土,
　　33(2):276-282.

谢自楚,黄茂恒,米·艾里.1965.天山乌鲁木齐河源1号冰川雪—粒雪层的演变及成冰作用.北京:科学
　　出版社.

谢自楚,苏珍,沈永平,等.2001.贡嘎山海螺沟冰川物质平衡、水交换特征及其对径流的影响.冰川冻土,
　　23(1):7-15.

谢自楚,王欣,康尔泗,等.2006.中国冰川径流的评估及其未来50a变化趋势预测.冰川冻土,28(4):
　　457-466.

徐春海,王飞腾,李忠勤,等.2016.1972—2013年新疆玛纳斯河流域冰川变化.干旱区研究,33(3):
　　628-635.

许慧,李忠勤,Takeuchi N,等.2013.冰尘结构特征及形成分析——以乌鲁木齐河源1号冰川为例,冰川冻
　　土,35(5):1118-1125.

邢武成,李忠勤,张慧,等.2017.1959年来中国天山冰川资源时空变化.地理学报,72(9):1594-1605.

颜东海,李忠勤,高闻宇,等.2012.祁连山北大河流域冰川变化遥感监测.干旱区研究,29(2):245-250.

杨大庆,康尔泗,Felix Blumer.1992.天山乌鲁木齐河源高山区的降水特征.冰川冻土,14(3):258-266.

杨针娘.1991.中国冰川水资源.兰州:甘肃科学技术出版社.

姚红兵,李忠勤,王璞玉,等.2015. 近50年天山乌鲁木齐河源1号冰川变化分析. 干旱区研究,2(3):442-447.

姚檀栋.1997. 古里雅冰芯中末次间冰期以来气候变化记录研究. 中国科学:地球科学,27(5):447-452.

姚檀栋.2002. 青藏高原中部冰冻圈动态特征. 北京:地质出版社.

姚晓军,刘时银,郭万钦,等.2012. 近50a来中国阿尔泰山冰川变化——基于中国第二次冰川编目成果. 自然资源学报,27(10):1734-1745.

叶柏生,丁永建,杨大庆,等.2006. 近50a西北地区年径流变化反映的区域气候差异. 冰川冻土,28(3):307-311.

于国斌,李忠勤,王璞玉.2014. 近50a祁连山西段大雪山和党河南山的冰川变化. 干旱区地理,37(2):299-309.

曾磊,杨太保,田洪阵.2013. 近40年东帕米尔高原冰川变化及其对气候的响应. 干旱区资源与环境,27(5):144-150.

张慧,李忠勤,王璞玉,等.2015. 天山奎屯哈希勒根51号冰川变化及其对气候的响应. 干旱区研究,32(1):88-93.

张健,何晓波,叶柏生,等.2013. 近期小冬克玛底冰川物质平衡变化及其影响因素分析. 冰川冻土,35(2):263-271.

张磊,缪启龙.2007. 青藏高原近40年来的降水变化特征. 干旱区地理,30(2):240-246.

张明杰,秦翔,杜文涛,等.2013.1957-2009年祁连山老虎沟流域冰川变化遥感研究. 干旱区资源与环境,27(4):70-75.

张堂堂,任贾文,康世昌.2004. 近期气候变暖念青唐古拉山拉弄冰川处于退缩状态. 冰川冻土,26(6):736-739.

张祥松,朱国才,钱嵩林,等.1985. 天山乌鲁木齐河源1号冰川雷达测厚. 冰川冻土,7(2):153-162.

张寅生,姚檀栋,蒲健辰等.1997. 青藏高原唐古拉山冬克玛底河流域水文过程特征分析. 冰川冻土,19(3):214-222.

周在明,李忠勤,李慧林,等.2009. 天山乌鲁木齐河源区1号冰川运动速度特征及其动力学模拟. 冰川冻土,31(1):59-65.

Abermann J,Lambrecht A,Fischer A,et al. 2009. Quantifying changes and trends in glacier area and volume in the Austrian Ötztal Alps(1969-1997-2006). Cryosphere Discussions,3(2):205-215.

Ahlkrona J,Kirchner N,Lotstedt P. 2013. Accuracy of the zeroth-and second-order shallow-ice approximation-numerical and theoretical results. Geoscientific Model Development,6(6):2135-2152.

Aizen V B,Kuzmichenok V A,Surazakov A B,et al. 2007. Glacier changes in the Tien Shan as determined from topographic and remotely sensed data. Global and Planetary Change,56(3-4):328-340.

Andreas B,Christian A,Magnus L,et al. 2009. Adaptive forest management in central Europe:Climate change impacts,strategies and integrative concept. Scandinavian Journal of Forest Research,24(6):473-482.

Andreassen L M,Elvehøy H,Kjøllmoen B,et al. 2005. Glacier mass balance and length variation in Norway. Annals of Glaciology,42(1):317-325.

Andreassen L M,Paul F,Kääb A,et al. 2008. Landsat-derived glacier inventory for Jotunheimen,Norway,and deduced glacier changes since the 1930s. Cryosphere,2(2):131-145.

Aniya M,Welch R. 1981. Morphological analyses of glacial valleys and estimates of sediment thickness on the valley floor:Victoria Valley system,Antarctica. Antarctic Record,71(71):76-95.

Arendt A A. 2011. Assessing the status of Alaska´s glaciers. Science,332(6033):1044-1045.

Aðalgeirsdóttir G, Jóhannesson T, Björnsson H, et al. 2006. Response of Hofsjökull and southern Vatnajökull, Iceland, to climate change. Journal of Geophysical Research,111:F03001.

Bader H P, Weilenmann P. 1992. Modeling temperature distribution, energy and mass flow in a (phase-changing) snowpack. I. Model and case studies. Cold Regions Science and Technology,20(2):157-181.

Bahr D B, Pfeffer W T, Kaser G. 2015. A review of volume-area scaling of glaciers. Reviews of Geophysics,53(1): 95-140.

Baraer M, Mark B G, Mckenzie J M, et al. 2012. Glacier recession and water resources in Peru's Cordillera Blanca. Journal of Glaciology,58(207):134-150.

Baral D R, Hutter K, Greve R. 2001. Asymptotic theories of large-scale motion, temperature, and moisture distribution in Land-Based Polythermal Ice Sheets: A critical review and new developments. English Journal, 54(3):248-249.

Barclay K, Echelmeyer K A. 1986. Stress-gradient coupling in glacier flow: I. Longitudinal averaging of the influence of ice thickness and surface slope. Journal of Glaciology,32(111):267-284.

Barr N E, Sharp M J. 2010. Sustained rapid shrinkage of Yukon glaciers since the 1957-1958 International Geophysical Year. Geophysical Research Letters,37(7):363-372.

Berthier E, Arnaud Y, Baratoux D, et al. 2004. Recent rapid thinning of the "Mer de Glace" glacier derived from satellite optical images. Geophysical Research Letters,31(17):1-4.

Berthier E, Bris R L, Mabileau L, et al. 2009. Ice wastage on the Kerguelen Islands(49°S,69°E) between 1963 and 2006. Journal of Geophysical Research: Earth Surface,114(F03005),doi:10/1029/2008 JF 001192.

Bhambri R, Bolch T, Chaujar R K, et al. 2011. Glacier changes in the Garhwal Himalaya, India, from 1968 to 2006 based on remote sensing. Journal of Glaciology,57(203):543-556.

Blatter H, Hutter K. 1991. Polythermal conditions in Arctic glaciers. Journal of Glaciology,37(126):261-269.

Boer B D, van de Wal R S W, Lourens L J, et al. 2012. A continuous simulation of global ice volume over the past 1 million years with 3-D ice-sheet models. Climate Dynamics,41(5-6):1365-1384.

Bolch T, Buchroithner M, Pieczonka T, et al. 2008. Planimetric and volumetric glacier changes in the Khumbu Himal, Nepal, since 1962 using Corona, Landsat TM and ASTER data. Journal of Glaciology,54(187):592-600.

Bolch T, Menounos B, Wheate R. 2010. Landsat-based inventory of glaciers in western Canada,1985-2005. Remote Sensing of Environment,114(1):127-137.

Bolch T, Pieczonka T, Mukherjee K, et al. 2017. Brief communication: Glaciers in the Hunza catchment (Karakoram) have been nearly in balance since the 1970s. Cryosphere,11:531-539.

Bolch T. 2007. Climate change and glacier retreat in northern Tien Shan (Kazakhstan/Kyrgyzstan) using remote sensing data. Global and Planetary Change,56(1):1-12.

Bond T C, Doherty S J, Fahey D W, et al. 2013. Bounding the role of black carbon in the climate system: A scientific assessment. Journal of Geophysical Research-Atmospheres,118(11):5380-5552.

Bown F, Rivera A, Acuña C. 2008. Recent glacier variations at the Aconcagua basin, central Chilean Andes. Annals of Glaciology,48(6):43-48.

Bradley R S, Keimig F T, Diaz H F, et al. 2009. Recent changes in freezing level heights in the Tropics with implications for the deglacierization of high mountain regions. Geophysical Research Letters,36(17):367-389.

Braithwaite R J, Laternser M, Pfeffer W T. 1994. Variations of near-surface firn density in the lower accumulation area of the Greenland ice sheet, Pâkitsoq, West Greenland. Journal of Glaciology,40(136):477-485.

Braithwaite R J, Zhang Y. 2000. Sensitivity of mass balance of five Swiss glaciers to temperature changes assessed by tuning a degree-day model. Journal of Glaciology,46(152):7-14.

Braithwaite R J. 1995. Positive degree-day factors for ablation on the Greenland ice sheet studied by energy-balance modelling. Journal of Glaciology,41(137):153-160.

Braithwaite R J. 2002. Glacier mass balance: the first 50 years of international monitoring. Acoustics Speech and Signal Processing Newsletter IEEE,26(1):76-95.

Bris R L, Paul F, Frey H, et al. 2011. A new satellite-derived glacier inventory for western Alaska. Annals of Glaciology,52(59):135-143.

Brock B W, Willis I C, Sharp M J. 2000. Measurement and parameterization of albedo variations at Haut Glacier d'Arolla,Switzerland. Journal of Glaciology,46(155):675-688.

Brun E,Martin E,Simon V,et al. 1989. An energy and mass model of snow cover suitable for operational avalanche forecasting. Journal of Glaciology,35(12):333-342.

Brun F,Dumont M,Wagnon P,et al. 2015. Seasonal changes in surface albedo of Himalayan glaciers from MODIS data links with the annual mass balance. Cryosphere,9(1):341-355.

Brunt D. 1932. Notes on radiation in the atmosphere. Quarterly Journal of the Royal Meteorological Society, 58(247):389-420.

Brutsaert W. 1975. On a derivable formula for long-wave radiation from clear skies. Water Resources Research, 11(5):742-744.

Budd W. 1969. The Dy namics of Ice Masses, Issued by the Antartic Division, Department of Supply, ANARE Scientific Reports,Series A(IV),Gla ciology Publication NO. 108,Melbourne,victoric.

Bueler E,Brown J. 2009. Shallow shelf approximation as a "sliding law" in a thermomechanically coupled ice sheet model. Journal of Geophysical Research Earth Surface,114(F3):F03008-F03028.

Carturan L,Baroni C,Brunetti M,et al. 2016. Analysis of the mass balance time series of glaciers in the Italian Alps. The Cryosphere,10(2):695-712.

Cavalieri D J, Gloersen P, Campbell W J. 1984. Determination of sea ice parameters with the NIMBUS 7 SMMR. Journal of Geophysical Research Atmospheres,89(D4):5355-5369.

Ceballos J L, Euscátegui C, Ramírez J, et al. 2006. Fast shrinkage of tropical glaciers in Colombia. Annals of Glaciology,43(1):194-201.

Chen H,Li Z Q,Wang P Y,et al. 2015. Five decades of glacier changes in the Hulugou Basin of central Qilian Mountains,Northwest China. Journal of Arid Land,7(2):159-165.

Chen Z,Chen Y,Li W. 2012. Response of runoff to change of atmospheric 0°C level height in summer in arid region of Northwest China. Science China:Earth Sciences,55(9):1533-1544.

Citterio M, Diolaiuti G, Smiraglia C, et al. 2007. The fluctuations of Italian glaciers during the last century: A contribution to knowledge about Alpine glacier changes. Geografiska Annaler:Series A, Physical Geography, 89(3):167-184.

Clarke A D, Noone K J. 1985. Soot in the arctic snowpack: A cause for perturbations in radiative-transfer. Atmospheric Environment,19(12):2045-2053.

Comiso J C. 1986. Characteristics of Arctic winter sea ice from satellite multispectral microwave observations. Journal of Geophysical Research:Oceans,91(C1):975-994.

Cong Z, Kang S, Gao S, et al. 2013. Historical Trends of Atmospheric Black Carbon on Tibetan Plateau As Reconstructed from a 150-Year Lake Sediment Record. Environmental Science and Technology, 47 (6): 2579-2586.

Cox L H, March R S. 2004. Comparison of geodetic and glaciological mass-balance techniques, Gulkana Glacier, Alaska, U. S. A. Journal of Glaciology, 50(170): 363-370.

Criscitiello A S, Kelly M A, Tremblay B. 2010. The Response of Taku and Lemon Creek Glaciers to Climate. Arctic, Antarctic, and Alpine Research, 42(1): 34-44.

Cuffey K M, Paterson W S B. 2010. The Physics of Glaciers(Fourth Edition). Amsterdam: Elsevier.

Cullen N J, Sirguey P, Mölg T, et al. 2013. A century of ice retreat on Kilimanjaro: the mapping reloaded. The Cryosphere, 7(2): 419.

Davies B J, Glasser N F. 2012. Accelerating shrinkage of Patagonian glaciers from the Little Ice Age(~ AD 1870) to 2011. Journal of Glaciology, 58(212): 1063-1084.

de Ruyter de W, Martijns, Oerlemans J, et al. 2002. A method for monitoring glacier mass balance using satellite albedo measurements: Application to Vatnajokull, Iceland. Journal of Glaciology, 48(161): 267-278.

de Smedt B, Pattyn F, de Groen P. 2010. Using the unstable manifold correction in a picard iteration to solve the velocity field in higher-order ice-flow models. Journal of Glaciology, 56(196): 257-261.

Debeer C M, Sharp M J. 2007. Recent changes in glacier area and volume within the southern Canadian Cordillera. Annals of Glaciology, 46(1): 215-221.

Diaz H F, Eischeid J K, Duncan C, et al. 2003. Variability of freezing levels, melting season indicators, and snow cover for selected high-elevation and continental regions in the last 50 years. Climatic Change, 59(1-2): 33-52.

Diaz H F, Graham N E. 1996. Recent changes in tropical freezing heights and the role of sea surface temperature. Nature, 383(6596): 152-155.

Diolaiuti G A, Bocchiola D, Vagliasindi M, et al. 2012. The 1975-2005 glacier changes in Aosta Valley(Italy) and the relations with climate evolution. Progress in Physical Geography, 36(6): 764-785.

Doherty S J, Warren S G, Grenfell T C, et al. 2010. Light-absorbing impurities in Arctic snow. Journal of Chemical Physics, 10: 11647-11680.

Dong L, Zhang M J, Wang S J, et al. 2015. The freezing level height in the Qilian Mountains, northeast Tibetan Plateau based on reanalysis data and observations, 1979-2012. Quaternary International, 380/381: 60-67.

Dong Z W, Li Z Q, Wang F T, et al. 2009. Characteristics of atmospheric dust deposition in snow on the glaciers of eastern Tian Shan, China. Journal of Glaciology, 55(193): 797-804.

Doornkamp J C, King C A M. 1971. Numerical Analysis in Geomorphology: An Introduction. London: Edward Arnold.

Doornkamp J C, Tyson P D. 1973. A note on the areal distribution of suspended sediment yield in South Africa. Journal of Hydrology, 20(4): 335-340.

Dowdeswell E K, Dowdeswell J A, Cawkwell F. 2007. On the glaciers of Bylot Island, Nunavut, Arctic Canada. Arctic, Antarctic, and Alpine Research, 39(3): 402-411.

Dumont M, Gardelle J, Sirguey P. 2012. Linking glacier annual mass balance and glacier albedo retrieved from MODIS data. Cryosphere Discussions, 6(4): 1527-1539.

Egholm D L, Knudsen M F, Clark C D, et al. 2011. Modeling the flow of glaciers in steep terrains: The integrated second-order shallow ice approximation(iSOSIA). Journal of Geophysical Research Earth Surface, 116(F2): 415-421.

Falaschi D, Bravo C, Masiokas M, et al. 2013. First glacier inventory and recent changes in glacier area in the Monte San Lorenzo Region(47°S), Southern Patagonian Andes, South America. Arctic, Antarctic, and Alpine Research, 45(1): 19-28.

Farinotti D, Huss M, Bauder A, et al. 2009. An estimate of the glacier ice volume in the Swiss Alps. Global and Planetary Change, 68(3):225-231.

Farinotti D, Huss M. 2013. An upper-bound estimate for the accuracy of volume-area scaling. Cryosphere, 7(6): 1707-1720.

Farinotti D, Longuevergne L, Moholdt G, et al. 2015. Substantial glacier mass loss in the Tien Shan over the past 50 years. Nature Geoscience, 8(9):716-722.

Fealy R, Sweeney J. 2005. Detection of a possible change point in atmospheric variability in the North Atlantic and its effect on Scandinavian glacier mass balance. International Journal of Climatology, 25(14):1819-1833.

Fischer M, Huss M, Kummert M, et al. 2016. Application and validation of long-range terrestrial laser scanning to monitor the mass balance of very small glaciers in the Swiss Alps. Cryosphere, 10(3):1279-1295.

Flanner M G, Zender C S, Randerson J T, et al. 2007. Present-day climate forcing and response from black carbon in snow. Journal of Geophysical Research Atmospheres, 112(D11):10-1029.

Flowers G E, Roux N, Pimentel S, et al. 2011. Present dynamics and future prognosis of a slowly surging glacier. Cryosphere, 5(1):299-313.

Forsstrom S, Isaksson E, Skeie R B, et al. 2013. Elemental carbon measurements in European Arctic snow packs. Journal of Geophysical Research Atmospheres, 118(24):13614-13627.

Fujita K. 2007. Effect of dust event timing on glacier runoff: Sensitivity analysis for a Tibetan glacier. Hydrological Processes, 21(21):2892-2896.

Gabbi J, Huss M, Bauder A, et al. 2015. The impact of Saharan dust and black carbon on albedo and long-term mass balance of an Alpine glacier. The Cryosphere, 9(4):1385-1400.

Gagliardini O, Cohen D, Råback P, et al. 2007. Finite-element modeling of subglacial cavities and related friction law. Journal of Geophysical Research, 112:F02027.

Gardelle J, Berthier E, Arnaud Y, et al. 2013. Region-wide glacier mass balances over the Pamir-Karakoram-Himalaya during 1999-2011. Cryosphere, 7(4):1885-1886.

Gardner A S, Sharp M. 2007. Influence of the Arctic circumpolar vortex on the mass balance of Canadian high Arctic glaciers. Journal of Climate, 20(18):4586-4598.

Garnier B, Ohmura A. 1968. A method of calculating the direct shortwave radiation income of slopes. Journal of Applied Meteorology, 7(5):796-800.

Gilbert A, Vincent C Gagliardini O, et al. 2015. Assessment of thermal change in cold avalanching glaciers in relation to climate warming. Geophysical Research Letters, 42(15):6382-6390.

Gilbert A, Vincent C, Wagnon, et al. 2012. The influence of snow cover thickness on the thermal regime of Tête Rousse Glacier(Mont Blanc range, 3200 m a.s.l.): Consequences for outburst flood hazards and glacier response to climate change. Journal of Geophysical Research, 14(2):61.

Gilbert A, Wagnon P, Vincent C, et al. 2010. Atmospheric warming at a high-elevation tropical site revealed by englacial temperatures at Illimani, Bolivia(6340 m above sea level, 16° S, 67° W). Journal of Geophysical Research, 115(D10):100-109.

Ginot P, Dumont M, Lim S, et al. 2014. A 10 year record of black carbon and dust from a Mera Peak ice core (Nepal): Variability and potential impact on melting of Himalayan glaciers. Cryosphere, 8(8):1479-1496.

Gjermundsen E F, Mathieu R, Kääb A, et al. 2011. Assessment of multispectral glacier mapping methods and derivation of glacier area changes, 1978-2002, in the central Southern Alps, New Zealand, from ASTER satellite data, field survey and existing inventory data. Journal of Glaciology, 57(204):667-683.

Glen J W. 1954. Mechanical properties of ice and their relation to glacier flow. University of Cambridge, Cambridge.

Gloersen P, Campbell W J, Cavalieri D J, et al. 1993. Satellite passive microwave observations and analysis of Arctic and Antarctic sea ice, 1978-1987. Annals of Glaciology, 17(1):149-154.

Goelzer H, Huybrechts P, Fyrst J J, et al. 2013. Sensitivity of Greenland ice sheet projections to model formulations. Journal of Glaciology, 59(216):733-749.

Golledge N R. 2007. Sedimentology, stratigraphy, and glacier dynamics, western Scottish Highlands. Quaternary Research, 68(1):79-95.

Graf W L. 1976. Cirques as Glacier Locations. Arctic and Alpine Research, 8(1):79-90.

Granshaw F D, Fountain A G. 2006. Glacier change(1958-1998) in the north Cascades national park complex, Washington, USA. Journal of Glaciology, 52(177):251-256.

Gregory J M, Browne O J H, Payne A J, et al. 2012. Modelling large-scale ice-sheet-climate interactions following glacial inception. Climate of the Past, 8(5):1565-1580.

Grenfell T C, Perovich D K, Ogren J A. 1981. Spectral albedos of an alpine snowpack. Cold Regions Science and Technology, 4(2):121-127.

Greuell W, Kohler J, Obleitner F, et al. 2007. Assessment of interannual variations in the surface mass balance of 18 Svalbard glaciers from the Moderate Resolution Imaging Spectroradiometer/Terra albedo product. Journal of Geophysical Research, 112(D7):265-278.

Greuell W, Oerlemans J. 2005. Assessment of the surface mass balance along the K-transect(Greenland ice sheet) from satellite-derived albedo. Annals of Glaciology, 42(1):107-117.

Greve R, Blatter H. 2009. Dynamics of ice sheets and glaciers. Advances in Geophysical and Environmental Mechanics and Mathematics, 57(1):51-53.

Guo W Q, Xu J L, Liu S Y, et al. 2014. The second glacier inventory dataset of China(Version 1.0). Cold and Arid Regions Science Data Center at Lanzhou.

Haakensen N. 1986. Glacier mapping to confirm results from mass balance measurements. Annals of Glaciology, 8:73-77.

Hadley O L, Corrigan C E, Kirchstetter T W, et al. 2010. Measured black carbon deposition on the Sierra Nevada snow pack and implication for snow pack retreat. Atmospheric Chemistry and Physics Discussions, 10(4):7505-7513.

Hagg W J, Braun L N, Uvarov V N, et al. 2004. A comparison of three methods of mass balance determination in the Tuyuksu glacier region, Tien Shan, Central Asia. Journal of Glaciology. 50(171):505-510.

Hansen J, Nazarenko L. 2004. Soot climate forcing via snow and ice albedos. Proceedings of the National Academy of Sciences of the United States of America, 101(2):423-428.

Hanssen-Bauer I, Achberger C, Benestad R E, et al. 2005. Statistical downscaling of climate scenarios over Scandinavia: A review. Climate Research, 29(3):255-268.

Harald S. 1959. Is the cross-section of a glacial valley a parabola? Journal of Glaciology, 3(25):362-363.

Harbor J M. 1990. A discussion of hirano and Aniya's(1988,1989) explanation of glacial-valley cross profile development. Earth Surface Processes and Landforms, 15(4):369-377.

Harbor J M, Wheeler D A. 1992. On the mathematical description of glaciated valley cross sections, Earth Surface Processes and Landforms, 17(5):477-485.

Hindmarsh R. 2004. A numerical comparison of approximations to the Stokes equations used in ice sheet and glacier modeling. Journal of Geophysical Research, 109(F1):F01012.

Hirano M, Aniya M. 1988. A rational explanation of cross-profile morphology for glacial valleys and of glacial valley development. Earth Surface Processes and Landforms, 13(8):707-716.

Hirdman D, Burkhart J F, Sodemann H, et al. 2010. Long-term trends of black carbon and sulphate aerosol in the Arctic:Changes in atmospheric transport and source region emissions. Atmospheric Chemistry and Physics, 10 (19):12133-12184.

Hock R. 2005. Glacier melt:A review of processes and their modeling. Priogress in Physical Geography, 29(3): 362-391.

Hock R. 2014. Glaciers and Climate Change. Netherlands:Springer.

Hoelzle M, Trindler M. 1998. Data management and application. Studies and reports in hydrology, 56:53-72.

Hogg G, Paren G, Timmis R. 1982. Summer heat and ice balances on hodges glacier, south georgia, falkland islands dependencies. Journal of Glaciology, 28(99):221-238.

Holmlund P, Jansson P, Pettersson R. 2005. A reanalysis of the 58 year mass balance record of Storglaciären, Sweden. Annals of Glaciology, 42(1):389-394.

Hooke R L. 1981. Flow law for polycrystalline ice in glaciers-comparison of theoretical predictions, laboratory date, and field-measurements. Reviews of Geophysics, 19(4):664-672.

Howat I M, Box J E, Ahn Y, et al. 2010. Seasonal variability in the dynamics of marine-terminating outlet glaciers in Greenland. Journal of Glaciology, 56(198):601-613.

Huai B J, Li Z Q, Wang S J, et al. 2014. RS analysis of glaciers change in the Heihe River Basin, Northwest China, during the recent decades. Journal of Geographical Sciences, 24(6):993-1008.

Huai B J, Li Z Q, Sun M P, et al. 2015a. Change in glacier area and thickness in the Tomur Peak, western Chinese Tien Shan over the past four decades. Journal of Earth System Science, 124(2):353-363.

Huai B J, Li Z Q, Wang F T, et al. 2015b. Glacier volume estimation from ice-thickness data, applied to the Muz Taw glacier, Sawir Mountains, China. Environmental Earth Sciences, 74(3):1-10.

Huang M H. 1990. On the temperature distribution of glaciers in China. Journal of Glaciology, 36(123):210-216.

Huang M H. 1999. Forty year's study of glacier temperature in China. Journal of Glaciology and Geocryology, 21(3):193-199.

Huang M, Wang Z, Ren J. 1982. On the temperature regime of continental-type glaciers in China. Journal of Glaciology, 28(98):117-128.

Huintjes E, Sauter T, Schörter B, et al. 2002. Evaluation of a coupled snow and energy balance model for Zhadang glacier, Tibetan Plateau, using glaciological measurements and time-lapse photography. Arctic Antarctic and Alpine Research, 47(3):167-184.

Huss M, Bauder A, Funk M. 2009. Homogenization of long-term mass-balance time series. Annals of Glaciology, 50(50):198-206.

Huss M, Jouvet G, Farinotti D, et al. 2010. Future high-mountain hydrology:A new parameterization of glacier retreat. Hydrology and Earth System Sciences, 14(5):815-829.

Huss M. 2013. Density assumptions for converting geodetic glacier volume change to mass change. Cryosphere, 7(3):877-887.

Iqbal M, valnicek B. 1983. Introduction to Solar Radiation. New York:Academic Press.

Jansson P, Hock R, Schneider T. 2003. The concept of glacier storage:A review. Journal of Hydrology, 282(1): 116-129.

Jarosch A H, Schoof C G, Anslow F S. 2013. Restoring mass conservation to shallow ice flow models over complex terrain. Cryosphere, 7(1): 229-240.

Jiang X, Wang N, He J, et al. 2010. A distributed surface energy and mass balance model and its application to a mountain glacier in China. Chinese Science Bulletin, 55(20): 2079-2087.

Jiskoot H, Curran C J, Tessler D L, et al. 2009. Changes in Clemenceau Icefield and Chaba Group glaciers, Canada, related to hypsometry, tributary detachment, length-slope and area-aspect relations. Annals of Glaciology, 50(53): 133-143.

Jonathan M, Harbor, Wheeler D A. 1992. On the mathematical description of glaciated valley cross sections. Earth Surface Processes and Landforms, 17(5): 477-485.

Jordan R. 1991. A one-dimensional temperature model for a snow cover: Technical documentation for SNTHERM, Special Report 91-96.

Jóhannesson T, Björnsson H, Magnússon E, et al. 2013. Ice-volume changes, bias estimation of mass-balance measurements and changes in subglacial lakes derived by lidar mapping of the surface of Icelandic glaciers. Annals of Glaciology, 54(63): 63-74.

Jóhannesson T, Raymond C, Waddington E. 1989. Time-scale for adjustment of glaciers to changes in mass balance. Journal of Glaciology, 35(121): 355-369.

Jóhannesson T, Sigurdsson O, Laumann T, et al. 1995. Degree-day glacier mass-balance modelling with applications to glaciers in Iceland, Norway and Greenland. Journal of Glaciology, 41(138): 345-358.

Kamb B, Echelmeyer K A. 1986. Stress-gradient coupling in glacierflow: I. Longitudinal averaging of the influence of ice thickness and surface slope. Journal of Glaciology, 32(111): 267-284.

Kang E S. 1992. Energy-water-mass balance and hydrological discharge modelling of a glacierized basin in the Chinese Tianshans. ETH Zurich, Zurich.

Kang S C, Mayewski P A, Yan Y P, et al. 2003. Dust Records from three ice cores: Relationships to spring atmospheric circulation over the Northern Hemisphere. Atmospheric Environment, 37(34): 4823-4835.

Kang S C, Zhang Y L, Zhang Y J, et al. 2010. Variability of atmospheric dust loading over the central Tibetan Plateau based on ice core glaciochemistry. Atmospheric Environment, 44(25): 2980-2989.

Kaspari S, Mayewski P, Handley M, et al. 2009. A high-resolution record of atmospheric dust composition and variability since AD 1650 from a Mount Everest ice core. Journal of Climate, 22(14): 3910-3925.

Kaspari S, Schwikowski M, Gysel M, et al. 2011. Recent increase in black carbon concentrations from a Mt. Everest ice core spanning 1860-2000 AD. Geophysical Research Letters, 38(L04703): 155-170.

Kaspari S, Skiles S M, Delaney I, et al. 2015. Accelerated glacier melt on Snow Dome, Mount Olympus, Washington, USA, due to deposition of black carbon and mineral dust from wildfire. Journal of Geophysical Research-Atmospheres, 120: 2793-2807.

Klein A G, Kincaid J L. 2006. Retreat of glaciers on Puncak Jaya, Irian Jaya, determined from 2000 and 2002 IKONOS satellite images. Journal of Glaciology, 52(176): 65-79.

Klok E J, Greull W, Oerlemans J. 2003. The surface albedo of Morteratschgletscher, Switzerland, as derived from 12 Landsat images. Journal of Glaciology, 49(167): 491-502.

Knoll C, Kerschner H. 2009. A glacier inventory for South Tyrol, Italy, based on airborne laser-scanner data. Annals of Glaciology, 50(53): 46-52.

Kondratyev K J, Tedder O, Walshaw C. 1965. Radiative heat exchange in the atmosphere. New York: Pergamon

Press.

Kononova N K, Pimankina N V, Yeriskovskaya L A, et al. 2015. Effects of atmospheric circulation on summertime precipitation variability and glacier mass balance over the Tuyuksu Glacier in Tianshan Mountains, Kazakhstan. Journal of Arid Land, 7(5):687-695.

Konzelmann T, Braithwaite R J. 1995. Variations of Ablation, Albedo and Energy Balance at the Margin of the Greenland Icesheet, Kronprins Christian Land, Eastern North Greenland. Journal of Glaciology, 41:174-182.

Kopacz M, Mauzerall D L, Wang J, et al. 2011. Origin and radiative forcing of black carbon transported to the Himalayas and Tibetan Plateau. Atmospheric Chemistry and Physics, 11:2837-2852.

Krimmel R M, 1999. Analysis of difference between direct and geodetic mass balance measurements at South Cascade Glacier, Washington. Geografiska Annaler, 81A(4):653-658.

Krumwiede B S, Kamp U, Leonard G J, et al. 2013. Recent Glacier Changes in the Mongolian Altai Mountains: Case Studies from Munkh Khairkhan and Tavan Bogd//Kargel J S, Leonard G S, Bishop M P, et al. Global Land Ice Measurements from Space. Berlin Heidelberg: Springer.

Kuhn M, Markl G, Kaser G, et al. 1985. Fluctuations of climate and mass balance: Different responses of two adjacent glaciers, Zeitschrift fur Gletscherkunde und Glazialgeologie, 21:409-416.

Kulkarni A V, Rathore B P, Singh S K, et al. 2011. Understanding changes in the Himalayan cryosphere using remote sensing techniques. International Journal of Remote Sensing, 32(3):601-615.

König M, Nuth C, Kohler J et al. 2014. A digital glacier database for Svalbard//Global Land Ice Measurements from Space. Berlin Heidelberg: Springer.

Lambrecht A, Kuhn M. 2007. Glacier changes in the Austrian Alps during the last three decades, derived from the new Austrian glacier inventory. Annals of Glaciology, 46(1):177-184.

Lemeur E, Gagliardini O, Zwinger T, et al. 2004. Glacier flow modelling: A comparison of the Shallow Ice Approximation and the full-Stokes solution. Comptes Re-ndus Physique, 5(7):709-722.

Le Meur E, Vincent C. 2003. A two-dimensional shallow ice-flow model of glacier de Saint-Sorlin, France. Journal of Glaciology, 49 (167):527-538.

Le Meur E, Gagliardini O, Zwinger T, et al. 2004. Glacier flow modelling: A comparison of the Shallow Ice Approximation and the full-Stokes solution. Comptes Rendus Physique, 5(7):709-722.

Leng W, Ju L L, Xie Y, et al. 2014. Finite element three-dimensional Stokes ice sheet dynamics model with enhanced local mass conservation. Journal of Computational Physics, 274:299-311.

Leysinger Vieli G J M C, Gudmundsson G H. 2004. On estimating length fluctuations of glaciers caused by changes in climatic forcing. Journal of Geophysical Rese-arch, 109(F1):F01007.

Li H L, Ng F, Li Z Q, et al. 2012. An extended "perfect-plasticity" method for estimating ice thickness along the flow line of mountain glaciers. Journal of Geophysical Research Earth Surface, 117(7-1):1020.

Li K M, Li Z Q, Wang C Y, et al. 2016. Shrinkage of Mt. Bogda Glaciers of Eastern Tian Shan in Central Asia during 1962-2006. Journal of Earth Science, 27(1):139-150.

Li X F, Kang S C, He X B, et al. 2017. Light-absorbing impurities accelerate glacier melt in the Central Tibetan Plateau. Science of the Total Environment, 587-588:482-490.

Li Y, Chen J, Kang S, et al. 2016. Impacts of black carbon and mineral dust on radiative forcing and glacier melting during summer in the Qilian Mountains, northeastern Tibetan Plateau. Cryosphere Discussions, 1-14.

Li Y, Liu G, Cui Z. 2001. Glacial valley cross-profile morphology, Tian Shan Mountains, China. Geomorphology, 38: 153-166.

Li Z Q,Edwards R,Mosleythompson E,et al. 2006. Seasonal variability of ionic concentrations in surface snow and elution processes in snow-firn packs at the PGPI site on Urumqi glacier No. 1,eastern Tien Shan,China. Annals of Glaciology,43(1):250-256.

Li Z Q,Li H L,Chen Y Y. 2011. Mechanisms and simulation of accelerated shrinkage of continental glaciers:A case study of Urumqi Glacier No. 1 in eastern Tianshan,central Asia. Journal of Earth Science,22(4):423-430.

Li Z Q,Wang W B,Zhang M J. 2010. Observed changes in stream flow at the headwaters of the Urumqi River, eastern Tianshan,central Asia. Hydrological Processes,24:217-224.

Liu J Q,Duan Y W,Hao G,et al. 2014. Evolutionary history and underlying adaptation of alpine plants on the Qinghai-Tibet Plateau. Journal of Systematics and Evolution,52(3):241-249.

Liu S Y,Sun W X,Shen Y P,et al. 2003. Glacier changes since the Little Ice Age maximum in the western Qilian Shan,northwest China,and consequences of glacier runoff for water supply. Journal of Glaciology,49(164): 117-124.

Liu Y P,Hou S G,Wang Y T,et al. 2009. Distribution of borehole temperature at four high-altitude alpine glaciers in Central Asia. Journal of Mountain Science,6(3):221-227.

Liu Y S,Qin X,Du W T,et al. 2011. The movement features analysis of Laohugou Glacier No. 12 in Qilian Mountains. Sciences in Cold and Arid Regions,3(2):119-123.

Lüthi M P,Funk M. 2001. Modelling heat flow in a cold,high-altitude glacier:Interpretation of measurements from Colle Gnifetti,Swiss Alps. Journal of Glaciology,47(157):314-324.

Lüthi M P,Ryser C,Andrews L C,et al. 2015. Heat sources within the Greenland Ice Sheet:Dissipation,temperate paleo-firn and cryo-hydrologic warming. Cryosphere,9(1):245-253.

Macayeal D R. 1989. Large-scale ice flow over a viscous basal sediment-theory and application to ice Stream-B, Antarctica. Journal of Geophysical Research Solid Earth,94(B4):4071-4087.

Mangeney A,Califano F. 1998 The shallow ice approximation for anisotropic ice:Formulation and limits. Journal of Geophysical Research Solid Earth,103(B1):691-705.

Marcus M,Moore R,Owens I. 1985. Short-term estimates of surface energy transfers and ablation on the lower Franz Josef Glacier,South Westland,New Zealand. Journal of Geology and Geophysics,28(3):559-567.

Markus T,Cavalieri D J. 2000. An enhancement of the NASA Team sea ice algorithm. IEEE Transactions on Geoscience and Remote Sensing,38(3):1387-1398.

Masiokas M H,Christie D A,Quesne C L,et al. 2016. Reconstructing the annual mass balance of the Echaurren Norte glacier(Central Andes,33. 5°S) using local and regional hydroclimatic data. Cryosphere Discussions, 9(5):4949-4980.

Meierbachtol T W,Harper J T,Johnson J V,et al. 2015. Thermal boundary conditions on western Greenland: Observational constraints and impacts on the modeled thermomechanical state. Journal of Geophysical Research: Earth Surface,120(3):623-636.

Meur E L,Vincent C. 2003. A two-dimensional shallow ice-flow model of Glacier de Saint-Sorlin,France. Journal of Glaciology,49(167):527-538.

Meur E L,Gagliardini O,Zwinger T,et al. 2004. G lacier flow modelling a comparison of the Shallow Ice Approximation and full-Stokes Solution. Comptes Rendus Physique,5(7)709-722.

Ming J,Cachier H,Xiao C,et al. 2008. Black carbon record based on a shallow Himalayan ice core and its climatic implications. Atmospheric Chemistry and Physics,8:1343-1352.

Ming J,Wang Y,Du Z,et al. 2015. Widespread albedo decreasing and induced melting of himalayan snow and ice in the early 21st century. Plos One,10(6):e0126235.

Ming J,Xiao C,Du Z,et al. 2013. An overview of black carbon deposition in High Asia glaciers and its impacts on radiation balance. Advances in Water Resources,55(3):80-87.

Moore R D,Demuth M N. 2001. Mass balance and streamflow variability at Place Glacier,Canada,in relation to recent climate fluctuations. Hydrological Processes,15(18):3473-3486.

Narama C,Kääb A,Duishonakunov M,et al. 2010. Spatial variability of recent glacier area changes in the Tien Shan Mountains,Central Asia,using Corona(~ 1970),Landsat(~ 2000),and ALOS(~ 2007) satellite data. Global and Planetary Change,71(1):42-54.

Narozhniy Y, Zemtsov V. 2011. Current state of the Altai glaciers (Russia) and trends over the period of instrumental observations 1952-2008. Ambio,40(6):575.

Neckel N,Kropácek J,Bolch T,et al. 2014. Glacier mass changes on the tibetan plateau 2003-2009 derived from icesat laser altimetry measurements. Environmental Research Letters,9(9):468-475.

Nie Y,Zhang Y L,Liu L S,et al. 2010. Glacial change in the vicinity of Mt. Qomolangma(Everest),central high Himalayas since 1976. Journal of Geographical Sciences,20(5):667-686.

Niu H W,Kang S C,Shi X F,et al. 2017. In-situ measurements of light-absorbing impurities in snow of glacier on Mt. Yulong and implications for radiative forcing estimates. Science of the Total Environment,581-582:848-856.

Nuth C,Kääb A. 2011. Co-registration and bias corrections of satellite elevation data sets for quantifying glacier thickness change. Cryosphere,5(1):271-290.

Nye J F. 1952. The mechanics of glacier flow. Journal of Glaciology,2(12):82-93.

Nye J F. 1960. The Response of Glaciers and Ice-Sheets to Seasonal and Climatic Changes. Proceedings of the Royal Society of London,256(1287):559-584.

Nye J F. 1965. The Flow of a Glacier in a Channel of Rectangular, Elliptic or Parabolic Cross-Section. Journal of Glaciology,5(41):661-690.

Nye J F,Blanc D,Pujol T. 1961. Propriétés physiques des cristaux' Paris:Edition Dunod.

Oerlemans J. 1982. A model of the Antarctic Ice Sheet. Nature,297:550-553.

Oerlemans J. 1996. A flowline model for Nigardsbreen,Norway:Projection of future glacier length based on dynamic calibration with the historic record. Annals of Glaciology,24:382-389.

Oerlemans J. 2010. The Microclimate of Valley Glaciers. Igitur, Utrecht University,Utrecht.

Oerlemans J,Anderson B,Hubbard A,et al. 1998a. Modelling the response of glaciers to climate warming. Climate Dynamics,14(4):267-274.

Oerlemans J,Fortuin J P F. 1992. Sensitivity of Glaciers and Small Ice Caps to Greenhouse Warming. Science,258 (5079):115-117.

Oerlemans J,Giesen R H,van den Broeke M R. 2009. Retreating alpine glaciers:increased melt rates due to accumulation of dust(Vadret da Morteratsch,Switzerland). Journal of Glaciology,55:729-736.

Oerlemans J,Knap W H A. 1998b. 1 year record of global radiation and albedo in the ablation zone of Morteratschgletscher,Switzerland. Journal of Glaciology,44(147):231-238.

Ohmura A. 1982. Climate and energy balance on the Arctic tundra. Journal of Climatology,2(1):65-84.

Oke T. 1987. Boundary Layer Climates Methuen. London:Methuen Press.

Olyphant G A. 1986. Longwave radiation in mountainous areas and its influence on the energy balance of alpine snowfields. Water Resources Research,22(1):62-66.

Painter H T,Flanner G M,Kaser G,et al. 2013. End of the Little Ice Age in the Alps forced by industrial black carbon. Proceedings of the National Academy of Sciences of the United States of America,110(38):15216-15221.

Pan B T,Zhang G L,Wang J,et al. 2012. Glacier changes from 1966-2009 in the Gongga Mountains,on the southeastern margin of the Qinghai-Tibetan Plateau and their climatic forcing. Cryosphere,6(5):1087-1101.

Pang H X,He Y Q,Wilfred H,et al. 2007. Soluble ionic and oxygen isotopic compositions of a shallow firn profile, Baishui glacier No. 1,southeastern Tibetan Plateau. Annals of Glaciology,46:325-330.

Parkinson C L,Cavalieri D J. 2008,6 Arctic sea ice variability and trends, 1979- 2006. Journal of Geophysical Research:Oceans,113(6):957-979.

Paterson W S B. 1970. The sliding velocity of Athabasca Glacier,Canada. Journal of Glaciology,9:55-63.

Paterson W S B. 1994. The Physics of Glaciers(Third Edition). Oxford:Pergqmon.

Pattyn F,Perichon L,Aschwanden A,et al. 2008. Benchmark experiments for higher-order and full-Stokes ice sheet models(ISMIP-HOM). Cryosphere,2(1):95-108.

Pattyn F. 2002. Transient glacier response with a higher- order numerical ice- flow model. Journal of Glaciology, 48(162):467-477.

Pattyn F. 2003. A new three-dimensional higher-order thermomechanical ice sheet model:Basic sensitivity, ice stream development,and ice flow across subglacial lakes. Journal of Geophysical Research Solid Earth, 108 (B8):2382.

Paul F,Andreassen L M,Winsvold S H. 2011. A new glacier inventory for the Jostedalsbreen region,Norway,from Landsat TM scenes of 2006 and changes since 1966. Annals of Glaciology,52(59):153-162.

Paul F,Andreassen L M. 2009. A new glacier inventory for the Svartisen region,Norway,from Landsat ETM+ data: challenges and change assessment. Journal of Glaciology,55(192):607-618.

Paul F, Kääb A, Maisch M, et al. 2004. Rapid disintegration of Alpine glaciers observed with satellite data. Geophysical Research Letters,31(21):163-183.

Paul F,Svoboda F. 2009. A new glacier inventory on southern Baffin Island,Canada,from ASTER data:II data analysis,glacier change and applications. Annals of Glaciology,50 (53):22-31.

Pelto M S. 2016. Impact of Climate Change on North Cascade Alpine Glaciers, and Alpine Runoff. Northwest Science,82(1):65-75.

Pepin N C,Seidel D J. 2005. A global comparison of surface and free-air temperatures at high elevations. Journal of Geophysical Research,110(110):480-496.

Pfeffer W T,Arendt A A,Bliss A,et al. 2014. The Randolph Glacier Inventory:A globally complete inventory of glaciers. Journal of Glaciology,60(221):537-552.

Philippe H, Stephen T. 1997. A three-dimensional climate-ice-sheet model applied to the Last Glacial Maximum. Annals of Glaciology,25:333-339.

Pimentel S,Flowers G,Schoof C. 2010. A hydrologically coupled higher-order flow-band model of ice dynamics with a Coulomb friction sliding law. Journal of Geophysical Research:Earth Surface,115(F4):333-345.

Pohjola V A, Rogers J C. 1997. Atmospheric circulation and variations in Scandinavian glacier mass balance. Quaternary Research,47(1):29-36.

Pollard D,Deconto R M. 2009. Modelling west Antarctic ice sheet growth and collapse through the past five million years. Nature,458(7236):329-389.

Pu J C,Yao T D,Yang M X,et al. 2008. Rapid decrease of mass balance observed in the Xiao(Lesser) Dongkemadi Glacier,in the central Tibetan Plateau. Hydrological Processes,22(16):2953-2958.

Qin X,Chen J Z,Wang S J,et al. 2014. Reconstruction of surface air temperature in a glaciated region in the western Qilian Mountains, Tibetan Plateau, 1957-2013 and its variation characteristics. Quaternary International, 371:22-30.

Qin X, Cui X Q, Du W T, et al. 2015. Variations of the alpine precipitation from an ice core record of the Laohugou glacier basin during 1960-2006 in western Qilian Mountains, China. Journal of Geographical Science, 25(2): 165-176.

Qu B F, Ming J, Kang S C, et al. 2014. The decreasing albedo of the Zhadang glacier on western Nyainqentanglha and the role of light-absorbing impurities. Atmospheric Chemistry and Physics, 14(20):11117-11128.

Ravanel L, Bodin X, Deline P. 2014. Using Terrestrial Laser Scan-ning for the Recognition and Promotion of High-Alpine Geomorphosites. Geoheritage, 6:129-140.

Racoviteanu A E, Arnaud Y, Williams M W, et al. 2008. Decadal changes in glacier parameters in the Cordillera Blanca, Peru, derived from remote sensing. Journal of Glaciology, 54(54):499-510.

Radić V, Hock R. 2010. Regional and global volumes of glaciers derived from statistical upscaling of glacier inventory data. Journal of Geophysical Research Earth Surface, 115(F1):87-105.

Raymond M J, Gudmundsson G H. 2009. Estimating basal properties of glaciers from surface measurements: A non-linear Bayesian inversion approach. Cryosphere, 3(2):181-222.

Reinardy B T I, Larter R D, Hillenbrand C D, et al. 2011. Streaming flow of an Antarctic Peninsula palaeo-ice stream, both by basal sliding and deformation of substrate. Journal of Glaciology, 57:596-608.

Rolstad C, Haug T, Denby B. 2009. Spatially integrated geodetic glacier mass balance and its uncertainty based on geostatistical analysis: Application to the western Svartisen ice cap, Norway. Journal of Glaciology, 55(192): 666-680.

Rückamp M, Braun M, Suckro S, et al. 2011. Observed glacial changes on the King George Island ice cap, Antarctica, in the last decade. Global and Planetary Change, 79(1):99-109.

Salerno F, Buraschi E, Bruccoleri G, et al. 2008. Glacier surface-area changes in Sagarmatha national park, Nepal, in the second half of the 20th century, by comparison of historical maps. Journal of Glaciology, 54(187):738-752.

Salzmann N, Huggel C, Rohrer M, et al. 2013. Glacier changes and climate trends derived from multiple sources in the data scarce Cordillera Vilcanota region, southern Peruvian Andes. Cryosphere, 7(1):103-118.

Schmale J, Flanner M, Kang S, et al. 2017. Modulation of snow reflectance and snowmelt from Central Sian glaciers by anthropogenic black carbon. Scientific Reports, 7:40501.

Schmidt S, Nüsser M. 2012. Changes of High Altitude Glaciers from 1969 to 2010 in the Trans-Himalayan Kang Yatze Massif, Ladakh, Northwest India. Arctic Antarctic and Alpine Research, 44(1):107-121.

Schmitt C G, All J D, Schwarz J P, et al. 2015. Measurements of light-absorbingparticles on the glaciers in the Cordillera Blanca, Peru. Cryosphere, 9(1):331-340.

Schneider C, Schnirch M, Acuña C, et al. 2007. Glacier inventory of the Gran Campo Nevado Ice Cap in the Southern Andes and glacier changes observed during recent decades. Global and Planetary Change, 59(1): 87-100.

Schoof Christian. 2005. The effect of cavitation on glacier sliding. Royal Society of London Proceedings Series A, 461 (2055):609-627.

Schäfer M F, Gillet-Chaulet R, Gladstone R, et al. 2014. Assessment of heat sources on the control of fast flow of Vestfonna ice cap, Svalbard. Cryosphere, 8(5):1951-1973.

Sen P K. 1968. Estimates of the regression coefficient based on Kendall's tau. Journal of the American Statistical Association, 63(324):1379-1389.

Shahgedanova M, Nosenko G, Bushueva I, et al. 2012. Changes in area and geodetic mass balance of small glaciers, Polar Urals, Russia, 1950-2008. Journal of Glaciology, 58(211):953-964.

Shahgedanova M, Nosenko G, Khromova T, et al. 2004. Glacier shrinkage and climatic change in the Russian Altai from the mid-20th century: An assessment using remote sensing and PRECIS regional climate model. Journal of Geophysical Research Atmospheres, 115: D16107.

Shahgedanova M, Popovnin V, Aleynikov A, et al. 2007. Long-term change, interannualand intra-seasonal variability in climate and glacier mass balance in the central Greater Caucasus, Russia. Annals of Glaciology, 46(1): 355-361.

Sharma S, Ishizawa M, Chan D, et al. 2013. 16-year simulation of Arctic black carbon: Transport, source contribution, and sensitivity analysis on deposition. Journal of Geophysical Research Atmospheres, 118(2): 943-964.

Sharp M, Burgess D O, Cawkwell F, et al. 2013. Remote sensing of recent glacier changes in the Canadian Arctic// Kargel J S, Leonard G J, Bishop M, et al. Global Land Ice Measurements from Space. Heidelberg: Springer.

Shepherd A, Zhijun D, Benham T J, et al. 2007. Mass balance of Devon Ice Cap, Canadian Arctic. Annals of Glaciology, 46(1): 249-254.

Shi Y F, Liu S Y. 2000. Estimation on the response of glaciers in China to the global warming in the 21st century. Chinese Science Bulletin, 45(7): 668-672.

Silverio W, Jaquet M. 2012. Multi-temporal and multi-source cartography of the glacial cover of Nevado Coropuna (Arequipa, Peru) between 1955 and 2003. International Journal of Remote Sensing, 33(18): 5876-5888.

Solomina O, Bushueva I, Dolgova E, et al. 2016. Glacier variations in the Northern Caucasus compared to climatic reconstructions over the past millennium. Global and Planetary Change, 140: 28-58.

Stibal M, Sabacka M, Zarsky J. 2012. Biological processes on glacier and ice sheet surfaces. Nature Geoscience, 5(11): 771-774.

Stokes C R, Gurney S D, Shahgedanova M, et al. 2006. Late-20th-century changes in glacier extent in the Caucasus Mountains, Russia/Georgia. 52(176): 99-109.

Stokes C R, Shahgedanova M, Evans I S, et al. 2013. Accelerated loss of alpine glaciers in the Kodar Mountains, south-eastern Siberia. Global and Planetary Change, 101(1): 82-96.

Stroeve J, Box J E, Wang Z, et al. 2013. Re-evaluation of MODIS MCD43 Greenland albedo accuracy and trends. Remote Sensing of Environment, 138(6): 199-214.

Sugiyama S, Bauder A, Zahno C, et al. 2007. Evolution of Rhonegletscher, Switzerland, over the past 125 years and in the future: Application of an improved flowline model. Annals of Glaciology, 46(1): 268-274.

Sugiyama S, Sakakibara D, Matsuno S, et al. 2014. Initial field observations on Qaanaaq ice cap, northwestern Greenland. Annals of Glaciology, 55(66): 25-33.

Sun B, Zhang P, Jiao K Q, et al. 2003. Determination of ice thickness, subice topography and ice volume at Glacier No. 1 in the Tien Shan, China, by ground penetrating radar. Advances in Polar Science, 14(2): 90-98.

Sun W J, Qin X, Ren J W, et al. 2012. The surface energy budget in the accumulation zone of the Laohugou Glacier No. 12 in the western Qilian Mountains, China, in summer 2009. Arctic Antarctic and Alpine Research, 44(3): 296-305.

Sun W J, Qin X, Du W, et al. 2014. Ablation modeling and surface energy budget in the ablation zone of Laohugou glacier No. 12, western Qilian Mountains, China. Annals Glaciology, 55(66): 111-120.

Surazakov A B, Aizen V B, Aizen E M, et al. 2007. Glacier changes in the Siberian Altai Mountains, Ob river basin,

(1952-2006) estimated with high resolution imagery. Environmental Research Letters, 2(4):1-7.

Svensson H. 1959. Is the cross-section of a glacial valley a parabola? Journal of Glaciology, 3(25):362-363.

Takeuchi N, Kohshima S, Seko K. 2001. Structure, formation, darkening process of albedo reducing material (cryoconite) on a Himalayan glacier: A granular algal mat growing on the glacier. Arctic Antarctic and Alpine Research, 33(2):115-122.

Takeuchi N, Li Z Q. 2008. Characteristics of surface dust on Ürümqi glacier No. 1 in the Tien Shan mountains, China. Arctic, Antarctic, and Alpine Research, 40(4):744-750.

Takeuchi N, Matsuda Y, Sakai A, et al. 2005. A large amount of biogenic surface dust(cryoconite) on a glacier in the Qilian Mountains, China. Bulletin of Glaciological Research, 22(22):1-8.

Tennant C, Menounos B, Wheate R. 2012. Area change of glaciers in the Canadian Rocky Mountains, 1919 to 2006. Cryosphere, 6(6):1541-1552.

Thorsteinsson T, Waddington E D, Fletcher R C. 2003. Spatial and temporal scales of anisotropic effects in ice-sheet flow. Annals of Glaciology, 37(1):40-48.

Tian H Z, Yang T B, Hui L V, et al. 2016. Climate change and glacier area variations in China during the past half century. Journal of Mountain Science, 13(8):1345-1357.

Tian H Z, Yang T B, Liu Q P, et al. 2014. Climate change and glacier area shrinkage in the Qilian Mountains, China, from 1956 to 2010. Annals of Glaciology, 55(66):187-197.

Tristram D L, Irvine-Fynn, Hodson A J, et al. 2011. Polythermal glacier hydrology: A review. Reviews of Geophysics, 49(4):75-87.

Trueba J J G, Moreno R M, Pisón E M D, et al. 2008. 'Little Ice Age' glaciation and current glaciers in the Iberian Peninsula. Holocene, 18(4):551-568.

Veen C J V D. 1989. A numerical scheme for calculating stresses and strain rates in glaciers. Mathematical geology, 21(3):363-377.

Vieli J M C L, Gudmundsson G H. 2004. On estimating length fluctuations of glaciers caused by changes in climatic forcing. Journal of Geophysical Research, 109(F1):347-348.

Vincent C, Kappenberger G, Valla F, et al. 2004. Ice ablation as evidence of climate change in the Alps over the 20th century. Journal of Geophysical Research Atmospheres, 109(D10):793-800.

Vincent C, Meur E L, Six D, et al. 2007. Climate warming revealed by englacial temperatures at Col du Dôme(4250m, Mont Blanc area). Geophysical Research Letters, 34(16):370-381.

Wagnon P, Linda A, Arnaud Y, et al. 2007. Four years of mass balance on Chhota Shigri Glacier, Himachal Pradesh: A new benchmark glacier in the western Himalaya. Journal of Glaciology, 53(183):603-611.

Wang J, Ye B, Cui Y. 2014. Spatial and temporal variations of albedo on nine glaciers in western China from 2000 to 2011. Hydrological Processes, 28(9):3454-3465.

Wang L, Li Z Q, Wang F T, et al. 2014a. Glacier shrinkage in the Ebinur Lake Basin, Tien Shan, China during the last 40 years. Journal of Glaciology, 60(220):245-254.

Wang L, Li Z Q, Wang F T, et al. 2014b. Glacier changes from 1964-2004 in the Jinghe River basin, Tien Shan. Cold Regions Science and Technology, 102:78-83.

Wang L, Wang F T, Li Z Q, et al. 2015. Glacier changes in the Sikeshu River basin, Tienshan Mountains. Quaternary International, 358:153-159.

Wang M, Xu B, Cao J, et al. 2015. Carbonaceous Aerosols recorded in a southeastern Tibetan glacier: Analysis of temporal variations and model estimates of sources and radiative forcing. Atmospheric Chemistry and Physics,

15(3):1191-1204.

Wang P Y,Li Z Q,Li H L,et al. 2011. Ice surface-elevation change and velocity of Qingbingtan glacier No. 72 in the Tomor region,Tianshan Mountains,central Asia. Journal of Mountain Science,8(6):855-864.

Wang P Y,Li Z Q,Wang W B,et al. 2013. Changes of six selected glaciers in the Tomor region,Tian Shan,Central Asia,over the past 50 years,using high-resolution remote and field surveying. Quaternary International,311: 123-131.

Wang P Y,Li Z Q,Li H L,et al. 2014a. Comparison of glaciological and geodetic mass balance at Urumqi Glacier No. 1,Tian Shan,Central Asia. Global and Planetary Change,114:14-22.

Wang P Y,Li Z Q,Wang W B,et al. 2014b. Glacier Volume Calculation from Ice-Thickness Data for Mountain Glaciers—A Case Study of Glacier No. 4 of Sigong River over Mt. Bogda,Eastern Tianshan,Central Asia. Journal of Earth Science,25(2):371-378.

Wang P Y,Li Z Q,Huai B J,et al. 2015a. Spatial variability of glacial changes and their effects on water resources in the Chinese Tianshan Mountains during the last five decades. Journal of Arid Land,7(6):717-727.

Wang P Y,Li Z Q,Luo S F,et al. 2015b. Five decades of changes in the glaciers on the Friendship Peak in the Altai Mountains,China:Changes in area and ice surface elevation. Cold Regions Science and Technology,116: 24-31.

Wang P Y,Li Z Q,Zhou P,et al. 2015c. Recent changes of two selected glaciers in Hami Prefecture of eastern Xinjiang and their impact on water resources. Quaternary International,358:146-152.

Wang P Y,Li Z Q,Li H L,et al. 2016a. Analyses of recent observations of Urumqi Glacier No. 1,Chinese Tianshan Mountains. Environmental Earth Sciences,75(8):1-11.

Wang P Y,Li Z Q,Li H L,et al. 2016b. Recent evolution in extent,thickness and velocity of Haxilegen Glacier No. 51,Kuytun River Basin,eastern Tianshan Mountains. Arctic,Antarctic and Alpine Research,48(2): 241-252.

Wang P Y,Li Z Q,Wang W B,et al. 2016c. Comparison of changes in glacier area and thickness on the northern and southern slopes of Mt. Bogda,eastern Tianshan Mountains. Journal of Applied Geophysics,132:164-173.

Wang P Y,Li Z Q,Yu G B,et al. 2016d. Glacier shrinkage in the Daxue and Danghenan ranges of the western Qilian Mountains,China,from 1957 to 2010. Environmental Earth Sciences,75(2):1-11.

Wang P Y,Li Z Q,Li H L,et al. 2012. Glacier No. 4 of Sigong River over Mt. Bogda of eastern Tianshan,central Asia:thinning and retreat during the period 1962-2009. Environmental Earth Sciences,66(1):265-273.

Wang S J,Zhang M J,Pepin N C,et al. 2014. Recent changes in freezing level heights in High Asia and their impact on glacier changes. Journal of Geophysical Research Atmospheres,119(4):1753-1765.

Warren S G,Clarke A D. 1990. Soot in the atmosphere and snow surface ofAntarctica. Journal of Geophysical Research Atmospheres,95(D2):1811-1816.

Willis I C,Arnold N S,Brock B W. 2002. Effect of snowpack removal on energy balance,melt and runoff in a small supraglacial catchment. Hydrological Processes,16(14):2721-2749.

Wilson N J,Flowers G E,Mingo L,et al. 2013. Comparison of thermal structure and evolution between neighboring subarctic glaciers. Journal of Geophysical Research:Earth Surface,118(3):1443-1459.

Wilson N J,Flowers G E. 2013. Environmental controls on the thermal structure of alpine glaciers. The Cryosphere, 7(1):167-182.

World Glacier Monitoring Service(WGMS). 2008. Global glacier changes:Facts and figures. UNEP,World Glacier Monitoring Service,Zürich. [2018-1-10].

Wu J C, Sheng Y, Wu Q B. et al. 2010. Processes and modes of permafrost degradation on the Qinghai-Tibet Plateau. Science China Earth Sciences, 53(1):150-158.

Wu L H, Li H L, Wang L. 2011. Application of a degree-day model for determination of mass balance of Urumqi Glacier No. 1, eastern Tianshan, China. Journal of Earth Science, 22:470-481.

Wu X, Wang N, Lu A, et al. 2015. Variations in albedo on Dongkemadi Glacier in Tanggula Range on the Tibetan Plateau during 2002-2012 and its linkage with mass balance. Arctic Antarctic and Alpine Research, 47(2): 281-292.

Wu Z, Liu S Y, He X B. 2016. Numerical simulation of the flow velocity and temperature of the Dongkemadi Glacier. Environmental Earth Sciences, 75(5):1-11.

Wu Z, Liu S Y, Zhang H W. 2016. Numerical simulation of the flow velocity and change in the future of the SG4. Arabian Journal of Geosciences, 9(4):1-12.

Xu B, Cao J, Hansen J, et al. 2009. Black soot and the survival of Tibetan glaciers. Proceedings of the National Academy of Sciences of the United States of America, 106(52):22114-22118.

Xu B Q, Cao J J, Joswiak D R, et al. 2012. Post-depositional enrichment of black soot in snow-pack and accelerated melting of Tibetan glaciers. Environmental Research Letters, 7(1):17-35.

Xu B Q, Yao T D, Liu X Q, et al. 2006. Elemental and organic carbon measurements with a two-step heating-gas chromatography system in snow samples from the Tibetan Plateau. Annals of Glaciology, 43(1):257-262.

Xu J Z, Hou S G, Qin D H, et al., 2010. A 108.83-m ice-core record of atmospheric dust deposition at Mt. Qomolangma(Everest), Central Himalaya. Quaternary research, 73:33-38.

Xu J Z, Kang S C, Hou S G, et al. 2016. Characterization of contemporary aeolian dust deposition on mountain glaciers of western China. Sciences in Cold and Arid Regions, 8(1):9-21.

Yang S, Xu B, Cao J, et al. 2015. Climate effect of black carbon aerosol in a Tibetan Plateau glacier. Atmospheric Environment, 111:71-78.

Yang W, Guo X F, Yao T D, et al. 2016. Recent accelerating mass loss of southeast Tibetan glaciers and the relationship with changes in macroscale atmospheric circulations. Climate Dynamics, 47(3-4):805-815.

Yang W, Yao T D, Guo X F, et al. 2013. Mass balance of a maritime glacier on the southeast Tibetan Plateau and its climatic sensitivity. Journal of Geophysical Research-Atmospheres, 118:9579-9594.

Yao T D, Thompson L, Yang W, et al. 2012. Different glacier status with atmospheric circulations in Tibetan Plateau and surroundings. Nature Climate Change, 2(9):663-667.

Yasunari T J, Bonasoni P, Laj P, et al. 2010. Estimated impact of black carbon deposition during pre-monsoon season from Nepal Climate Observatory-Pyramid data and snow albedo changes over Himalayan glaciers. Atmospheric Chemistry and Physics, 10(14):6603-6615.

Yue S, Pilon P, Phinney B, et al. 2002. The influence of autocorrelation on the ability to detect trend in hydrological series. Hydrological Processes, 16(9):1807-1829.

Yue S, Wang C Y. 2002. Applicability of prewhitening to eliminate the influence of serial correlation on the Mann-Kendall test. Water Resources Research, 38(6):1-4.

Zemp M, Frey H, Gärtnerroer I, et al. 2015. Historically unprecedented global glacier decline in the early 21st century. Journal of Glaciology, 61(228):745-762.

Zemp M, Jansson P, Holmlund P, et al. 2010. Reanalysis of multi-temporal aerial images of Storglaciären, Sweden (1959—99)-Part 2:Comparison of glaciological and volumetric mass balances. Cryosphere, 4(3):345-357.

Zemp M, Thibert E, Huss M, et al. 2013. Reanalysing glacier mass balance measurement series. Cryosphere, 7(4):

1227-1245.

Zhang G F, Li Z Q, Wang W B, et al. 2014. Rapid decrease of observed mass balance in the Urumqi Glacier No. 1, Tianshan Mountains, central Asia. Quaternary International, 349(135-141): 135-141.

Zhang G, Sun S, Ma Y, et al. 2010. The response of annual runoff to the height change of the summertime 0°C level over Xinjiang. Journal of Geographical Sciences, 20(6): 833-847.

Zhang T, Ju L L, Leng W, et al. 2015. Thermomechanically coupled modelling for land-terminating glaciers: A comparison of two-dimensional, first-order and three-dimensional, full-stokes approaches. Journal of Glaciology, 61(228): 702-712.

Zhang T, Xiao C, Colgan W, et al. 2013. Observed and modelled ice temperature and velocity along the main flowline of East Rongbuk Glacier, Qomolangma(Mount Everest), Himalaya. Journal of Glaciology, 59(215): 438-448.

Zhang Y, Enomoto H, Ohata T, et al. 2016. Projections of glacier change in the Altai Mountains under twenty-first century climate scenarios. Climate Dynamics, 47(9-10): 2935-2953.

Zhang Y, Guo Y. 2011. Variability of atmospheric freezing-level height and its impact on the cryosphere in China. Annals of Glaciology, 52(58): 81-88.

Zhang Y, Hirabayashi Y, Liu S. 2012. Catchment-scale reconstruction of glacier mass balance using observations and global climate data: Case study of the Hailuogou catchment, south-eastern Tibetan Plateau. Journal of Hydrology, 444-445: 146-160.

Zhang Y L, Kang S C, Zhang Q G, et al. 2015. A 500 year atmospheric dust deposition retrieved from a Mt. Geladaindong ice core in the central Tibetan Plateau. Atmospheric Research, 166: 1-9.

Zwinger T, Greve R, Gagliardini O, et al. 2007. A full Stokes-flow thermo-mechanical model for firn and ice applied to the Gorshkov crater glacier, Kamchatka. Annals of Glaciology, 45(1): 29-37.